普通高等教育"十二五"规划教材

环保设备及应用

第二版

周敬宣　段金明　主编

U0247830

化学工业出版社

·北京·

本书介绍了环保设备材料、泵、风机、管道、阀门、管件及其选用；大气污染控制、污水处理、噪声控制、固体废物处理等领域若干典型设备的原理、结构、选用、设计、运行、管理等知识；环保设备技术经济分析；环保设备课程设计内容，其中列出了若干题目，供学生训练，以培养学生的工程素质和创新能力，使课堂教学与学生动手设计保持同步。本书课程设计强调设计、绘图、经济概算的过程训练，淡化结果的标准与一致性，引导学生复习已学过的相关知识，使学生尽快熟悉设备设计、绘图、经济概算等环节，提高学生对设计和创新的兴趣。为便于教学参考和学生理解，每章后面均有思考题与习题。

本书适合作为高等院校环境工程专业的教学用书，也可作为环境工程领域从事环境工程设计、环境工程建设管理等人员的参考书。

图书在版编目（CIP）数据

环保设备及应用/周敬宣，段金明主编. —2 版. —北京：化学工业出版社，2014.8（2022.1 重印）
普通高等教育"十二五"规划教材
ISBN 978-7-122-21119-4

Ⅰ.①环…　Ⅱ.①周…②段…　Ⅲ.①环境保护-设备-高等学校-教材　Ⅳ.①X505

中国版本图书馆 CIP 数据核字（2014）第 142255 号

责任编辑：满悦芝　　　　　　　　　　文字编辑：郑　直
责任校对：徐贞珍　　　　　　　　　　装帧设计：尹琳琳

出版发行：化学工业出版社（北京市东城区青年湖南街 13 号　邮政编码 100011）
印　　装：三河市延风印装有限公司
787mm×1092mm　1/16　印张 15½　字数 384 千字　2022 年 1 月北京第 2 版第 9 次印刷

购书咨询：010-64518888　　　　　　　售后服务：010-64518899
网　　址：http://www.cip.com.cn
凡购买本书，如有缺损质量问题，本社销售中心负责调换。

定　　价：48.00 元

前　言

节能环保产业是国家鼓励发展的战略性新兴产业之一。环保设备是环保技术的重要载体，是环境保护的重要物质基础，是环保产业的核心内容。当今，环保产业和环保公司蓬勃兴起，需要大量从事环境工程设计、环保设备研发的工程技术人才。

国内众多院校环境工程专业开设的专业课程基本是以污染治理技术原理、工艺为主，虽对废水、废气、固体废物、噪声的处理控制设备做了介绍，但内容分散，教学深度有限，尤其对泵、风机、管道、管件、阀门及材料防腐等知识及其应用、机械设备制图缺乏系统介绍，而这些知识正是环境工程设计、施工和管理人员必备的专业知识。目前许多高校已开设或准备开设环保设备及应用这门课程，因而亟需一本较全面介绍环保设备的专业课教材。

化学工业出版社于 2007 年出版发行了《环保设备及课程设计》，该书入选高等学校"十一五"规划教材。该书被许多院校选作相应的教材，反响良好；不少环境工程领域的从业人员也对该书的出版给予了极大关注。为了持续提升教材编写质量，锤炼精品教材，我们决定对该书进行修订。

编者长期从事环境工程项目建设方面的科研项目，并为在校研究生、本科生主讲了"环境设备开发"、"环保设备"、"环境工程设计"等系列课程，对环境工程项目实施过程中环保设备的选型、设计、安装施工、运营管理有一定的心得体会。同时，本次修订听取了一些兄弟院校、环保企业专家学者和各界学子的意见和建议。本次修订的原则是"纳新弃错，突出重点和特色，不求面面俱到"；书名改为《环保设备及应用》，仍然将环保设备课程设计作为教学的重要内容予以重视和保留。

本书主要包括以下内容：

1. 简要阐述了环保产业、环保设备内涵及我国环保设备领域发展动向，标准设备与非标准设备的选用方法和设计原则，让学生从全局把握本学科的发展动态，明确本课程的地位。

2. 介绍了工程材料、环保动力设备（泵与风机）、管道、阀门、管件等在环境工程中的应用及选用方法。

3. 介绍了环境工程设计中，典型水、气、声、渣四类污染控制设备的工作原理、结构特点、关键工艺参数分析及设备应用范围，让学生对环保设备有系统的了解，重点阐述设备（包括关键部件）选用的注意事项及方法。鉴于学生在学习环境工程专业课时，已熟悉环境污染控制工程的工艺技术原理、工艺参数计算，因此本书尽量避免重复。

4. 介绍了环保设备的技术经济指标，环保设备费用的构成与估算，环保设备设计、应用的技术经济分析，让学生树立经济效益观念，初步掌握环保设备的功能成本分析。

5. 列出了若干题目，可供学生（或学习小组）选择，以明确本课程设计的训练内容，使课堂教学与学生动手设计保持同步，引导学生复习已学过的相关知识，使学生尽快熟悉设备选型、设计、绘图、经济概算等环节，培养学生的工程素质和创新能力。

本书编写是以适应市场需求为导向，遵循工程训练贯穿教学过程的人才培养精神，注重实用性和创新性，以及与工程基础和专业技术类课程及工程实践环节的衔接，引导学生加深对环保设备选择、设计等知识的理解和运用，为工程实践奠定基础。

本书由华中科技大学周敬宣教授和集美大学段金明副教授主编，周敬宣编写第 1 章、第 7～10 章，段金明编写第 3～6 章和附录 B，北京工商大学冯旭东副教授编写第 2 章。

本书在编写过程中参考了多种资料，在此向有关作者表示衷心的感谢。限于编者水平和经验有限，不足之处在所难免，恳请读者批评指正。

编者

2014 年 8 月

目　　录

第1章 绪 论

1.1 环保设备的概念

当前的环保产业主要是指环保设备制造业、环境工程建设和环境保护服务业及自然生态保护三大部分。环保设备是环境保护设备的简称，是以控制环境污染为主要目的的设备，是水污染治理设备、空气污染治理设备、固体废物处理处置设备、噪声与振动控制设备、放射性与电磁波污染防护设备的总称。环保设备制造业是环保产业的主体。

1.2 环保设备的分类

1.2.1 按设备的功能分类

按设备功能可分为水污染控制设备、大气污染控制及除尘设备、固体废物处理设备、噪声与振动控制设备、环境监测及分析设备、采暖通风设备、放射性与电磁波污染防护设备。参阅附录 A。

1.2.2 按设备的性质分类

（1）机械设备 各种用于治理污染和改善环境质量的机械加工设备，如除尘器、机械式通风机、机械式水处理设备等。机械设备是目前环保设备中种类及型号最多，应用最普遍，使用最方便的环保设备。

（2）仪器设备 包括大气监测仪器、水质自动连续监测仪器、噪声监测仪器及环境工程实验仪器四种。

（3）构筑物 为治理环境而用混凝土、钢筋混凝土、玻璃钢、钢结构或其他材料建造的设施，如各种沉砂池、沉淀池、塔滤、生化处理池等。

1.2.3 按设备的构成分类

（1）单体设备 是环保设备的主体，如各种除尘器、单体水处理设备等。

（2）成套设备 是以单体设备为主，加各种附属设备（如风机、电机等）组成的整体。

（3）生产线 指由一台或多台单体设备、各种附属设备及其管线所构成的整体，如废旧轮胎回收制胶粉生产线。

1.2.4 按设备的通用性分类

（1）通用设备 常用已定型的可用于环境污染治理的设备，如各类水泵、风机等。

（2）专用设备 专用为去除某种污染而选取或开发的设备，如吸收塔、填料塔等。

1.3 我国环保装备产业发展现状及前景

我国环保装备产业发展取得了长足进步，形成了门类相对齐全的产品体系。但由于产业起步较晚，依然存在诸多问题，主要表现为以下几点。

① 产业规模较小，集中度偏低。现有环保装备产业规模较小，且产业结构不合理，集聚发展不够，缺乏一批拥有自主知识产权和核心竞争力、市场份额大、具有系统集成和工程承包能力的大企业集团，目前产值 20 亿元以上的环保装备专营企业仅有两家；众多中小企业专业化特色发展不突出，企业分布比较分散，生产社会化协作尚未形成规模。

② 技术创新能力不强，关键成套装备依赖进口。技术创新机制尚不健全，产学研用有机结合的技术创新体系建设进展迟缓。部分科研机构对科技成果的产业化应用重视不够，多数企业的研发力量相对薄弱、技术开发投入不足。技术含量及附加值低的单项、常规装备相对过剩，部分市场急需、高效节能的成套设备和核心、关键部件的自主化率不高，目前主要依赖进口。

③ 标准体系不完善，缺乏产品质量认证。虽然我国已初步构建了环保产品（装备）标准体系框架，但标准数量较少，分布不均衡，标准对行业发展的规范和引领作用发挥不够。环保装备运行效果评价指标体系尚未建立，缺乏质量监督和认证机制，产品质量低下问题较为突出，运行效果难以保证。

④ 引导产业健康发展的政策环境不健全。引导和支持产业发展的优惠政策尚未完全落实；市场准入政策不完善，环保装备招标不规范、重复引进和无序竞争的情况依然存在；环保监管、执法力度不够，企业减排治污的内生动力不足，抑制了环保装备的市场需求。

在全球能源资源和环境压力日益突出的背景下，节能环保已成为当今世界产业发展潮流。大力发展环保装备，是打破发达国家技术贸易垄断，提升我国环保产业竞争力的重要基础。我国国民经济和社会发展第十二个五年规划纲要对环境保护提出了新的要求，节能降耗、减排治污的新任务为环保装备产业发展提供了新的驱动力。国家对环境保护的投资力度也将进一步加大，据估算，"十二五"期间，环境污染治理投资总额将达到 3.1 万亿元，这必将推动环保装备产业的发展。预计"十二五"期间，脱硫脱硝、城市污水和垃圾处理设施建设投资将达 6000 亿元；工业行业余热余压发电、"三废"综合利用以及烟尘、粉尘控制领域均存在巨大需求。

2011 年，国家工业和信息化部发布《环保装备"十二五"发展规划》（工信部联规〔2011〕622 号文件），制定了"十二五"时期国家环境保护工作的目标任务：

① 基本满足环境保护重点领域的技术装备需求。研究开发和应用推广一批具有自主知识产权的关键、共性环保技术装备，基本满足实现国家环境保护约束性指标及铅、汞、镉、铬和类金属砷等污染物治理的需求。

② 提升产业技术水平。培育一批国家级和省级企业技术研发中心；建立一批由科研院所、企业组成的产业技术创新联盟；促进一批重大环保技术装备实现标准化、国产化、自主化，使自主知识产权装备所占比重大幅度增加，应用信息技术的装备比例大幅度提升。

③ 扩大产业规模，优化产业结构。"十二五"期间环保装备产业总产值年均增长 20%，2015 年达到 5000 亿元。环保装备出口额年均增长 30% 以上，2015 年突破 100 亿元。形成 10 个以上区位优势突出、集中度高的环保装备产业基地，10～20 个在行业具有领军作用的大型龙头环保装备企业集团，培育一批拥有著名品牌的优势环保装备企业。

由此可见，我国环保装备市场需求旺盛，发展前景广阔。

1.4　我国"十二五"期间重点发展环保设备领域

《环保装备"十二五"发展规划》（工信部联规〔2011〕622 号文件）提出，要全面推进解决全局性、普遍性环境问题需要的环保技术装备的推广应用，重点围绕化学需氧量、氨氮、二氧化硫和氮氧化物等主要污染物总量减排，铅、汞、镉、铬和类金属砷等重金属以及持久性有机污染物等重点污染物治理，研究开发和推广应用一批先进适用的技术装备。该规划提出重点发展下述八大领域环保装备。

(1) 大气污染治理装备 重点针对火电、钢铁、水泥、石化、有色等行业，加快脱硫脱硝、工业烟粉尘、挥发性有机物、有毒废气等的污染控制；研究开发燃煤电厂、工业窑炉脱硫脱硝一体化设备，烟气复合污染物协同处理设备，机动车尾气高效净化设备，水泥行业脱硝设备，智能化移动极板静电除尘设备，袋式除尘器用高压无膜脉冲阀，工业有机废气处理设备，有毒和恶臭污染物排放控制设备等先进适用装备；推广应用烧结烟气复合污染物脱除设备，完善改进后的石灰石-石膏法湿法烟气脱硫技术装备，非电行业燃煤锅炉烟气脱硫设备、低氮燃烧器，高温高压大流量电除尘器，大流量高温长袋脉冲袋式除尘设备，大型燃煤电站用袋式、电袋复合式除尘器，低浓度挥发性有机物处理设备等。

(2) 水污染治理装备 以造纸、纺织印染、化工、制革等工业行业水污染物治理和城镇污水处理为重点，全面提升化学需氧量、氨氮等污染物处理技术装备水平；加快研发高浓度难降解工业有机废水处理设备、垃圾渗滤液处理设备、大型臭氧发生器、节能高效曝气设备、新型反硝化反应器、达到国家一级 A 排放标准的城市生活污水脱氮除磷处理设备、蓝藻清除及资源化利用设备；推广应用小城镇污水处理一体化装置、真空精密过滤机、高浊度污水电絮凝处理设备、地埋式污水处理反应器、农村分散式污水处理成套设备等。

(3) 固体废物处理装备 重点针对二噁英、铬渣等危险废物及生活垃圾、污泥处置等领域，加快研发二噁英控制脱除技术设备，重金属污染土壤修复技术设备，铬渣等重金属废渣无害化处理技术设备，大型城市生活垃圾减量化成套设备，生活垃圾热解气化燃烧成套技术设备，填埋气体焚烧设备，高效低能耗污泥浓缩脱水设备，城市污水处理厂污泥半干法、炭化及焚烧成套设备，疏浚污泥处理与资源化设备，油田钻井废弃物处理处置技术与成套设备，农药污染场地的快速、异位生物修复设备；推进垃圾智能分选设备，生活垃圾焚烧飞灰稳定化处理设备，餐厨垃圾预处理成套设备，鼓泡流化床污泥焚烧炉，粪便无害化、资源化处理成套设备，农村有机废弃物处理成套设备，废旧线路板处理装置等的应用推广。

(4) 噪声与振动控制装备 重点研发大面积、多声源企业噪声控制技术设备、城市轨道浮置板用钢弹簧隔振装置、地铁大风量阻抗复合消声器、低频噪声和固体声污染控制设备等。

(5) 资源综合利用装备 针对铅酸蓄电池、废矿物油等危险废物、大宗工业固体废物、电子废物及机电产品再制造等重点领域，大力研发废旧铅酸蓄电池资源化利用设备、废油再生基础油成套设备、工业副产石膏综合利用设备、赤泥脱碱综合利用成套设备、废弃电子产品回收利用成套设备；推广应用废塑料复合材料、废旧轮胎回收处理设备，建筑垃圾、道路沥青再利用设备，汽车拆解大型成套设备，纳米颗粒复合电刷镀、高速电弧喷涂等离子熔覆技术设备，农村畜禽养殖废弃物综合利用技术设备等。

(6) 环境监测专用仪器仪表 大力促进污染治理设备设施与专用测控技术装备一体化发展，推动信息技术在重点行业的应用；鼓励开发烟气中重金属在线监测仪器，水中氨氮、重金属、持久性有机污染物等传感技术和在线监测仪器，水中挥发性有机物、氰化物及生物毒性等传感技术和在线监测仪器，污染治理工程管控一体化及远程诊断与运维服务体系，城际环境参数监测网络，有限空间环境参数实时监测及预警系统，突发性污染事故应急监测仪器仪表。

（7）环境污染治理配套材料和药剂　积极推进高效、无毒、无二次污染的环境污染治理配套材料和药剂的研发和应用推广；重点开发与选择性催化还原（SCR）烟气脱硝工艺配套的高效催化剂，脱硝催化剂纳米级二氧化钛载体，袋式除尘器用耐高温、耐腐蚀的合成滤料，室内空气净化光催化剂及纳米材料，有机合成高分子、微生物絮凝剂，重金属污染物捕集及稳定剂，与危险废物安全填埋技术配套的高效人工合成膨润土防渗卷材，交通噪声控制、轨道交通和建筑隔声所需的新型吸声、隔声、减振、隔振材料及元件；推广电除尘器用高频电源、中频电源、三相电源，水性、低毒或低挥发性的有机溶剂，离子交换树脂，生物滤料及填料，水处理用高效活性炭，低磷缓蚀阻垢剂，铝钛多功能复合型硫黄回收催化剂等。

（8）环境应急装备　重点研发移动式有毒有害泥水（液）环境污染快速应急处理集成装置，移动式重金属污染土壤快速全自动修复设备，典型重金属污染场所的应急处理及快速消减装备，环境应急监测车；推广移动式快速净水处理设备，阻截式油水分离及回收装备，应急用多功能移动式高温固废处理设备，移动式应急医疗废物处理车以及环境监测探测气象雷达等。

1.5　环保设备选择与设计的原则

1.5.1　定型设备的选择

定型设备，也称标准设备，如泵、风机、阀门等。这类设备有产品目录或样本手册，有各种规格牌号，有不同的生产厂家，国家有相应的技术标准，包括设备的型号规格、技术条件、使用条件、使用寿命、检测检验、适用范围等方面的规定，生产厂家均应按照国家标准执行。

定型设备选择的原则如下。

（1）合理性　必须满足处理工艺一般要求，与工艺流程、处理规模、操作条件、控制水平相适应，又能充分发挥设备的作用。

（2）先进性　设备的运行可靠性、自控水平、处理能力、处理效率要尽量达到先进水平，同时还应满足规划发展的要求，还要查看所配置的设备是否属于国家规定的淘汰产品。

（3）安全性　要求安全可靠、操作稳定、有缓冲能力、无事故隐患，既要考虑处理工艺对介质的要求，还应注意周边环境的要求。

（4）经济性　选用时应考虑设备的性价比。

1.5.2　非定型设备的设计

环境工程中需要专门设计的特殊设备，称为非标准设备或非定型设备。这类设备一般是设计者根据所处理对象（污染物）进行选取或开发，没有国家规定的技术标准。非定型设备设计原则与定型设备大致相同，主要的设计程序如下。

（1）根据工艺条件（流程）确定处理设备的类型　例如生活污水采用活性污泥法处理，曝气池和二沉池常为构筑物；除尘常用机械设备。

（2）确定设备的材质　根据处理的污染物、工艺流程和操作条件，确定适合的设备材料。如上述处理水的曝气池和二沉池一般采用钢筋混凝土材料；除尘机械采用钢铁材料；气态污染物处理设备一般采用不锈钢或工程塑料等防腐材料。

（3）汇集设计条件和参数　根据污染物的处理量、处理效率、物料平衡和热量平衡等条件，确定设备的负荷、操作条件，如温度、压力、流速、卸灰形式、工作周期等，作为设备设计计算的主要依据。

（4）选定设备的基本结构形式 根据各类处理设备的性能、使用特点和使用范围，依据各类规范、样本和说明书，参照环境保护产品认定技术条件，确定设备的基本结构形式。

（5）设计设备的基本尺寸 根据设计数据进行有关的计算和分析，确定处理设备的外形尺寸，画出设备简图。

（6）进行结构计算 参考化工设备设计计算手册、机械设备设计手册等资料，进行结构计算，明确设计使用寿命。

（7）按照有关国家标准，进行非标准设备图纸的制作 提出制作技术要求。

思考题与习题

1. 环保产业、环保设备的内涵及相互关系是什么？
2. 环保设备如何分类？
3. 阐述我国今后一段时期内环保设备发展的重点。

第 2 章 环保设备材料及其选用

环境工程中的处理工艺多种多样，不同的工艺对设备材料有不同要求，合理选择和正确使用材料十分重要。这不仅要从设备结构、制造工艺、使用条件和寿命等方面考虑，而且还要从设备工作条件下材料的物理性能、力学性能、耐腐蚀性能及材料价格与来源、供应等方面综合考虑。

环保设备的材料涉及金属、非金属两大类，其中金属材料以钢材为主，非金属材料以塑料为主。另外，环保设备多在露天环境中运行，如何预防设备在露天环境中的腐蚀？水处理设备常年与污水接触，如何预防设备的腐蚀？这些都是本章讨论的内容。

2.1 设备材料的性能

设备材料的性能是选择材料的根本依据，这些性能包括材料的力学性能、物理性能、化学性能和加工性能等。

2.1.1 力学性能

力学性能是指材料在外力作用下抵抗变形或破坏的能力，如强度、硬度、弹性、塑性、韧性等。这些性能是环保设备设计中材料选择及计算时决定许用应力的依据。

2.1.2 物理性能

材料的物理性能有密度、熔点、比热容、导热系数、热膨胀系数、导电性、磁性等。密度是计算设备重量的常数。熔点低的金属和合金，其铸造和焊接加工都较容易，工业上常用于制造熔断器、防火安全阀等零件；熔点高的合金可用于制造要求耐高温的零件。金属及合金受热时，一般都有不同程度的体积膨胀，因此双金属材料的焊接，要考虑它们的线膨胀系数是否接近，否则会因膨胀量不等而使容器或零件变形或损坏。设备的衬里及其组合件，其线膨胀系数应和基本材料相同，以免受热后因膨胀量不同而松动或破坏。

2.1.3 化学性能

材料的化学性能是指材料在所处介质中的化学稳定性，即材料是否会与周围介质发生化学或电化学作用而引起腐蚀。材料的化学性能指标主要有耐腐蚀性和抗氧化性。

材料对周围介质，如大气、水汽、各种电解液浸蚀的抵抗能力称为耐腐蚀性。环境工程中所涉及的物料常会有腐蚀性。材料的耐蚀性不强，必将影响设备使用寿命。一般情况下，金属材料在酸性介质中的耐蚀性较差，有机非金属材料耐酸性能较强。

在环境工程处理工艺中，有部分设备在高温下操作，如垃圾焚烧炉等。在高温下，钢铁不仅与自由氧发生氧化腐蚀，使钢铁表面形成结构疏松容易剥落的 FeO 氧化皮；还会与水蒸气、二氧化碳、二氧化硫等气体产生高温氧化与脱碳作用，使钢的力学性能下降，特别是降低材料的表面硬度和抗疲劳强度。因此，高温设备必须选用耐热材料。

2.1.4 加工工艺性能

金属和合金的工艺性能是指可铸造性能、可锻造性能、可焊性和可切削加工性能等。这些性能直接影响设备和零部件的制造工艺方法和质量。故加工工艺性能是设备选材和制定零件加工工艺路线时必须考虑的因素之一。

2.2　常用金属材料

环境工程中的反应器、储罐、塔器、管路多采用金属材料，如铸铁、碳钢、合金钢以及一些有色金属材料。了解这些材料的性能，在设计和加工设备过程中才能合理地进行材料的选择。

2.2.1　铸铁

工业上常用的铸铁含碳量（质量分数）一般在 2% 以上，并含有 S、P、Si、Mn 等杂质。铸铁是脆性材料，抗拉强度较低，但具有良好的铸造性、耐磨性、减振性及切削加工性，在一些介质（浓硫酸、醋酸、盐溶液、有机溶剂等）中具有相当好的耐腐蚀性能。铸铁生产成本低廉，因此在工业中得到普遍应用。

铸铁可分为灰铸铁、球墨铸铁、高硅铸铁等。

2.2.1.1　灰铸铁

灰铸铁中的碳大部分或全部以自由状态的片状石墨形式存在，断口呈暗灰色。灰铸铁的抗压强度较大，抗拉强度很低，冲击韧性低，不适于制造承受弯曲、拉伸、剪切和冲击载荷的零件，可制造承受压应力及要求消振、耐磨的零件，如支架、阀体、泵体（机座、管路附件等），在环境工程中可用于设备的底座。灰铸铁的牌号用名称 HT（灰铁二字的汉语拼音第一个字母）和抗拉强度 σ_b 值表示，如 HT100，其中 100 表示 $\sigma_b=100MPa$。常用灰铸铁牌号有 HT100、HT150、HT200、HT250、HT300、HT350。

2.2.1.2　球墨铸铁

在浇注前，往铁水中加入少量球化剂（如镁、钙和稀土元素等）、石墨化剂（如硅铁、硅钙合金），以促进碳以球状石墨结晶形式存在，这种铸铁称球墨铸铁。球墨铸铁在强度、塑性和韧性方面大大超过灰铸铁，甚至接近钢材。在酸性介质中，球墨铸铁耐腐蚀性较差，但在其他介质中耐腐蚀性比灰铸铁好。它的价格低于钢。由于它兼有普通铸铁与钢的优点，从而成为一种新型结构材料。过去用碳钢和合金钢制造的重要零件（如曲轴、连杆、主轴、中压阀门等），目前不少已改用球墨铸铁。球墨铸铁的牌号用 QT（球铁二字的汉语拼音第一个字母）、抗拉强度 σ_b、延伸率表示。如 QT400-18，其中 $\sigma_b=400MPa$，延伸率 $\delta=18\%$。

2.2.1.3　高硅铸铁

高硅铸铁是往灰铸铁或球墨铸铁中加入一定量的合金元素硅等熔炼而成。高硅铸铁具有很高的耐蚀性能，且随含硅量的增加耐蚀性能增加。其强度低、硬度高、质脆，不能承受冲击载荷，不便于机械加工，只适于铸造。高硅铸铁导热系数小，膨胀系数大，故不适于制造温差较大的设备，否则容易产生裂纹。它常用于制作各种耐酸泵、冷却排管和热交换器等。

2.2.2　碳钢

碳钢的含碳量一般介于 0.02%～2% 之间，杂质元素的含量较铸铁低。这些杂质元素往往会对钢的质量产生影响。

2.2.2.1　常存杂质元素对钢材性能的影响

普通碳钢除含碳以外，还含有少量锰（Mn）、硅（Si）、硫（S）、磷（P）、氧（O）、氮（N）和氢（H）等元素。这些元素并非为改善钢材质量有意加入的，而是由矿石及冶炼过程中带入的，故称为杂质元素。这些杂质元素对钢材性能有一定影响，为了保证钢材的质量，在国家标准中对各类钢的化学成分都做了严格规定。

（1）硫　硫来源于炼钢的矿石与燃料焦炭，它是钢中的一种有害元素。硫以硫化铁（FeS）的形态存在于钢中，FeS 和 Fe 形成低熔点（985℃）化合物。而钢材的热加工温度一般在 1150～1200℃以上，所以当钢材热加工时，由于 FeS 化合物的过早熔化而导致工件开裂，这种现象称为"热脆"。含硫量愈高，热脆现象愈严重，故必须对钢中含硫量进行控制。

（2）磷　磷是由矿石带入钢中的，一般来说磷也是有害元素。磷虽能使钢材的强度、硬度增高，但会引起塑性、冲击韧性显著降低。特别是在低温时，它使钢材显著变脆，这种现象称"冷脆"。冷脆使钢材的冷加工及焊接性变坏，含磷量越高，冷脆性越大，故钢中对含磷量控制较严。高级优质钢含磷量小于 0.025%；优质钢含磷量小于 0.04%；普通钢含磷量小于 0.085%。

（3）锰　锰是炼钢时作为脱氧剂加入钢中的。由于锰可以与硫形成高熔点（1600℃）的硫化锰（MnS），一定程度上消除了硫的有害作用。锰具有很好的脱氧能力，能够与钢中的氧化铁（FeO）反应生成氧化锰（MnO）进入炉渣，从而改善钢的品质，特别是降低钢的脆性，提高钢的强度和硬度。因此，锰在钢中是一种有益元素。技术条件中规定，优质碳素结构钢中，正常含锰量是 0.5%～0.8%；而较高含锰量的结构钢中，其含量可达 0.7%～1.2%。

（4）硅　硅也是炼钢时作为脱氧剂而加入钢中的元素。硅与钢水中的 FeO 能结成密度较小的硅酸盐炉渣而被除去，因此硅是一种有益的元素。硅在钢中溶于铁素体内使钢的强度、硬度增加，塑性、韧性降低。镇静钢中的含硅量通常在 0.1%～0.37%，沸腾钢中只含有 0.03%～0.07%。由于钢中硅含量一般不超过 0.5%，对钢性能影响不大。

（5）氧　氧在钢中是有害元素。它是在炼钢过程中进入钢中的，尽管在炼钢末期要加入锰、硅、铁和铝进行脱氧，但不可能除尽。氧在钢中以 FeO、MnO、SiO_2、Al_2O_3 等形式存在，使钢的强度、塑性降低，尤其是对疲劳强度、冲击韧性等有严重影响。

（6）氮　铁素体溶解氮的能力很低。当钢中溶有过饱和的氮，在放置较长一段时间后或随后在 200～300℃范围加热就会发生氮以氮化物形式析出，并使钢的硬度、强度提高，塑性下降，产生时效。钢液中加入 Al（铝）、Ti（钛）或 V（钒）进行固氮处理，使氮固定在 AlN、TiN 或 VN 中，可消除时效倾向。

（7）氢　钢中溶有氢会引起钢的氢脆、白点等缺陷。白点常在轧制的厚板、大锻件中发现，在纵断面中可看到圆形或椭圆形的白色斑点；在横断面上则是细长的发丝状裂纹。锻件中有了白点，使用时会发生突然断裂造成事故。氢产生白点冷裂的主要原因是因为低温时，氢在钢中的溶解度急剧降低。当冷却较快时，氢原子来不及扩散到钢的表面而逸出，就在钢中的一些缺陷处由原子状态的氢变成分子状态的氢。氢分子在不能扩散的条件下在局部产生很大压力，这压力超过了钢的强度极限而在该处形成裂纹，即白点。

2.2.2.2　碳钢的分类与编号

根据实际生产和应用的需要，可将碳钢进行分类和编号。分类方法有多种，如按用途可分为建筑钢、结构钢、弹簧钢、轴承钢、工具钢和特殊性能钢（如不锈钢、耐热钢等）；按含碳量分为低碳钢、中碳钢和高碳钢；按脱氧方式分为镇静钢和沸腾钢；按冶炼质量可分为普通碳素钢、优质碳素钢和高级优质钢。

（1）普通碳素钢　根据规定，普通碳素钢钢种以屈服强度数值区分，其钢号表示方法为：屈服强度的汉语拼音字首 Q、屈服强度数值、质量等级符号及冶炼时的脱氧方法四部分按顺序组成，如 Q235—A·F。

碳钢的质量分为 A、B、C、D 四个等级。根据冶炼工艺中脱氧方法的不同，将钢材分为沸腾钢、镇静钢和半镇静钢。只用弱脱氧剂 Mn，在往钢锭模中浇注钢液后，钢液在钢锭模中发生自脱氧反应，放出大量 CO 气体，出现"沸腾"现象，故称为沸腾钢，用代号 F 表示，如 Q235—A·F。若在熔炼过程中加入硅、铝等，钢液完全脱氧，则称镇静钢，用代号 Z 表示，Z 在牌号中可不标出，如 Q235—A。脱氧情况介于以上二者之间时，称半镇静钢，用代号 b 表示，如 Q235—A·b。压力容器用钢一般选用镇静钢。Q235—A 有良好的塑性、韧性及加工工艺性，价格比较便宜，在环保设备制造中应用极为广泛，常用于常温低压设备的壳体和零部件，还可制作螺栓、螺母、支架、垫片、轴套、阀门、管子、管件等。

（2）优质碳素钢　优质碳钢含硫、磷有害杂质元素较少，其冶炼工艺严格，钢材组织均匀，表面质量高，同时保证钢材的化学成分和力学性能，但成本较高。优质碳钢的编号仅用两位数字表示，钢号顺序为 08、10、15、20、25、30、35、40、45、50、…、80 等。钢号数字表示钢中平均含碳量的万分之几。如 45 号钢表示钢中含碳量平均为 0.45% （0.42%～0.50%）。依据含碳量的不同，可分为优质低碳钢（含碳量小于 0.25%）；优质中碳钢（含碳量 0.3%～0.6%）；优质高碳钢（含碳量大于 0.6%）。优质低碳钢的强度较低，但塑性好，焊接性能好，常用于热交换器列管、设备接管、法兰的垫片等。优质中碳钢的强度较高、韧性较好，但焊接性能较差，可用于换热设备管板，对强度要求较高的螺栓、螺母、传动轴（搅拌轴）等。优质高碳钢的强度与硬度均较高，主要用来制造弹簧、钢丝绳等。

（3）高级优质钢　高级优质钢比优质碳钢中含硫、磷量还少（均小于 0.03%）。它的表示方法是在优质碳钢钢号后面加一个字母 A，如 20A。

2.2.2.3　碳钢的品种及规格

碳钢的品种有钢板、钢管、型钢、铸钢和锻钢等。

（1）钢板　钢板分薄钢板和厚钢板两大类。薄钢板有厚度 0.2～4mm 的冷轧与热轧两种，厚钢板为热轧。压力容器主要用热轧厚钢板制造。依据钢板厚度的不同，厚度间隔也不同。钢板厚度在 4～6mm 时，其厚度间隔为 0.5mm；厚度在 6～30mm 时，间隔为 1mm；厚度在 30～60mm 时，间隔为 2mm。一般碳素钢板材有 Q235—A、Q235—A·F、08、10、15、20 等。

（2）钢管　钢管有无缝钢管和有缝钢管两类。无缝钢管有冷轧和热轧两种，冷轧无缝钢管外径和壁厚的尺寸精度均较热轧钢管高。普通无缝钢管常用材料有 10、15、20 等。另外，还有专门用途的无缝钢管，如热交换器用钢管、锅炉用无缝管等。有缝管，水煤气管分镀锌（白铁管）和不镀锌（黑铁管）两种。

（3）型钢　型钢主要有圆钢与方钢、扁钢、角钢（等边与不等边）、工字钢和槽钢。各种型钢的尺寸和技术参数可参阅有关标准。圆钢与方钢主要用来制造各类轴件；扁钢常用作各种桨叶；角钢、工字钢及槽钢可用作各种设备的支架、塔盘支撑及各种加强结构。

（4）铸钢和锻钢　铸钢用 ZG（铸钢的汉语拼音第一个字母）表示，牌号有 ZG25、ZG35 等，用于制造各种承受重载荷的复杂零件，如泵壳、阀门、泵叶轮。锻钢有 08、10、15、…、50 等牌号。容器用锻钢件一般采用 20、25 等材料，用以制作管板、法兰、顶盖等。

2.2.3 合金钢

随着现代工业和科学技术的不断发展，对设备零件的强度、硬度、韧性、塑性、耐磨性以及物理、化学性能的要求越来越高，碳钢已不能完全满足需要。合金钢是在碳钢的基础上，为了改善性能，在碳钢中有目的地加入一些合金元素而形成的钢材。

2.2.3.1 合金元素对钢的影响

目前在合金钢中常用的合金元素有铬（Cr）、锰（Mn）、镍（Ni）、硅（Si）、硼（B）、钨（W）、钼（Mo）、钒（V）、钛（Ti）和稀土元素（Re）等。

铬是合金结构钢主加元素之一。在化学性能方面，它不仅能提高金属耐腐蚀性能，也能提高抗氧化性能。从我国出土的春秋战国时代的武器、秦朝的青铜剑和大量的箭镞来看，有的迄今毫无锈蚀。经鉴定，这些文物表面有一层铬的氧化物层，而基体中并不含铬，很可能这种表面保护层是将铬的化合物人工氧化并经高温处理得到的。这种两千多年前创造的防护技术，不能不说是中国文明史上的一个奇迹。当含铬量达到13%时，能使钢的耐腐蚀能力显著提高，并增加钢的热强性。铬能提高钢的淬透性，显著提高钢的强度、硬度和耐磨性，但它会使钢的塑性和韧性降低。

锰可提高钢的强度，增加含锰量对提高低温冲击韧性有好处。

镍对钢铁性能有良好作用。它能提高淬透性，使钢具有很高的强度，而又保持良好的塑性和韧性。镍能提高耐腐蚀性和低温冲击韧性。镍基合金具有更高的热强性能。镍被广泛应用于不锈耐酸钢和耐热钢中。

硅可提高强度、高温疲劳强度、耐热性及耐硫化氢（H_2S）等介质的腐蚀性。硅含量增高会降低钢的塑性和冲击韧性。

铝为强脱氧剂，显著细化晶粒，提高冲击韧性，降低冷脆性。铝还能提高钢的抗氧化性和耐热性，对抵抗 H_2S 介质腐蚀有良好作用。铝的价格较便宜，所以在耐热合金钢中常用它来代替铬。

钼能提高钢的高温强度、硬度，细化晶粒，防止回火脆性。含钼小于0.6%可提高塑性。钼能抗氢腐蚀。

钒可提高钢的高温强度，细化晶粒，提高淬透性。铬钢中加少量钒，在保持钢的强度情况下能改善钢的塑性。

钛为强脱氧剂，可提高强度，细化晶粒，提高韧性，减小铸锭缩孔和焊缝裂纹等倾向。在不锈钢中起稳定碳的作用，减少铬与碳化合的机会，防止晶间腐蚀，还可提高耐热性。

稀土元素可提高强度，改善塑性、低温脆性、耐腐蚀性及焊接性能。

2.2.3.2 合金钢的分类与编号

合金钢的种类较多。按含合金元素量的多少可分为低合金钢（含合金元素总量小于2.5%）、中合金钢（含合金元素总量2.5%～10%）和高合金钢（含合金元素总量大于10%）。按用途分为合金结构钢、合金工具钢和特殊性能钢。合金结构钢又分为普通低合金钢、渗碳钢、调质钢等。特殊性能钢分为不锈钢和耐热钢等。我国国家标准规定，合金钢牌号的表示方法有两种，一种是用汉字牌号，如35铬钼；另一种是用国际化学符号，如35CrMo。其中数字表示平均含碳量的万分之几，合金元素符号后面的数字表示合金元素含量的百分数。含量小于1.5%时，可不标含量。如35CrMo表示这种钢的平均含碳量为万分之三十五（或0.35%），含Cr、Mo在1%左右。30CrMnSiA合金钢，钢号后面的A字表示此合金钢为高级优质钢。

下面简单介绍几种常用的合金钢。

(1) 普通低合金钢　普通低合金钢（又称低合金高强度钢）简称普低钢。它是结合我国资源条件开发的一种合金钢，是在碳钢的基础上加入少量 Si、Mn、Cu、V、Ti 等合金元素熔炼而成的。加入这些元素，可提高钢材的强度，改善钢材耐腐蚀性能、低温性能及焊接性能，如 16Mn、15MnV 等钢种。普低钢具有耐低温的性能，这对北方高寒地区使用的车辆、桥梁、容器等具有十分重要的意义。

工程设备用普低钢，除要求强度外，还要求有较好的塑性和焊接性能，以利于设备加工。强度较高者，其塑性与焊接性便有所降低，这是由于含较多合金元素、产生过大硬化作用造成的。因此，必须根据设备的具体操作条件（温度、压力）和制造加工（卷板、焊接）要求，选用适当强度级别的钢种。

(2) 专业用钢　为适应各种条件用钢的特殊要求，我国发展了许多专门用途的钢材，如锅炉用钢、压力容器用钢、焊接气瓶用钢等。它们的编号方法是在钢号后面分别加注 g、R 或 HP 等，如 20g、16MnR 和 15MnVHP 等。这类钢质地均匀、杂质含量低，能满足某些力学性能的特殊检验项目要求。

(3) 特殊性能钢　特殊性能钢是指具有特殊物理性能或化学性能的钢。这里介绍不锈耐酸钢、耐热钢。

① 不锈耐酸钢　不锈耐酸钢是不锈钢和耐酸钢的总称。严格讲不锈钢是指耐大气腐蚀的钢；耐酸钢是指能抵抗酸及其他强烈腐蚀性介质的钢。耐酸钢一般都具有不锈的性能，故将两者统称为不锈钢。不锈钢以所含的合金元素不同，分为以铬为主的铬不锈钢及以铬镍为主的铬镍不锈钢。

在铬不锈钢中，起耐腐蚀作用的主要元素是铬。铬在氧化性介质中能生成一层稳定而致密的氧化膜，对钢材起到保护作用而具有耐腐蚀性。铬不锈钢耐腐蚀性的强弱取决于钢中的含碳量和含铬量。当含铬量达到 13% 时，钢的耐腐蚀性会有显著提高，而且含铬量越多耐蚀性越好。实际应用的不锈钢中的平均含铬量都在 13% 以上。常用的铬不锈钢有 1Cr13、2Cr13、0Cr13、0Cr17Ti 等，主要用于制造化工机器中受冲击载荷较大的零件，如阀件、塔盘中的浮阀、高温螺栓、导管、轴、活塞杆，以及耐腐蚀设备等。

铬镍不锈钢的典型钢号是 0Cr19Ni9，它是国家标准中规定的压力容器用钢，具有较高的抗拉强度、极好的塑性和韧性。它的焊接性能和冷弯成型工艺性能很好，是目前用来制造各种贮槽、塔器、反应釜、阀件等设备的最广泛的不锈钢材。

0Cr19Ni9 不锈钢产品以板材、带材为主。它在石油、化工、食品、制糖、酿酒、医药、油脂及印染工业中得到广泛应用，使用温度范围在 -196～600℃。

② 耐热钢　垃圾焚烧设备要求钢材能承受高温，一般碳钢无法胜任。在钢中加入 Cr、Al、Si 等合金元素，可以被高温气体（对耐热钢而言，主要是氧气）氧化后生成一种致密的氧化膜，保护钢的表面，防止氧的继续侵蚀，从而得到较好的化学稳定性。在钢中加入 Cr、Mo、V、Ti 等元素，可以强化固溶体组织，显著提高钢材的抗蠕变能力。

2.2.4　有色金属材料

铁以外的金属称非铁金属，也称有色金属。有色金属及其合金的种类很多，常用的有铝、铜、铅、钛等。在环境工程中，由于腐蚀、低温、高温、高压等特殊工艺条件，许多设备及其零部件经常采用有色金属及其合金。

有色金属有很多优越的特殊性能，例如良好的导电性、导热性，密度小，熔点高，有低温韧性，在空气、海水以及一些酸、碱介质中耐腐蚀等，但有色金属价格比较昂贵。常用有色金属及合金的代号见表2-1。

表 2-1 常用有色金属及合金的代号

名称	铜	黄铜	青铜	铝	铅	铸造合金	轴承合金
代号	T	H	Q	L	Pb	Z	Ch

2.2.4.1 铝及其合金

铝属于轻金属，相对密度小（2.71），约为铁的1/3，导电、导热性都很好。铝的塑性好、强度低，可承受各种压力加工，并可进行焊接和切削。铝在氧化性介质中易形成Al_2O_3保护膜，因此在干燥或潮湿的大气中，或在氧化剂的盐溶液中，或在浓硝酸以及干氯化氢、氨气中都耐腐蚀。但含有卤素离子的盐类、氢氟酸以及碱溶液都会破坏铝表面的氧化膜，所以铝不宜在这些介质中使用。铝无低温脆性、无磁性，对光和热的反射能力强和耐辐射，冲击不产生火花。

（1）纯铝　纯铝中有高纯铝，牌号为LG1、LG2，可用来制造对耐腐蚀要求较高的浓硝酸设备，如高压釜、槽车、贮槽、阀门、泵等。工业纯铝牌号为L1～L6，编号越大，纯度越低，导电性、塑性、耐腐蚀性也越低。工业纯铝应用于制造要求耐腐蚀、防污染而不要求强度的设备，如反应器、热交换器、深冷设备、塔器等。

（2）防锈铝　防锈铝的代号为LF，牌号有LF2、LF3、LF5等。防锈铝能耐潮湿大气的腐蚀，有足够的塑性，强度比纯铝高得多。常用来制造各式容器、分馏塔、热交换器等。

（3）铸铝　铸铝是铝、硅合金，典型牌号有ZAlSi7Mg。铸铝的铸造性、流动性好，铸造时收缩率和生成裂纹的倾向性都很小。由于表面生成Al_2O_3、SiO_2保护膜，故铸铝的耐蚀性好，且密度低，广泛用来铸造形状复杂的耐腐蚀零件，如管件、泵、阀门、汽缸、活塞等。纯铝和铝合金最高使用温度为200℃。由于熔焊的铝材在低温（—196～0℃）下冲击韧性不下降，因此很适合做低温设备。铝不会产生火花，故常用于制作含易挥发性介质的容器；铝的导热性能好，适合于做换热设备。

2.2.4.2 铜及其合金

铜属于半贵金属，相对密度8.94，铜及其合金具有高的导电性和导热性，较好的塑性、韧性及低温力学性能，在许多介质中有高耐腐蚀性，因此在生产中得到广泛应用。

（1）纯铜　纯铜呈紫红色，又称紫铜。纯铜有良好的导电、导热和耐腐蚀性，也有良好的塑性，在低温时可保持较高的塑性和冲击韧性，用于制作深冷设备和高压设备的垫片。

铜耐稀硫酸、亚硫酸、稀的和中等浓度的盐酸、醋酸、氢氟酸及其他非氧化性酸等介质的腐蚀，对海水、大气、碱类溶液的耐腐蚀能力很好。铜不耐各种浓度的硝酸、氨和铵盐溶液。在氨和铵盐溶液中，会形成可溶性的铜氨离子$[Cu(NH_4)_3]^{2+}$，故不耐腐蚀。

工业纯铜的牌号有T0、T1、T2、T3、T4五种。T0、T1是高纯度铜，用于制造电线，配制高纯度合金。后三种牌号的铜用于制造深冷设备（如制氧设备、深度冷冻分离气体装置）和工业中的蒸发器、蛇管等。TP1为用磷脱氧的无氧纯铜，用于制作合成纤维工业中的塔设备。供应的品种有板材和管材等。各种纯铜的成分和力学性能见相关标准。

（2）黄铜　铜与锌的合金称黄铜。它的铸造性能良好，力学性能比纯铜高，耐蚀性能与纯铜相似,在大气中耐腐蚀性比纯铜好,价格也便宜。

在黄铜中加入锡、铝、硅、锰等元素,所形成的合金称特种黄铜。其中锰、铝能提高黄铜的强度;铝、锰和硅能提高黄铜的抗蚀性和减磨性;铝能改善切削加工性。

常用的黄铜牌号有 H80、H68、H62 等（数字是表示合金内铜平均含量的百分数）。H80、H68 塑性好,可在常温下冲压成型,做容器的零件,如散热导管等。H62 在室温下塑性较差,但有较高的机械强度,易焊接,价格低廉,可做深冷设备的筒体、管板、法兰及螺母等。

锡黄铜 HSn70-1 含有 1% 的锡,能提高 H70 黄铜在海水中的耐蚀性。由于它首先应用于舰船,故称海军黄铜。

（3）青铜　铜与锡的合金称为锡青铜;铜与铝、硅、铅、锰等组成的合金称无锡青铜。

锡青铜分铸造锡青铜和压力加工锡青铜两种,以铸造锡青铜应用最多。铸造锡青铜具有高强度和硬度,能承受冲击载荷,耐磨性很好,具有优良的铸造性,在许多介质中比纯铜耐腐蚀。锡青铜主要用来铸造耐腐蚀和耐磨零件,如泵壳、阀门、轴承、蜗轮、齿轮、旋塞等。无锡青铜（如铝青铜）的力学性能比黄铜、锡青铜好,具有耐磨、耐蚀特点,无铁磁性,冲击时不生成火花,主要用于加工成板材、带材、棒材和线材。

2.2.4.3　钛及其合金

钛的相对密度小（4.5）、强度高、耐腐蚀性好、熔点高。这些特点使钛在工业中的应用日益广泛。

典型的工业纯钛牌号有 TA1、TA2、TA3（编号越大,杂质含量越多）。纯钛塑性好,易于加工成型、冲压、焊接、切削加工性能良好;在大气、海水和大多数酸、碱、盐中有良好的耐蚀性。钛也是很好的耐热材料。它常用于制造耐海水腐蚀的管道、阀门、泵体、热交换器、蒸馏塔及海水淡化系统装置与零部件。在钛中添加锰、铝或铬钼等元素,可获得性能优良的钛合金。供应的品种主要有带材、管材和钛丝等。

2.2.4.4　镍及其合金

镍是稀有贵重金属,相对密度 8.902,具有很高的强度和塑性,有良好的延伸性和可锻性。镍具有很好的耐腐蚀性,在高温碱溶液或熔融碱中都很稳定,故镍主要应用于制造处理碱介质的设备。

在镍合金中,以蒙乃尔合金应用最广。蒙乃尔合金能在 500℃ 时保持很好的力学性能,能在 750℃ 以下抗氧化,在非氧化性酸、盐和有机溶液中比纯镍、纯铜更具耐腐蚀性。

2.2.4.5　铅及其合金

铅是重金属,相对密度 11.35,硬度低、强度小,不宜单独作为设备材料,只适于做设备的衬里。铅的导热系数小,不适合做换热设备的用材;纯铅不耐磨,非常软。但在许多介质中,特别是在硫酸（80% 的热硫酸及 92% 的冷硫酸）中,铅具有很高的耐腐蚀性。

铅与锑合金称为硬铅,它的硬度、强度都比纯铅高,在硫酸中的稳定性也比纯铅好。硬铅的主要牌号为 PbSb4、PbSb6、PbSb8 和 PbSb10。

铅和硬铅常作为耐酸、耐腐蚀和防护材料,可用来做加料管、鼓泡器、耐酸泵和阀门等零件。

2.3　金属的腐蚀与预防

金属和它所处的环境介质之间发生化学、电化学或物理作用，引起金属的变质和破坏，称为金属腐蚀。腐蚀现象是十分普遍的。从热力学的观点出发，除了极少数贵金属（Au、Pt）外，一般材料发生腐蚀都是一个自发过程。材料腐蚀问题遍及国民经济的各个领域。从日常生活到交通运输、机械、化工、冶金，从尖端科学技术到国防工业，凡是使用材料的地方，都不同程度地存在着腐蚀问题。腐蚀给社会带来巨大的经济损失，造成灾难性事故，消耗了宝贵的资源与能源，污染了环境，阻碍了高科技的正常发展。

环保设备同样存在腐蚀问题，为了减少经济损失，必须研究设备材料腐蚀的机理并采取有效的预防措施。

2.3.1　金属腐蚀的机理

根据环保设备所处的工作环境，可以将金属的腐蚀分为两大类：化学腐蚀和电化学腐蚀。

2.3.1.1　化学腐蚀

化学腐蚀是金属表面与环境介质发生化学作用而产生的损坏，它的特点是腐蚀在金属的表面上，腐蚀过程中没有电流的产生。

在生产中，有很多机器和设备是在高温下操作的，如垃圾焚烧炉、氨合成塔、硫酸氧化炉、石油气制氢转化炉等。金属在高温下受蒸汽和气体作用，发生金属高温氧化及脱碳就是一种高温下的气体腐蚀，是高温设备中常见的化学腐蚀之一。

（1）金属的高温氧化　当钢和铸铁温度高于300℃时，就会在其表面出现可见的氧化皮。随着温度的升高，钢铁的氧化速度大为增加。在570℃以下氧化时，在钢表面形成的是Fe_2O_3、Fe_3O_4的氧化层。这个氧化层组织致密、稳定，附着在铁的表面上不易脱落，从而起到了保护膜的作用。在570℃以上时，钢件表层由Fe_2O_3、Fe_3O_4和FeO所构成，氧化层主要成分是FeO。由于FeO直接依附在铁上，而它结构疏松，容易剥落，不能阻止内部的铁进一步被氧化，因此钢件加热温度越高或加热时间越长，则氧化越严重。

要提高钢的高温抗氧化能力，就要阻止FeO的形成，可以在钢里加入适量的合金元素铬、硅或铝，因为这些元素的氧化物比铁氧化物（FeO）的保护性好。

（2）钢的脱碳　钢是铁碳合金，碳可以渗碳体的形式存在。所谓钢的高温脱碳是指在高温气体作用下，钢的表面在产生氧化皮的同时，与氧化膜相连接的金属表面层发生渗碳体减少的现象。之所以发生脱碳，是因为在高温气体中含有O_2、H_2O、CO_2、H_2等成分时，钢中的渗碳体Fe_3C与这些气体发生反应而使渗碳体中的碳以碳氧化物形式排出。

脱碳使碳的含量减少，金属的表面硬度和抗疲劳强度降低。同时由于气体的析出，破坏了钢表面膜的完整性，使耐蚀性进一步降低。改变气体的成分，以减少气体的侵蚀作用是防止钢的脱碳的有效方法。

2.3.1.2　金属的电化学腐蚀

金属与电解质溶液间产生电化学作用所发生的腐蚀称电化学腐蚀。其特点是在腐蚀过程中有电流产生，在绝大多数情况下，这种电池为短路的原电池。电解质的化学性质、环境因素（温度、压力、流速等）、金属的特性、表面状态及其组织结构和成分的不均匀性、腐蚀产物的物理化学性质等，都对腐蚀过程有很大的影响。因此，电化学腐蚀现象是相当复杂的。例如，在潮湿的大气中，桥梁、钢结构的腐蚀，在海水中海洋采油平台、舰船壳体的腐蚀，土壤中地下输油、输气管线的腐蚀以及在含酸、含盐、含碱的水溶液等工业介质中金属的腐蚀，均属此类。

为了说明电化学腐蚀过程，首先看一个实验：把锌片与铜片相接触并浸入稀硫酸中（图2-1），则可见到锌被腐蚀，同时在铜片上逸出了大量的氢气泡。如含少量锡、铅、铁等元素的锌片浸入稀硫酸中，也可观察到这些金属显著地加速了锌的腐蚀。

由图 2-1 可见，电化学腐蚀过程可分成阳极和阴极两个独立进行的过程。

阳极过程——金属溶解并以离子形式进入溶液，同时把电子留在金属中：

$$Zn \longrightarrow Zn^{2+} + 2e^-$$

阴极过程——从阳极移迁过来的电子被电解质溶液中能够吸收电子的物质所接受：

$$2H^+ + 2e^- \longrightarrow H_2\uparrow$$

电化学腐蚀的总反应之所以能分成两个过程，是因为溶液中有阳离子，同时在金属中有自由电子。在多数情况下，电化学腐蚀经常是以阳极和阴极过程在不同区域局部进行为特征的。这是区分腐蚀过程的电化学历程与纯化学腐蚀历程的一个重要标志。

根据腐蚀的电化学历程予以分析，金属的阳极溶解（或称金属的氧化）过程和环境中物质的还原过程可以是在不同的部位相对独立地进行，电子的传递依靠金属本身作为回路间接进行。图 2-2 示意地表示了金属与氧发生电化学作用形成金属氧化物的腐蚀过程。

综上所述，对于金属材料或金属构件在腐蚀介质中，只要有电位差，就可能构成腐蚀电池，就将存在发生腐蚀的自发倾向。

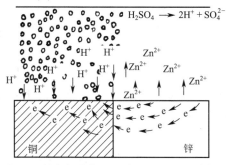

图 2-1　锌与铜接触时，在稀硫酸中的溶解图

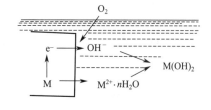

图 2-2　金属与氧发生电化学氧化示意图

2.3.2　金属设备的防腐措施

金属或合金材料自身的耐蚀性是金属是否容易遭到腐蚀的最基本的因素。各国的材料工作者一直在努力地研制针对不同腐蚀环境的新型耐蚀合金。新耐蚀材料或新技术的出现不仅可以解决腐蚀防护方面的重大难题，而且会对尖端技术的发展起到巨大推动作用。

材料的加工和成形工艺也是材料防腐中必须考虑的问题，金属或合金的组成、有害杂质的含量、热处理状态、应力和变形、表面状况等都与腐蚀密切相关。为防止生产设备被腐蚀，除选择合适的耐腐蚀材料制造设备外，还可以采用多种防腐蚀措施对设备进行防腐。

2.3.2.1　衬覆保护层

把金属同促使金属腐蚀的外界条件如水分、氧气等腐蚀性物质尽可能地隔离开来，可以起到防止腐蚀的作用，采用涂层防腐仍是当前使用面最宽、量最大的防护手段。

（1）金属覆盖层　用耐腐蚀性能较强的金属或合金覆盖在耐腐蚀性能较弱的金属上，以防止腐蚀的方法，称为金属覆盖层保护方法。常见的有电镀法（镀铬、镀镍）、喷镀法、渗镀法、热镀法等。

（2）非金属覆盖层　用有机或无机非金属物质制成的覆盖层称为非金属覆盖层，常用的有在金属设备内部衬以非金属衬里和涂防腐涂料。在金属设备内部衬砖、板是行之有效的防腐方法。常用的砖、板衬里材料有：酚醛胶泥衬瓷板、瓷砖；水玻璃胶泥衬瓷板、瓷砖。除砖、板衬里之外，还有橡胶衬里和塑料衬里。为防止金属的大气腐蚀，在金属设备外涂加防腐涂料，如防锈漆、底漆、大漆、酚醛树脂漆、环氧树脂漆以及某些塑料涂料，如聚乙烯涂料、聚氯乙烯涂料等。

2.3.2.2　电化学保护

根据金属腐蚀的电化学原理，如果把处于电解质溶液中的某些金属的电位提高，使金属钝化，人为地使金属表面生成难溶而致密的氧化膜，降低金属的腐蚀速度；同样，如果使某些金属的电位降低，使金属难于失去电子，可大大降低金属的腐蚀速度，甚至使金属的腐蚀完全停止。这种通过改变金属-电解质的电极电位来控制金属腐蚀的方法称为电化学保护。电化学保护分为阴极保护与阳极保护两种。

（1）阴极保护　阴极保护法是通过外加电流使被保护的金属阴极极化，以控制金属腐蚀的方法，可分为外加电流法和牺牲阳极法。外加电流法是把被保护的金属设备与直流电源的负极相连，电源的正极和一个辅助阳极相连。当电源接通后，电源便给金属设备以阴极电流，使金属设备的电极电位向负的方向移动，当电位降到腐蚀电池的阳极起始电位时，金属设备的腐蚀即可停止。阴极保护法用来防止在海水或河水中的金属设备的腐蚀非常有效，并已应用到石油、化工冷却设备和各种输送管道，如碳钢制海水箱式冷却槽、卤化物结晶槽、真空制盐蒸发器等。在外加电流法中，辅助阳极的材料必须具有导电性好，在阳极极化状态下耐腐蚀，有较好的机械强度，容易加工，成本低，来源广等特点，常用的有石墨、硅铸铁、镀铂钛、镍、铅银合金和钢铁等。

牺牲阳极法是在被保护的金属上连接一块电位更负的金属作为牺牲阳极。由于外接的牺牲阳极的电位比被保护的金属更负，更容易失去电子，它输出阴极的电流使被保护的金属阴极极化。图2-3为阴极保护示意图。

（2）阳极保护　阳极保护是把被保护设备与外加的直流电源阳极相连，在一定的电解质溶液中，把金属的阳极极化到一定电位，使金属表面生成钝化膜，从而降低金属的腐蚀作用，使设备受到保护。阳极保护只有当金属在介质中能钝化时才能应用，否则阳极极化会加速金属的阳极溶解。阳极保护应用时受条件限制较多，且技术复杂，故使用不多。

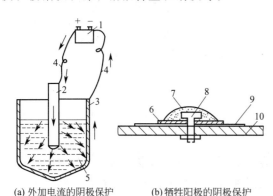

(a) 外加电流的阴极保护　　(b) 牺牲阳极的阴极保护

图2-3　阴极保护示意图

1—直流电源；2—辅助阳极；3,10—被保护设备；
4—导线；5—溶液；6—垫片；7—牺牲阳极；
8—螺栓；9—涂层

2.3.2.3　缓蚀剂

缓蚀剂的应用和发展是腐蚀科学与工程发展中的重要成就之一。当前，世界各国相关的科技界、企业界对缓蚀剂的开发和应用前景极为关注，各种新型缓蚀剂也不断涌现。防止大气腐蚀所用的缓蚀剂有油溶性缓蚀剂、气相缓蚀剂和水溶性缓蚀剂。气相缓蚀剂可挥发，以充满包装容器，沉积在金属表面上，阻碍腐蚀过程的进行。水溶性缓蚀剂主要用于防锈水中，即用喷涂零件或将零件浸渍在含有缓蚀剂的水溶液内来防止金属生锈。

　　一种缓蚀剂对各种介质的效果是不一样的，对某种介质能起缓蚀作用，对其他介质则可能无效，甚至是有害的，因此，须严格选择合适的缓蚀剂。选择缓蚀剂的种类和用量，须根据设备所处的具体操作条件通过试验来确定。

　　缓蚀剂分为重铬酸盐、过氧化氢、磷酸盐、亚硫酸钠、硫酸锌、硫酸氢钙等无机缓蚀剂和有机胶体、氨基酸、酮类、醛类等有机缓蚀剂。

2.3.2.4　控制环境

　　（1）充氮封存　将产品密封在金属或非金属容器内，经抽真空后充入干燥而纯净的氮气，利用干燥剂使内部保持在相对湿度 40% 以下，因无水分和氧，故金属不生锈。

　　（2）采用吸氧剂　在密封容器内控制一定的湿度和露点，以除去大气中的氧，常用的吸氧剂是 Na_2SO_3。

　　（3）干燥空气封存　也叫控制相对湿度法，是常用的长期封存方法之一，其基本依据是在相对湿度不超过 35% 的洁净空气中金属不会生锈，非金属不会发霉。因此，必须在密封性良好的容器内充以干燥空气或用干燥剂降低包装容器内的湿度，造成比较干燥的环境。

2.4　常用非金属材料

　　非金属材料具有优良的耐腐蚀性，原料来源丰富，品种多样，适合于因地制宜，就地取材，是一种有着广阔发展前景的工业材料。非金属材料既可以做单独的结构材料，又能做金属设备的保护衬里、涂层，还可做设备的密封材料、保温材料和耐火材料。

　　应用非金属材料做环保设备，除要求有良好的耐腐蚀性外，还应有足够的强度，渗透性、孔隙、吸水性要小，热稳定性好，容易加工制造，成本低，来源丰富。

　　非金属材料分为无机非金属材料（主要包括陶瓷、搪瓷、玻璃等）、有机非金属材料（主要包括塑料、涂料、橡胶等）及近几十年发展起来的复合材料（玻璃钢等）。

2.4.1　无机非金属材料

2.4.1.1　陶瓷

　　陶瓷按原料可分为普通陶瓷（硅酸盐材料）和特种陶瓷（人工合成材料）；按用途可分为日用陶瓷、结构陶瓷和功能陶瓷等；按性能可分为高强度陶瓷、高温陶瓷、耐磨陶瓷、耐酸陶瓷、压电陶瓷、光学陶瓷、半导体陶瓷、磁性陶瓷等。

　　陶瓷材料具有极高的硬度、优良的耐磨性，弹性模量高、刚度大，抗拉强度很低但抗压强度很高，韧性低，脆性大，在室温下几乎没有塑性，难以进行塑性加工。陶瓷的熔点很高，大多在 2000℃ 以上，因此具有很高的耐热性能；线膨胀系数小，导热性差。陶瓷的化学稳定性高，抗氧化性优良，对酸、碱、盐具有良好的耐腐蚀性。大多数陶瓷具有高电阻率，少数陶瓷具有半导体性质。许多陶瓷具有特殊的性能，如光学性能、电磁性能等。

　　（1）普通陶瓷　普通陶瓷是指以黏土、长石、石英等为原料烧结而成的陶瓷。这类陶瓷质地坚硬、不氧化、耐腐蚀、不导电、成本低，但强度较低，耐热性及绝缘性不如其他陶瓷。普通工业陶瓷有建筑陶瓷、电瓷、化工陶瓷等。电瓷主要用于制作隔电、机械支持及连接用瓷质绝缘器件。化工陶瓷主要用于化学、石油化工、食品、制药工业中制造实验器皿、耐蚀容器、反应塔、管道等。

（2）特种陶瓷

① 氧化铝陶瓷　氧化铝陶瓷又称高铝陶瓷，主要成分为 Al_2O_3，含有少量 SiO_2。其强度高于普通陶瓷，硬度很高，耐磨性很好，耐高温，可在 1600℃ 高温下长期工作，耐腐蚀性和绝缘性能良好，还具有光学特性和离子导电特性，但韧性低，脆性大。其主要用于制作装饰瓷、内燃机的火花塞、石油化工泵的密封环、机轴套、切削工具、模具、磨料、轴承、人造宝石、耐火材料、坩埚、炉管、热电偶保护管等。

② 氮化硅陶瓷　氮化硅陶瓷是以 Si_3N_4 为主要成分的陶瓷。根据制作方法可分为热压烧结陶瓷和反应烧结陶瓷。其具有很高的硬度，耐磨性好；具有优良的化学稳定性，能耐除氢氟酸、氢氧化钠外的其他酸性和碱性溶液的腐蚀，以及抗熔融金属的侵蚀；具有优良的绝缘性能。

热压烧结氮化硅陶瓷的强度、韧性都高于反应烧结氮化硅陶瓷，主要用于制造形状简单、精度要求不高的零件，如切削刀具、高温轴承等。反应烧结氮化硅陶瓷用于制造形状复杂、精度要求高的零件，用于要求耐磨、耐蚀、耐热、绝缘等场合，如泵密封环、热电偶保护套、高温轴套、电热塞、电磁泵管道和阀门等。

③ 碳化硅陶瓷　碳化硅陶瓷是以 SiC 为主要成分的陶瓷。碳化硅陶瓷按制造方法可分为反应烧结陶瓷、热压烧结陶瓷和常压烧结陶瓷。碳化硅陶瓷具有很高的高温强度，良好的热稳定性、抗蠕变性、耐磨性、耐蚀性、导热性、耐辐射性。其主要用于石油化工、钢铁、机械、电子、原子能等工业中，如浇注金属的浇道口、轴承、密封阀片、轧钢用导轮、内燃机器件、热变换器、热电偶保护套管、炉管等。

④ 氮化硼陶瓷　氮化硼陶瓷分为低压型和高压型两种。低压型结构与石墨相似，又称白石墨，其硬度较低，具有自润滑性，具有良好的高温绝缘性、耐热性、导热性、化学稳定性。其主要用于耐热润滑剂、高温轴承、高温容器、坩埚、热电偶套管、散热绝缘材料、玻璃制品成型模等。高压型硬度接近金刚石，主要用于磨料和金属切屑刀具。

2.4.1.2　搪瓷

搪瓷是含硅量高的瓷釉通过 900℃ 左右的高温煅烧，密着在金属表面而形成的。搪瓷具有优良的耐腐蚀性能、力学性能和电绝缘性能，但易碎裂。

搪瓷的导热系数不到钢的 1/4，热膨胀系数大。故搪瓷设备不能直接用火焰加热，以免损坏搪瓷表面，可以用蒸汽或油浴缓慢加热，使用温度为 -30～270℃。

目前我国生产的搪瓷设备有反应釜、贮罐、换热器、蒸发器、塔和阀门等。

2.4.1.3　玻璃

工业用的玻璃不是一般的钠钙玻璃，而是硼玻璃（耐热玻璃）或高铝玻璃，它们有好的热稳定性和耐腐蚀性。

玻璃在生产中用于做管道或管件，也可以做容器、反应器、泵、热交换器、隔膜阀等。玻璃虽然有耐腐蚀性、清洁、透明、阻力小、价格低等特点，但质脆、耐温度急变性差，不耐冲击和振动。目前已成功采用金属管内衬玻璃或用玻璃钢加强玻璃管道来弥补其不足。

2.4.2　有机非金属材料

2.4.2.1　工程塑料

塑料是以树脂为主要成分，添加能改善性能的填充剂、增塑剂、稳定剂、固化剂、润滑剂、发泡剂、着色剂、阻燃剂、防老化剂等制成的。填充剂主要起增强作用，可以使塑料具有所要求的性能。增塑剂用来增加树脂的塑性和柔韧性。稳定剂包括热稳定剂和光稳定剂，可提高树脂在受热、光、氧作用时的稳定性。润滑剂用来防止塑料黏着在模具或其他设备上。固化剂能将高分子化合物由线型结构转变为立体交联结构。发泡剂是受热时会分解，放出气体的有机化合物，用于制备泡沫塑料等。

在工业生产中广泛应用的塑料即为"工程塑料"。塑料的品种很多，根据受热后的变化和性能的不同，可分为热塑性塑料和热固性塑料两大类。

热塑性塑料是由可以经受反复受热软化（或熔化）和冷却凝固的树脂为基本成分制成的塑料，它的特点是遇热软化或熔融，冷却后又变硬，这一过程可反复多次。典型产品有聚氯乙烯、聚乙烯、聚苯乙烯、聚丙烯、聚酰胺、聚甲醛、聚碳酸酯、聚苯醚、聚四氟乙烯等。热固性塑料是由经加热转化（或熔化）和冷却凝固后变成不熔状态的树脂为基本成分制成的，它的特点是在一定温度下，经过一定时间的加热或加入固化剂即可固化，质地坚硬，既不溶于溶剂，也不能用加热的方法使之再软化，典型的产品有酚醛树脂、氨基树脂、环氧树脂、呋喃树脂、有机硅树脂等。

由于塑料一般具有良好的耐腐蚀性能、一定的机械强度、良好的加工性能和电绝缘性能，价格较低，因此被广泛应用于工业生产中。

(1) 聚乙烯　聚乙烯无毒、无味、无臭，具有良好的耐化学腐蚀性和电绝缘性，强度较低，耐热性不高，易老化，易燃烧等。

其根据密度可分为低密度聚乙烯和高密度聚乙烯。低密度聚乙烯主要用做日用制品、薄膜、软质包装材料、层压纸、层压板、电线电缆包覆等；高密度聚乙烯主要用做硬质包装材料、化工管道、贮槽、阀门、高频电缆绝缘层、各种异型材、衬套、小负荷齿轮、轴承等。聚乙烯的物理、力学性能见表 2-2。

表 2-2　聚乙烯的物理、力学性能

密度 /(g/cm³)	抗拉强度 /MPa	抗弯强度 /MPa	冲击强度 /(J/cm²)	熔点 /℃	维卡软化温度/℃
0.94~0.96	20~30	20~30	10~30	123~129	120~130

(2) 聚氯乙烯　聚氯乙烯具有较高的强度和刚度，良好的电绝缘性和耐化学腐蚀性，有阻燃性，但热稳定性较差，使用温度较低等。

根据增塑剂用量的不同其可分为硬质聚氯乙烯和软质聚氯乙烯。软质聚氯乙烯主要用于薄膜、人造革、墙纸、电线电缆包覆及软管等；硬质聚氯乙烯主要用于工业管道系统、给排水系统、板件、管件、建筑及家居用防火材料、防腐设备及各种机械零件等。

硬聚氯乙烯塑料的物理、力学性能见表 2-3。

表 2-3　硬聚氯乙烯塑料的物理、力学性能

密度 /(g/cm³)	抗拉强度 /MPa	抗弯强度 /MPa	线膨胀系数 /(1/℃)	维卡软化温度 /℃
1.35~1.45	35~56	90	(5~6)×10⁻⁵	65~80

(3) 聚苯乙烯　聚苯乙烯无毒、无味、无臭、无色，具有良好的电绝缘性和耐化学腐蚀性，但不耐苯、汽油等有机溶剂，强度较低，硬度高，脆性大，不耐冲击，耐热性差，易燃

烧等。其主要用于日用、装潢、包装及工业制品，如仪器仪表外壳、灯罩、光学零件、装饰件、透明模型、玩具、化工贮酸槽、包装及管道的保温层、冷冻绝缘层等。

（4）聚酰胺　聚酰胺又称尼龙或锦纶，具有较高的强度、韧性和耐磨性，电绝缘性、耐油性、阻燃性良好，耐热性不高。其主要用于制造机械、化工、电气零部件，如轴承、齿轮、凸轮、泵叶轮、高压密封圈、阀门零件、包装材料、输油管、储油容器、丝织品及汽车保险杠、门窗手柄等。

（5）聚甲醛　聚甲醛具有良好的强度、硬度、刚性、韧性、耐磨性、耐疲劳性、电绝缘性和耐化学腐蚀性，热稳定性差，易燃。其主要用于制造轴承、齿轮、凸轮、叶轮、垫圈、法兰、活塞环、导轨、阀门零件、仪表外壳、化工容器、汽车部件等，特别适用于无润滑的轴承、齿轮等。

（6）酚醛塑料　酚醛塑料具有良好的耐热性、耐磨性、耐腐蚀性及电绝缘性。以木粉为填料制成的酚醛塑料粉又称胶木粉或电木粉，是常用的热固性塑料。其制成的电器开关、插座、灯头等，不仅绝缘性好，而且有较好的耐热性、较高的硬度、刚度和一定的强度；以纸片、棉布、玻璃布等为填料制成的层压酚醛塑料，具有强度高、耐冲击以及耐磨性优良等特点，常用以制造受力要求较高的机械零件，如齿轮、轴承、汽车刹车片等。

（7）氨基塑料　最常用的氨基塑料是脲醛塑料，用脲醛塑料压塑粉压制的各种制品，有较高的表面硬度，颜色鲜艳有光泽，又有良好的绝缘性，俗称"电玉"。常见的制品有仪表外壳、电话机外壳、开关、插座等。

（8）聚四氟乙烯（PTFE）塑料　聚四氟乙烯塑料具有优异的耐腐蚀性，能耐强腐蚀性介质（硝酸、浓硫酸、王水、盐酸、苛性碱等）腐蚀，耐腐蚀性甚至超过贵重金属金和银，有塑料王之称。其使用温度范围为$-100 \sim 250℃$。

聚四氟乙烯常用来做耐腐蚀、耐高温的密封元件、密封带及高温管道。由于聚四氟乙烯有良好的自润滑性，还可以用做无润滑的活塞环。

2.4.2.2　涂料

涂料是一种高分子胶体的混合物溶液，涂在物体表面，然后固化形成薄涂层，用来保护物体免遭大气腐蚀及酸、碱等介质的腐蚀，大多数情况下用于涂刷设备、管道的外表面，也常用于设备内壁的防腐涂层。

涂料的特点是品种多、选择范围广、适应性强、使用方便、价格低、适于现场施工等。但是，由于涂层较薄，在有冲击及强腐蚀介质的情况下涂层容易脱落，使得涂料在设备内壁面的应用受到了限制。

常用的防腐涂料有防锈漆、底漆、大漆、酚醛树脂漆、环氧树脂漆以及某些塑料涂料，如聚乙烯涂料、聚氯乙烯涂料等。

2.4.2.3　橡胶

橡胶在很宽的温度范围内具有极好的弹性，在小负荷作用下即能产生弹性变形。橡胶具有高的拉伸强度，并且具有不透水、不透气、耐酸碱和电绝缘等性能。良好的性能使其得到了广泛的应用。

橡胶是以生胶为主要成分，添加各种配合剂和增强材料制成的。生胶是指无配合剂、未经硫化的天然或合成橡胶。生胶具有很高的弹性，但强度低，易产生永久性变形；稳定性差，如会发黏、发硬、溶于某些溶剂等。配合剂用来改善橡胶的各种性能，常用的配合剂有硫化剂、硫化促进剂、活化剂、填充剂、增塑剂、防老化剂、着色剂等。硫化剂用来使生胶的结构由线型转变为立体交联结构，从而使生胶变成具有一定强度、韧性、高弹性的硫化胶。硫化促进剂作用是缩短硫化时间，降低硫化温度，改善橡胶性能。活化剂用来提高促进剂的作用。填充剂用来提高橡胶的强度、改善工艺性能和降低成本。增塑剂用来增加橡胶的塑性和柔韧性。防老化剂用来防止或延缓橡胶老化，主要有胺类和酚类等防老化剂。增强材料主要有纤维织品、钢丝加工制成的帘布、丝绳、针织品等类型，以增加橡胶制品的强度。

橡胶根据原材料的来源可分为天然橡胶和合成橡胶。

(1) 天然橡胶　天然橡胶由橡胶树上流出的乳胶提炼而成。天然橡胶具有较好的综合性能，弹性高，具有良好的耐磨性、耐寒性和工艺性能，电绝缘性好，价格低廉，但耐热性差，不耐臭氧，易老化，不耐油。

天然橡胶广泛用于制造轮胎、输送带、减振制品、胶管、胶鞋及其他通用制品。

(2) 合成橡胶

① 丁苯橡胶　丁苯橡胶是应用最广、产量最大的一种合成橡胶。它由丁二烯和苯乙烯共聚而成，其性能主要受苯乙烯的含量影响，随着苯乙烯含量的增加，橡胶的耐磨性、硬度增大而弹性下降。丁苯橡胶比天然橡胶质地均匀，耐磨性、耐热性和耐老化性好，主要用于制造轮胎、胶板、胶布、胶鞋及其他通用制品，不适用于制造高速轮胎。

② 丁基橡胶　丁基橡胶由异丁烯和少量异戊二烯低温共聚而成。其气密性极好，耐老化性、耐热性和电绝缘性较高，耐水性好，耐酸碱，有很好的抗多次重复弯曲的性能。但其强度低，易燃、不耐油，对烃类溶剂的抵抗力差。其主要用于制造内胎、外胎以及化工衬里、绝缘材料、防振动与防撞击材料等。

③ 氯丁橡胶　氯丁橡胶由氯丁二烯以乳液聚合法而成，其物理、力学性能良好，耐油、耐溶剂性和耐老化性、耐燃性良好，电绝缘性差。其主要用于制造电缆护套、胶管、胶带、胶黏剂及一般橡胶制品。

2.4.2.4 复合材料

由两种或两种以上在物理和化学性能上不同的物质结合起来而得到的一种多相固体材料称为复合材料。复合材料不仅具有各组成材料的优点，而且还具有单一材料无法具备的优越的综合性能。故而复合材料发展迅速，在各个领域得到了广泛应用。

复合材料通常分成两个基本组成相：一个是连续相，称为基体相，主要起黏结和固定作用；另一个是分散相，称为增强相，主要起承受载荷作用。复合材料按基体材料可分为树脂基复合材料、金属基复合材料、陶瓷基复合材料等；按增强材料的类型和形态可分为纤维增强复合材料、颗粒增强复合材料、叠层复合材料、骨架复合材料、涂层复合材料等。

复合材料具有高的强度、比模量（弹性模量与密度之比），减振性和高温性能好，断裂安全性高，抗冲击性差。

(1) 树脂基复合材料　树脂基复合材料是将树脂浸到纤维和纤维织物上，在成型模具上涂树脂、铺织物，然后固化而制成。

① 玻璃纤维增强塑料　又称为玻璃钢，基体相为树脂，分散相为玻璃纤维。玻璃钢具有优良的耐腐蚀性能，有良好的工艺性能，是一种新型非金属材料。根据树脂的性质其可分为热固性玻璃钢和热塑性玻璃钢。热固性玻璃钢密度小、强度高、耐蚀性好、绝缘性好、绝热性好、吸水性低、防磁、弹性模量低、耐热性差。热塑性玻璃钢强度比热固性玻璃钢低，但韧性、低温性能良好，线膨胀系数低。玻璃钢主要用于在工业中做容器、储罐、塔、鼓风机、槽车、搅拌器、泵、管道、阀门等。

② 碳纤维增强塑料　基体相为树脂,分散相为碳纤维。碳纤维增强塑料密度小,比强度、比模量高,抗疲劳性、耐磨性、耐蚀性、耐热性优良,垂直纤维方向的强度、刚度低。其主要用于制造飞机螺旋桨、机身、机翼,汽车外壳、发动机壳体,机械工业中的轴承、齿轮,化工中的容器、管道等。

③ 石棉纤维增强塑料　基体材料主要有酚醛树脂、尼龙、聚丙烯树脂等,分散相为石棉纤维。其化学稳定性和电绝缘性良好,主要用于汽车制动件、阀门、导管、密封件、化工耐蚀件、隔热件、电绝缘件、耐热件等。

(2) 金属基复合材料　金属基复合材料是将金属与增强材料利用一定的工艺均匀混合在一起而制成的,基体相为金属。常用的基体金属有铝、钛、镁等;常用的纤维增强材料有硼纤维、碳纤维、氧化铝纤维、碳化硅纤维等,颗粒增强材料有碳化硅、氧化铝、碳化钛等。

金属基复合材料具有高的强度、弹性模量、耐磨性、冲击韧性,好的耐热性、导热性、导电性,不易燃,不吸潮,尺寸稳定,不老化等,大大扩展了金属材料的应用范围。但其密度较大,成本较高,有的材料工艺复杂。

(3) 陶瓷基复合材料　陶瓷基复合材料是将陶瓷与增强材料利用一定的工艺均匀混合在一起制成的,基体相为陶瓷,常用的增强材料有氧化铝、碳化硅、金属等。

陶瓷脆性大、抗弯强度低。但陶瓷基复合材料的韧性、抗弯强度都大大提高,如 SiO_2 的抗弯强度和断裂能分别为 62MPa 和 $1.1J/m^2$,而 SiC/SiO_2 复合材料的抗弯强度和断裂能分别为 825MPa 和 $17.6J/m^2$,分别提高了 13 倍和 16 倍。

2.5　非金属材料的腐蚀与预防

前已述及,非金属材料具有良好的耐腐蚀性能,但这种耐腐蚀性能仅仅是相对于金属而言的。随着非金属材料越来越多地用做工程材料,非金属材料失效现象也越来越受到人们的重视。科学家们主张把腐蚀的定义扩展到所有材料(金属和非金属材料)。腐蚀较确切的定义为:腐蚀是材料由于环境的作用而引起的破坏和变质。

2.5.1　无机非金属材料的腐蚀

无机非金属材料主要有陶瓷、玻璃等,化学组成均为硅酸盐类。无机非金属材料通常具有良好的耐腐蚀性,但在任何情况下都耐腐蚀的材料是不存在的。无机非金属材料的腐蚀往往是由于化学或物理作用所引起的。无机非金属材料的应用极为广泛,但对其腐蚀机理的研究还不够。下面简单介绍一下影响无机非金属材料腐蚀的几个因素。

2.5.1.1　化学成分和矿物组成

硅酸盐材料成分中以酸性氧化物 SiO_2 为主,它们耐酸不耐碱,当与碱液接触时,发生如下反应而受到腐蚀:

$$SiO_2 + 2NaOH \longrightarrow Na_2SiO_3 + H_2O$$

生成的硅酸钠易溶于水或碱液。

SiO_2 含量较高的耐酸材料,除氢氟酸和高温磷酸外,能耐所有无机酸的腐蚀。温度高于 300℃的磷酸会与 SiO_2 发生如下反应:

$$H_3PO_4 \longrightarrow HPO_3 + H_2O$$

$$2HPO_3 \longrightarrow P_2O_5 + H_2O$$

$$SiO_2 + P_2O_5 \longrightarrow SiP_2O_7$$

任何浓度的氢氟酸都会与 SiO_2 发生如下反应：

$$SiO_2 + 4HF \longrightarrow SiF_4\uparrow + 2H_2O$$

$$SiF_4 + 2HF \longrightarrow H_2[SiF_6]$$

一般说来，材料中 SiO_2 的含量越高，耐酸性越强。

含有大量碱性氧化物（如 MgO、CaO）的材料属于耐碱材料，它们与耐酸材料相反，完全不能抵抗酸性物质的腐蚀。例如有钙的硅酸盐水泥，可被所有的无机酸腐蚀，而在一般的碱液（浓烧碱液除外）中却是耐蚀的。

2.5.1.2　材料的孔隙与结构

除熔融制品（如玻璃）外，硅酸盐材料或多或少总会具有一定的孔隙率。孔隙会降低材料的耐腐蚀性，因为孔隙的存在会使材料受腐蚀作用的面积增加，侵蚀作用也就显得强烈，使得腐蚀不仅发生在材料的表面，而且发生在材料内部。当化学反应生成物出现结晶时还会使材料产生内应力而破坏。

材料的耐蚀性还与结构有关，晶体结构的化学稳定性较无定型结构高。例如结晶的二氧化硅（石英），虽属耐酸材料但也具有一定的耐碱性，而无定型的二氧化硅就容易溶于碱溶液中。

2.5.1.3　腐蚀介质

硅酸盐材料的腐蚀速度与酸的浓度和黏度有关。酸的电离度越大，对材料的破坏作用也越大。酸的温度升高，破坏作用增强。酸的黏度会影响它们通过孔隙向内部扩散的速度，例如盐酸比同一浓度的硫酸黏度小，在同一时间渗入材料的深度大，其腐蚀速度也较硫酸快。同样，同一种酸的浓度不同，其黏度也不同，因而它们对材料的腐蚀速度也不同。

2.5.2　有机非金属材料的腐蚀

有机非金属材料的腐蚀与金属腐蚀有本质的区别：金属腐蚀在大多数情况下可用电化学过程来说明；而有机非金属材料一般不导电，也不以离子形式溶解，因此其腐蚀过程难以用电化学规律来说明。此外，金属的腐蚀过程大多在金属的表面发生，并逐步向深处发展；而对于有机非金属材料，其周围的试剂（气体、液体等）向材料内渗透扩散是腐蚀的主要原因。同时，有机非金属材料中的某些组分（如增塑剂、稳定剂等）也会从材料内部向外扩散迁移，而溶于介质中。

2.5.2.1　有机非金属材料的老化

有机非金属材料多为高聚物，又称高分子材料，在使用时通常都要接触空气，因此氧的作用非常重要。在室温下，许多高聚物的氧化反应十分缓慢，但在热、光、辐照等作用下，却使反应大大加速，因此氧化降解是一个非常普遍的现象。

采用高分子材料制作的设备在户外使用时，经常受到日光照射和氧的双重作用，发生光氧老化，出现泛黄、变脆、龟裂、表面失去光泽、机械强度下降等现象，最终失去使用价值。光氧老化是重要的老化形式之一。

2.5.2.2　溶胀与溶解

高聚物的溶解过程一般分为溶胀和溶解两个阶段，溶解和溶胀与高聚物的聚集态结构是非晶态还是晶态结构有关，也与高聚物的相对分子质量大小及温度等因素密切相关。

2.5.2.3　微生物腐蚀

通常生物能够降解天然聚合物，而大多数合成高聚物却表现出较好的耐微生物侵蚀能力。微生物对聚合物材料的降解作用是通过生物合成产生的称做酶的蛋白质来完成的。酶是分解高聚物的生物实体。依靠酶的催化作用可将长分子链分解，从而实现对高聚物的腐蚀。降解的结果为微生物制造了营养物及能源，以维持其生命过程。

酶可根据其作用方式而分类，如催化酯、醚或酰胺键水解的酶为水解酶；水解蛋白质的酶叫蛋白酶等。酶具有亲水基团，通常可溶于含水体系中。

2.5.3　非金属材料腐蚀的预防

2.5.3.1　根据处理工艺合理选材

应根据设备设计的使用性能、不同的介质和使用条件，选用合适的非金属材料。

正确选材是一项细致而又复杂的技术。它既要考虑材料的结构、性质及使用中可能发生的变化，又要考虑工艺条件及其生产过程中可能发生的变化；既要满足设备性能的设计要求，又要考虑技术上的可行性和经济上的合理性，力求做到设计的设备所选用的材料经济可靠和耐用。

正确选材需要全面考虑材料的综合性能，优先搞好腐蚀控制，防止和减轻产品腐蚀。除了考虑材料的力学性能（强度、硬度、弹性等）、物理性能（耐热性、导电性、光学性、磁性、密度等）、加工性能（冷加工、热加工工艺）和经济性外，尤其应重视在不同状态和环境介质中的耐蚀性。对于关键性的零部件或经常维修或不易维修的零部件，应该选用耐蚀性好的材料。为避免聚合物材料因溶胀、溶解而受到溶剂的腐蚀，在选用耐溶剂的聚合物材料时，可依据极性相近原则，即极性大的溶质易溶于极性大的溶剂，极性小的溶质易溶于极性小的溶剂。这一原则在一定程度上可用来判断聚合物材料的耐溶剂性能。

天然橡胶、无定型聚苯乙烯、硅树脂等非极性高聚物易溶于汽油、苯和甲苯等非极性溶剂中，而对于醇、水、盐的水溶液等极性介质，耐蚀性较好；对中等极性的有机酸、酯等有一定的耐蚀能力。

极性聚合物材料如聚醚、聚酰胺、聚乙烯醇等不溶或难溶于烷烃、苯、甲苯等非极性溶剂中，但可溶解或溶胀于水、醇、酚等极性溶剂中。中等极性的聚合物材料如聚氯乙烯、环氧树脂、氯丁橡胶等对溶剂有选择性的适应能力，但大多数不耐酯、酮、卤代烃等中等极性的溶剂。

2.5.3.2　控制设备的使用环境

有机材料在阳光下老化加快，为了保证设备有较长的寿命，利用有机材料制造的设备应尽量在室内运行或采取必要的遮阳措施。为了防止微生物腐蚀，控制工作环境也是必要的。例如降低湿度；保持材料表面的清洁，不让表面上存在某些有机残渣，都可以降低微生物对材料的腐蚀危害。最后应指出，除微生物外，自然环境中一些较高级的生命体如昆虫、啮齿动物和一些海洋生物等对纤维素和塑料制品也都有破坏作用，所造成的经济损失往往是相当惊人的。因此在设备的使用中也应采取防范措施。

2.6　环保设备材料选择

环保设备材料的选择，不仅要从设备结构、制造工艺、使用条件和寿命等方面考虑，而且还要从设备工作条件下材料的物理性能、力学性能、耐腐蚀性能及材料价格与来源、供应等方面综合考虑。

2.6.1　材料的物理、力学性能

在环保设备设计中，材料的选择应首先从强度、塑性、韧性等多方面综合考虑。屈服强度、抗拉强度是决定材料许用应力的依据。材料的强度越高，容器的强度尺寸（如壁厚）就可以越小，从而可以节省材料用量。但强度较高的材料，塑性、韧性一般较低，制造困难。因此，要根据设备具体工作条件和技术经济指标来选择适宜的材料。可以参考以下原则：一般环保设备在中低压下操作，可以采用屈服极限为 $245\sim345\text{MPa}$ 级的钢材；直径较大、压力较高的设备，均应采用普通低碳钢，宜用屈服极限 400MPa 级或以上的钢材。如果设备的操作温度超过 $400℃$，还需考虑材料的蠕变强度和持久强度。

制造设备用板材的延伸率是塑性的一个主要指标，它直接关系到容器制造时的冷加工及焊接等。过低的延伸率将使容器的安全性降低，为此，压力容器用钢材的 δ_5 不得低于 14%，当钢材延伸率 $\delta_5<18\%$ 时，加工应特别注意。钢管所用钢材不宜采用强度级别过高的钢种，因为钢管的强度不是使用中的主要问题，弯管率却很关键，故要求钢材塑性好。

2.6.2　材料的耐腐蚀性

设计任何设备，在选材时都应进行认真调查与分析研究。例如，设计一个浓硫酸储罐，可选灰铸铁、高硅铸铁、碳钢、铬镍不锈钢和碳钢用瓷砖衬里等。考虑设备可能连续使用或间歇使用，则使用情况不同，腐蚀情况也不同。间歇使用，罐内硫酸时有时无，遇到潮湿天气，罐壁上的酸可能吸收空气中的水分而变稀。这样腐蚀情况要严重得多。从耐硫酸角度考虑，灰铸铁、高硅铸铁、碳钢和不锈钢都能使用。但灰铸铁、高硅铸铁抗拉强度低、质脆，不能铸造大型设备，故不宜采用。碳钢的机械强度高、质韧，焊接性能好，但稀硫酸对碳钢腐蚀严重，故也不能采用。不锈钢虽然各种性能都比较好，但价格比较贵，焊接加工要求较高。综合以上分析，碳钢做罐壳以满足强度、内衬非金属以解决耐腐蚀问题是较合适的材料选择方案。

2.6.3　材料的经济性

在满足设备使用性能的前提下，选用材料应注意其经济效果。碳钢与普低钢的价格比较低廉。在满足设备耐腐蚀性能和力学性能条件下应优先选用。同时，还应考虑国家生产与供应情况，因地制宜选取，品种应尽量少而集中，以便采购与管理。

产品的选材还必须考虑产品的使用寿命、更新周期、基本材料费用、加工制造费、维护和检修费、停产损失、废品损失等费用。

一般对于长期运行的设备，为减少维修次数，避免停产、损失等，或者是为了满足特殊的技术要求、涉及人身安全、保证产品质量，采用完全耐蚀材料是经济合理的。对于短期运行、更新周期短的产品，只用保证使用期间的质量，选用成本低、耐蚀性也较低的材料是经济合理的。

综合以上论述，可以得到正确选材的基本步骤：

① 明确设备生产和使用的环境和腐蚀因素，这是选材的基本依据。因此，确定使用环境、调查项目和着手调查，是选材的第一步。

② 查阅有关资料。应首先查阅有关手册（如腐蚀与防护手册）上各种介质的选材图和腐蚀图中给出的耐蚀性数据和力学性能、物理性能数据，再深入查阅有关文献和会议资料。

③ 调查研究实际生产中材料的使用情况。由于材料的生产、加工制造和使用的条件是

千变万化的，尤其是在成功的经验或发生事故的实例得不到及时发表的情况下，实地调查研究收集有关数据和资料（尤其是材料生产厂的数据）作为参考资料是十分重要的。

④ 做必要的实验室辅助实验。在新设备开发时，常会遇到查不到所需要的性能数据的情况，这时必须通过实验室中的模拟实验数据和现场实验的数据来筛选材料。这样，选材才能符合产品设计性能的耐蚀要求。

⑤ 在材料使用性能、加工性能、耐用性能和经济价值等方面做出综合评定。这里强调三点：一是选材的方案力争实现用较低的生产投资来生产出较长使用年限的产品，即产品要经济耐用；二是在不能保证经济耐用的情况下，要求保证可用年限而且经济；三是在苛刻条件下，宁可使用价格贵些的材料也要保证耐用，为了经济选用不耐用材料是最不可取的。

⑥ 为了延长产品使用年限，选材的同时应考虑行之有效的防护措施。对于选用经济而不耐蚀的材料，如果能采用既经济又合理的防护措施达到耐蚀和满足性能要求的目的，也是选材中可取的方案。

思考题与习题

1. 什么是强度？屈服强度、抗拉强度表示什么样的含义？
2. 什么是塑性？塑性的表示方法是什么？
3. 铸铁、球墨铸铁的牌号表示和性能特点是什么？
4. 碳钢是怎样分类和进行编号的？
5. 试说明碳钢中的杂质元素对碳钢性能的影响。
6. 不锈钢的成分和性能特点是什么？
7. 铝及铝合金、铜及铜合金、钛及钛合金的性质和主要用途是什么？
8. 金属腐蚀的主要形式有哪些？
9. 说明防止金属腐蚀的措施。
10. 简述塑料的组成、主要性能及用途。
11. 简述橡胶的组成、主要性能及用途。
12. 简述常用陶瓷的组成、主要性能及用途。
13. 简述常用复合材料的组成、主要性能及用途。
14. 说明无机非金属材料腐蚀的影响因素。
15. 说明有机非金属材料腐蚀的形式、预防措施。
16. 在环保设备设计中，材料的选择应考虑哪些因素？

第3章 环保动力设备——泵和风机的选用

泵、风机是输送废水、污泥、混凝剂、空气、烟气等液相或气相物料的重要设备。譬如，泵通常被人比作废水处理工艺流程中的"心脏"，泵一旦出现故障，往往会使整个废水处理系统停止工作。风机常用于输送气体、产生高压气体和获得真空，不仅在大气污染控制工程中得以广泛应用，在部分水污染治理工程中也必不可少，如活性污泥法工艺的鼓风曝气等。为了选用符合生产要求且经济合理的泵和风机，不但要熟知被输送流体的性质、工作条件、输送要求，还要了解各种类型泵和风机的工作原理、结构和特性。本章在简要介绍泵和风机的主要性能参数、各类常用泵和风机的特性的基础上，对泵和风机的选型方法和步骤将进行重点介绍。

3.1 泵的选型与应用基础

3.1.1 泵的主要性能参数

泵的主要性能参数有：流量、扬程（压头）、功率、效率、转速、比转速、允许吸上真空高度、允许汽蚀余量等。在泵与风机的铭牌上，一般都标有这些参数的具体数值，以说明泵在最佳或额定工作状态时的性能。

3.1.1.1 流量

流量是指泵在单位时间内输送的流体量，常用体积流量 Q 表示，单位为 m^3/s 或 m^3/h。

3.1.1.2 扬程

扬程又称压头，表示单位重量液体流过泵后的能量增值。通常用"米水柱"作单位，习惯简称"米"。通常一台泵的扬程是指铭牌上的数值，实际上扬程比此值要低，因为泵的扬程不仅要用来使液体提升，而且还要用来克服液体在输送过程中的阻力头。

图 3-1 中，以泵轴中心线所在的水平面为基准面，设泵进口和出口处分别为截面 1—1 与截面 2—2，则扬程的数学表达式可写为

$$H = E_2 - E_1 \tag{3-1}$$

式中 E_2——泵出口 2—2 截面处液体的总能头，m；

E_1——泵进口 1—1 截面处液体的总能头，m。

液体总能头由压力能头（$p/\rho g$）、速度能头（$v^2/2g$）和位置能头（z）三部分组成，故

$$E_2 = \frac{p_2}{\rho g} + \frac{v_2^2}{2g} + z_2 \tag{3-2}$$

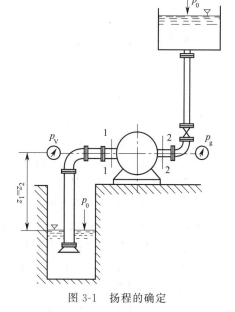

图 3-1 扬程的确定

$$E_1 = \frac{p_1}{\rho g} + \frac{v_1^2}{2g} + z_1 \qquad (3\text{-}3)$$

式中　p_2、p_1——2—2、1—1 截面中心处的液体压力，N/m^2；

　　　　v_2、v_1——2—2、1—1 截面上液体的平均流速，m/s；

　　　　z_2、z_1——2—2、1—1 截面中心到基准面的距离，m；

　　　　ρ——被送液体的密度，kg/m^3。

　　因此，由式（3-1）～式（3-3）可得出泵的扬程

$$H = \frac{p_2 - p_1}{\rho g} + \frac{v_2^2 - v_1^2}{2g} + (z_2 - z_1) \qquad (3\text{-}4)$$

3.1.1.3　轴功率、有效功率与效率

　　泵的功率是指泵的轴功率，又叫输入功率，它是电动机传到泵轴上的功率，用 N 表示，单位为 kW。泵的有效功率又称输出功率，是指单位时间内通过泵的液体所获得的总能量，用 N_e 表示，单位为 kW。泵的有效功率为

$$N_e = \frac{\rho Q H}{102} \qquad (3\text{-}5)$$

式中　ρ——输送流体的密度，kg/m^3；

　　　Q——流体的流量，m^3/s；

　　　H——泵的实际扬程，m。

　　效率是泵总效率的简称，指泵的输出功率与输入功率之比的百分数，用符号 η 表示，即

$$\eta = \frac{N_e}{N} \times 100\% \qquad (3\text{-}6)$$

　　综合式（3-5）和式（3-6），可得出泵的轴功率的计算公式

$$N = \frac{\rho Q H}{102\eta} \qquad (3\text{-}7)$$

3.1.1.4　转速

　　转速是指泵叶轮每分钟的转数 n，单位为 r/min。它是影响泵性能的一个重要因素，当转速变化时，泵的流量、扬程、功率等都要发生变化。实际转速和额定转速不一致时会引起泵性能发生变化。增加转速可加大排量，但会造成动力机械超载或带不动。降低转速会使排量和扬程减小，设备利用率降低，所以通常不允许改变泵的转速。

3.1.1.5　允许吸上真空高度和允许汽蚀余量

　　允许吸上真空高度和允许汽蚀余量都是泵的汽蚀性能参数。当允许吸上真空高度越小或允许汽蚀余量越大时，泵的抗汽蚀性能就越差。在泵的运行中，通常都要求掌握不同工况下泵的允许吸上真空高度或允许汽蚀余量，以设法防止汽蚀的发生。

3.1.2　泵的类型及特点

　　泵按产生的压力分为低压泵（全压小于 2MPa）、中压泵（全压在 2～6MPa 之间）和高压泵（全压大于 6MPa）。

　　按其结构与工作原理，通常可以将泵分成叶片式泵、容积式泵及其他类型的泵，如图 3-2 所示。

　　（1）叶片式泵　叶片式泵依靠装在主轴上的叶轮旋转，由叶轮上的叶片对流体做功，从而使流体获得能量。根据流体在叶轮内的流动方向和所受力的性质不同又分为：离心式、轴流式、混流式三种泵。其中，离心泵在环境工程中应用最为广泛。离心泵常用于输送水、腐

蚀性液体及悬浮液，但不适于输送黏度大的物料。离心泵提供的压头范围和适用的流量范围都很大。冶金化工厂的液体输送所用的泵，有 80%～90% 是离心泵。离心泵不适用于周期脉动供料。轴流泵是流量大、扬程低、比转数高的叶片式泵，轴流泵的液流沿转轴方向流动，其设计的基本原理与离心泵基本相同。与离心泵不同，轴流泵流量越小，轴功率越大。混流泵流量较大、压头较高，是一种介于轴流式与离心式之间的叶片式泵。

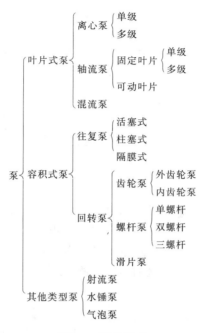

图 3-2　泵的类型

（2）容积式泵　容积式泵是利用机械内部的工作室容积周期性的变化，从而吸入或排出流体。根据其结构的不同，可分为往复式、回转式两种。

往复泵是借活塞在汽缸的往复作用使缸内容积反复变化，以吸入和排出流体。柱塞泵、活塞泵、隔膜泵都属于往复泵。

对于回转泵，机壳内的转子或转动部件旋转时，转子与机壳之间的工作容积发生变化，从而吸入和排出流体。齿轮泵、螺杆泵、滑片泵等属于回转泵。

（3）其他类型的泵　即无法归入叶片式或容积式的各类泵，如射流泵（喷射泵）、水锤泵等。

表 3-1 列出了各类泵的特点。

表 3-1　各类型泵的特点

特点		叶片式泵			容积式泵	
		离心式	轴流式	混流式	往复式	回转式
构造特点		结构简单,造价低,体积小,重量轻;转速高,运行平稳;安装检修方便			结构复杂,振动大,体积大	同离心泵
流量	稳定性	不恒定,随管路情况变化而变化			恒定	
	均匀性	均匀			不均匀	比较均匀
	范围/(m³/h)	1.6～30000	150～245000	0.4～10	0～600	0～600

续表

特点		叶片式			容积式泵	
		离心式	轴流式	混流式	往复式	回转式
扬程	特点	对一定流量，只能达到一定的扬程			对应一定流量可达到不同的扬程，由管路系统确定	
	范围	10～2600m	2～20m	8～150m	0.2～100MPa	0.2～60MPa
流量与扬程关系		流量减小，扬程增大；流量增大，扬程减小	同离心式	同离心式，但性能曲线较陡	流量增、减，排出压力不变；压力增、减，流量几乎不变	
流量与轴功率的关系		流量减小时，轴功率减小	流量减小时，轴功率增大		当排出一定压力时，流量减小，轴功率减小	
效率	特点	在设计点最高，偏离越远，效率越低			扬程高时，效率降低较小	扬程高时，效率降低较大
	范围（最高点）	0.5～0.8	0.7～0.9	0.25～0.5	0.7～0.85	0.6～0.8
汽蚀余量/m		4～8	—	2.5～7	4～5	4～5

3.1.3 常见泵简介

3.1.3.1 QW污水潜水泵

QW系列污水潜水泵（简称潜污泵）是单级、单吸、立式、无堵塞离心式潜污泵，泵和电动机连成一体潜入水中工作，具有整体结构紧凑、占地面积小、安装维修方便、噪声低、电机温升低等特点，无需建泵房，潜入水中即可工作，大大减少了工程造价。潜污泵适用于工矿企业、医院、宾馆、院校、住宅区的污水排放系统。

（1）型号说明

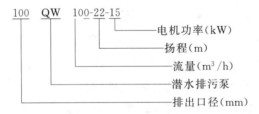

（2）基本结构 潜污泵主要由底座、泵、三相异步电动机、机械及橡胶密封圈和电器保护装置五部分组成。在电动机和泵体之间设有油隔离室，在油隔离室中安装了机械密封，以防止水进入电动机，造成电动机线短路而烧毁。泵配用电动机功率在30kW以上时，接线腔内设有漏水检测探头。当电缆断裂或因其他原因漏水时，探头发出信号，控制系统对泵进行保护。泵配用电动机功率在18.5kW以上时，各泵均有自备冷却系统。

（3）适用条件 pH值5～9，水温≤60℃，不适于抽吸含酸、碱的污水以及含大量盐分的腐蚀性液体。

（4）性能及技术参数

① 采用大通道抗堵塞水力部件的设计，能有效通过直径50～125mm的固体颗粒；

② 泵出口直径100～500mm，防护等级为IP68，绝缘等级为F。

3.1.3.2 自吸泵

所谓自吸泵，就是在启动前不需灌水（安装后第一次启动仍然需灌水），经过短时间运转，靠泵本身的作用即可以把水吸上来，投入正常工作。

ZCQ磁力自吸泵以静密封取代动密封，使过流部件处于完全密封状态，不需底阀和引灌水。该类型泵结构紧凑，外形美观，体积小，噪声低，运行可靠，使用维修方便，用于石油、化工、制药、电镀、印染、食品等行业抽送酸、碱、油类、易燃易爆液体及稀有液体、毒液、挥发性液体，以及与循环水设备配套。

WFB 型无密封自控自吸泵具有耐温、耐压、耐磨、"一次引流"、"终身自吸"等功能。目前有不锈钢、增强聚丙烯、铸钢、铸铁等材质的系列无密封自控自吸泵整机。

SFBX 型耐腐蚀不锈钢自吸泵具有耐腐蚀性能可靠，使用、维护方便，结构紧凑，能耗低，密封性能好等优点。耐腐蚀不锈钢自吸泵适用于食品、饮料、医药、污水处理、化工、电镀、漂染、精细化工等行业输送温度不高于 90℃（直联式）或不高于 105℃（带轴承托架式），带有细小软颗粒或纤维质，带腐蚀性或有卫生要求的液体。

ZZB 型无堵塞自吸污水泵是中美合资温保利泵业有限公司引进美国最新技术和工艺开发而成的新产品。该泵克服了传统污水泵所固有的缺点，具有成本低、性能可靠的特点，专用于市政污水和工业废水的处理工程，广泛用于各类废水分级处理和集中处理系统。其流量范围为 10～1200m³/h，扬程为 7～40m。

3.1.3.3　排污泵

排污泵种类主要有 YW 型液下排污泵、GW 型管道排污泵、WL 型立式排污泵、ZW 型自吸式排污泵、LW 立式无阻塞排污泵、YWJ 型自动搅匀液下泵、AS/AV 型撕裂潜水排污泵、WQ 型潜水无堵塞排污泵、YW 型液下式无堵塞排污泵、JYWQ 系列自动搅匀排污泵、WQK/QG 带切割装置排污泵等规格系列。

YW 型液下排污泵具有结构先进、排污力强等优点，配备液位自动控制柜，使用极为方便。YW 型液下排污泵基本长度为 1～5m，有两种结构：一种是单管，一种是双管，工作时由于泵体浸在液体中，因此对外界而言具有无泄漏的特性，适合安装在水池和水槽的支架上，电机在上，泵体淹没在液下，可用于固定或移动的场合。其适用于输送生活污水、建筑施工中的泥浆水、地下排污、含块状介质的工业液体，也可用于抽送清水。

型号说明：

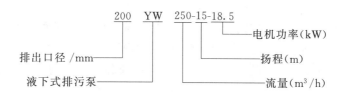

WL 型立式污水泵适于输送生活污水、粪便或其他含有少量纤维、纸屑等块状悬浮物的液体。抽送液体的温度应低于 80℃。本泵为单级、单吸、立式结构，泵体及叶轮直接浸没于液下，启动前不需灌水。流量 Q 为 12.5～25m³/h，扬程为 8～12.1m，转数为 2850～2900r/min。

3.1.3.4　隔膜泵

隔膜泵是容积式泵中较为特殊的一种形式。它是依靠一个隔膜片的来回鼓动而改变工作室容积来吸入和排出液体的。隔膜泵是一种新型输送机械，可以输送各种腐蚀性液体，带颗粒的液体，高黏度、易挥发、易燃、剧毒的液体。

隔膜泵按其所配执行机构使用的动力，可以分为气动、电动、液动三种，即以压缩空气为动力源的气动隔膜泵，以电为动力源的电动隔膜泵，以液体介质（如油等）压力为动力源的液动隔膜泵。气动隔膜泵采用空气压缩机压缩空气为动力源，对于各种腐蚀性液体，带颗粒的液体，高黏度、易挥发、易燃、剧毒的液体，均能予以抽光吸尽。气动隔膜泵应用于石油、化工、电子、陶瓷、纺织、油漆、制药机械等系统，安置在种特殊场合，用来抽送各种常规泵不能抽吸的介质，是替代齿轮泵的理想产品，取得了令人满意的效果。气动隔膜泵常用的材质有四种：塑料、铝合金、铸铁、不锈钢、特氟龙。电动隔膜泵有四种材质：塑料、铝合金、铸铁、不锈钢。

隔膜泵的工作部分主要由曲柄连杆机构、柱塞、液缸、隔膜、泵体、吸入阀和排出阀等组成，其中由曲柄连杆机构、柱塞和液缸构成的驱动机构与往复柱塞泵的驱动机构十分相似。隔膜泵工作时，曲柄连杆机构在电动机的驱动下，带动柱塞做往复运动，柱塞的运动通过液缸内的工作液体（一般为油）而传到隔膜，使隔膜来回鼓动。气动隔膜泵缸头部分主要由一隔膜片将被输送的液体和工作液体分开，当隔膜片向传动机构一边运动，泵缸内为负压而吸入液体；当隔膜片向另一边运动时，则排出液体。被输送的液体在泵缸内被膜片与工作液体隔开，只与泵缸、吸入阀、排出阀及膜片的泵内一侧接触，而不接触柱塞以及密封装置，这就使柱塞等重要零件完全在油介质中工作，处于良好的工作状态。隔膜片要有良好的柔韧性，还要有较好的耐腐蚀性能，通常用聚四氟乙烯、橡胶等材质制成。隔膜片两侧带有网孔的锅底状零件是为了防止膜片局部产生过大的变形而设置的，一般称为膜片限制器。气动隔膜泵的密封性能较好，能够较为容易地达到无泄漏运行，见图3-3。

图 3-3　气动隔膜泵实物图

隔膜泵选择往往从下列两个方面考虑：

（1）从输出力考虑　执行机构不论是何种类型，其输出力都是用于克服负荷的有效力（主要是指不平衡力和不平衡力矩加上摩擦力、重力等有关力的作用）。

（2）执行机构类型的确定

① 阀芯形状结构主要根据所选择的流量特性和不平衡力等因素考虑。

② 当流体介质是含有高浓度磨损性颗粒的悬浮液时应考虑耐磨损性。

③ 若介质具有腐蚀性，在能满足调节功能的情况下，尽量选择结构简单的阀门。

④ 当介质的温度、压力高且变化大时，应选用阀芯和阀座的材料受温度、压力影响而变化小的阀门。

3.1.3.5　螺旋泵

螺旋泵是一种低扬程（一般3～6m）、低转速、流量范围较大、效率稳定、运转和维护简易的机械。该设备最适用于扬程较低、流量较大、进水水位变化较小的场合，因此被广泛用于给水、雨水和污水的中途泵站、水厂和污水处理厂的给水和出水泵站及回流污泥的提升，尤其适用于提升活性污泥和回流污泥。

（1）型号说明

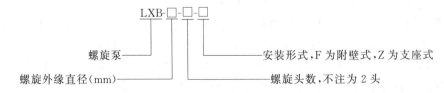

（2）结构　图3-4为螺旋泵的结构组成和安装方式。泵壳为一圆筒，亦可用圆底型斜槽

代替泵壳。叶片缠绕在泵轴上，呈螺旋状，叶片断面一般呈矩形。泵轴主体为一圆管，下端有轴承，上端接变速装置。变速装置用传动轮接电动机，构成泵组。泵组用倾斜的构件承托，泵的下端浸没在水中。螺旋泵在工作时，电动机带动泵轴及叶轮转动，叶轮给流体一种沿轴向的推力作用，使流体源源不断地沿轴向流动。

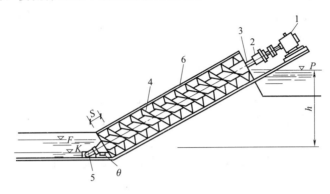

图 3-4　螺旋泵示意图

1—电机；2—变速装置；3—泵轴；4—叶片；5—轴
承座；6—泵壳；F—最佳进水位；K—最低进水位；
P—出水位；h—扬程；θ—倾角；S—螺距

3.1.3.6　计量泵

J 型计量泵，亦称比例泵或可控容积泵，是液体输送、流量调节、压力控制等多功能组合体，联合多种类型泵头，可输送各种易燃、易爆、剧毒、放射性、强刺激性、强腐性介质，广泛用于石油、化工、制药、炼油、食品、环保、电力、科研等行业。

该泵按机座分微机座（JW）、小机座（JX）、中机座（JZ）、大机座（JD）和特大机座（JT）五大类；按泵头分为单柱塞型和双柱塞型、单隔膜型和双隔膜型；按传动形式分为凸轮式、N 轴式；按电机形式分为普通型、调速型、户外型、防爆型。

J 型计量泵供输送温度在 $-30 \sim 100 ℃$、黏度 $0.3 \sim 800 mm^2/s$ 及不含固状颗粒的介质。按液体腐蚀性质，可选用不同材料满足其使用要求。如确定选用计量泵后，可进一步考虑如下项目：

① 当介质为易燃、易爆、剧毒及贵重液体时，常选用隔膜计量泵。为防止隔膜破裂时介质与液压油混合引起事故，可选用双隔膜计量泵并带隔膜破裂报警装置。

② 流量调节一般为手动，如需自动调节时可选用电动或气动调节方式。

3.1.3.7　IS 型清水离心泵

IS 型系列单级单吸（轴向吸入）离心泵，供输送清水或物理化学性质类似于水的其他液体之用，温度不高于 80℃。其适用于工业和城市给水、排水，亦可用于农业排灌。

IS 型系列性能范围：转速为 2800r/min 或 1450r/min；吸入口径为 $50 \sim 200mm$；流量为 $6 \sim 400 m^3/h$，扬程为 $5 \sim 125m$。

型号说明：

3.1.4　泵的选型

3.1.4.1　泵选型原则

合理选泵就是要综合考虑泵机组和泵站的投资和运行费用等综合性的技术经济指标，使之符合经济、安全、适用的原则。具体来说，有以下几个方面。

① 必须满足使用流量和扬程的要求，即要求泵的运行工况点（装置特性曲线与泵的特性曲线的交点）经常保持在高效区间运行，这样既省动力又不易损坏机件。

把泵特性曲线和装置特性曲线画在同一张图上，泵特性曲线和装置特性曲线的交点 M 就是泵的运行工况点。如果泵偏离 M 点在 A 点工作，这时，多余的能量促使管内流速增加，泵的流量增加，工况点从 A 点移动到 M 点；反之，如泵在 B 点工作，这时，管内流速减少，泵的流量减少，最后回到 M 点稳定下来。故泵的稳定工况点一定是泵特性曲线和装置特性曲线的交点。

② 具有良好的抗汽蚀性能，这样既能降低泵体平台的建造强度，又不会使泵体发生汽蚀，运行平稳、寿命长。

③ 必须满足介质特性的要求：

a. 对输送易燃、易爆、有毒或贵重介质的泵，要求轴封可靠或采用无泄漏泵，如屏蔽泵、磁力驱动泵、隔膜泵等；

b. 对输送腐蚀性介质的泵，要求过流部件采用耐腐蚀材料；

c. 对输送含固体颗粒介质的泵，要求过流部件采用耐磨材料，必要时轴封应采用清洁液体冲洗。

④ 所选择的泵既要体积小、重量轻、造价便宜，又要具有良好的特性和较高的效率。

⑤ 按所选泵建泵站，工程投资少，运行费用低。

⑥ 必须满足现场的安装要求：

a. 对安装在有腐蚀性气体存在场合的泵，要求采取防大气腐蚀的措施；

b. 对安装在室外环境温度低于－20℃以下的泵，要求考虑泵的冷脆现象，采用耐低温材料；

c. 对安装在爆炸区域的泵，应根据爆炸区域等级，采用防爆电动机。

3.1.4.2　泵选择的步骤

泵的选择具体方法步骤归纳如下。

（1）搜集原始资料，确定泵的类型　选型设计的原始资料包括：整个工程工况、装置的用途、管路布置、地形条件、水位高度、装置的工艺参数、被输送介质的物理化学性能（固体颗粒含量、颗粒大小、密度、黏度、毒性等）、操作周期，以及泵的结构特性等。

例如，环境工程中，选泵时应弄清被输送液体的性质，以便选择不同用途的水泵（如清水泵、污水泵、锅炉给水泵、冷凝水泵、氨水泵等）。常用污水泵或污泥泵来输送污水和污泥；选择耐腐蚀泵输送腐蚀性污水；输送的流体中有磨损性物质时，要考虑泵的耐磨性；如果是加药使用时，要考虑采用计量泵；如果要在水中进行输送，就要使用潜污泵。

此外，还要考虑处理工艺过程、动力、环境和安全要求等条件。例如，是否长期连续运转，扬程和流量是否波动，环境温度极限如何等。

① 离心泵具有结构简单、输液无脉动、流量调节简单等优点，因此除以下情况外，应尽可能选用离心泵。

② 有计量要求时，选用计量泵。

③ 扬程要求很高，流量很小且无合适小流量高扬程离心泵可选用时，可选用往复泵；

如汽蚀要求不高时也可选用旋涡泵。

④ 扬程很低，流量很大时，可选用轴流泵和混流泵。

⑤ 介质黏度较大（650～1000mm²/s）时，可考虑选用转子泵或往复泵；黏度特别大时，可选用特殊设计的高黏度转子泵和高黏度往复泵。

⑥ 介质含气量>5%时，流量较小且黏度小于 37.4mm²/s 时，可选用旋涡泵，如允许流量有脉动，可选用往复泵。

⑦ 对启动频繁或灌泵不便的场合，应选用具有自吸性能的泵，如自吸式离心泵、自吸式旋涡泵、容积式泵等。

⑧ 对于污泥则可用隔膜泵等。

（2）确定泵的流量与扬程　泵数据表上往往只给出正常和额定流量。考虑到泵在实际运行中可能出现的流量波动以及开车、停车等情况，为了安全可靠，选泵时要求额定流量不小于装置的最大流量，或取正常流量的 1.1～1.15 倍。如果基本数据只给质量流量，应换算成体积流量。

根据输送系统的管路，用伯努利方程式计算在最大流量下管路所需的扬程 H_{max}。泵的计算扬程为几何扬水高度和管路系统流动阻力之和。几何扬水高度为上下两液面的高度差。泵在闭合环路管网上工作时，泵所需扬程仅仅是该环路的流动阻力。由于管道阻力计算时常有误差，而且在运行过程中管道的结垢、积炭也使管道阻力大于计算值，所以扬程 H 也采用计算值的 1.1～1.2 倍，即 $H=1.1～1.2H_{max}$。

（3）泵系列和材料的选择　泵的系列是指泵厂生产的同一类结构和用途的泵，如 IS 型清水泵、Y 型油泵、ZA 型化工流程泵、SJA 型化工流程泵等。当泵的类型确定后，就可以根据工艺参数和介质特性来选择泵的系列和材料。

如确定选用离心泵后，可进一步考虑如下项目：

① 根据介质特性决定选用哪种特性泵，如清水泵、耐腐蚀泵或化工流程和杂质泵等。介质为剧毒、贵重或有放射性等不允许泄漏物质时，应考虑选用无泄漏泵（如屏蔽泵、磁力泵）或带有泄漏液收集和泄漏报警装置的双端面机械密封。如介质为液化烃等易挥发液体，应选择低汽蚀余量泵，如筒型泵。

② 根据现场安装条件选择卧式泵、立式泵（含液下泵、管道泵）。

③ 根据流量大小选用单吸泵、双吸泵或小流量离心泵。

④ 根据扬程高低选用单级泵、多级泵或高速离心泵等。

以上各项确定后即可根据各类泵中不同系列泵的特点及生产厂家的条件，选择合适的泵系列及生产厂家。根据装置的特点及泵的工艺参数，决定选用哪一类制造、检验标准。如要求较高时，可选 API610 标准，要求一般时，可选 GB 5656（ISO 5199）或 ANSIB 73.1M标准。

一些常用泵的性能及适用范围见表 3-2。一些水泵的型号意义见表 3-3。

表 3-2　常用泵的性能及适用范围（示例）

型号	名称	扬程范围/m	流量范围/(m³/h)	电动机功率/kW	介质最高温度/℃	适 用 范 围
BG	管道泵	8～30	6～50	0.37～7.5	汽蚀余量4～2m	输送清水或理化性质类似的液体，装于水管上
NG	管道泵	2～15	6～27	0.20～1.3	95～150	输送与清水或理化性质类似的液体，装于水管上

续表

型号	名称	扬程范围/m	流量范围/(m³/h)	电动机功率/kW	介质最高温度/℃	适用范围
SG	管道泵	10~100	1.8~400	0.50~26		有耐腐蚀型、防爆型和热水型,装于水管上
XA	离心式清水泵	25~96	10~340	1.50~100	105	输送清水或理化性质类似的液体
IS	离心式清水泵	5~125	6~400	1.55~110	汽蚀余量2m	输送清水或理化性质类似的液体
BA	离心式清水泵	8~98	4.5~360	1.50~55	80	输送清水或理化性质类似的液体
BL	直联式离心泵	8.8~62	4.5~62	1.50~18.5	60	输送清水或理化性质类似的液体
Sh	双吸离心泵	9~140	126~12500	22~1150	80	输送清水或理化性质类似的液体
D,DG	多级分段泵	12~1528	12~700	2.20~2500	80	输送清水或理化性质类似的液体
GC	锅炉给水泵	46~576	6~55	3~185	110	小型锅炉给水
N,NL	冷凝泵	54~140	10~510		80	输送发电厂冷凝水
J,SD	深井泵	24~120	35~204	10~100		提取深井水
4PA-6	氨水泵	86~301	30	22~75		输送20%浓度的氨水,吸收式冷冻机设备主机

（4）确定泵的型号　按已确定的流量 Q 和扬程 H 从泵类产品样本或产品目录中查阅特性或性能表,选出合适的型号。若无一个型号的流量 Q 和扬程 H 与所要求的流量 Q 和扬程 H 相符,则在相邻型号中选用 Q 和 H 都略大的型号。当有几个型号的 H 和 Q 都能满足要求时,应该选取效率较高的泵,即点 (Q,H) 坐标位置靠在泵的高效率范围所对应的 H-Q 曲线下方为宜。若有该系列泵的性能范围图,则可方便地确定型号。泵的型号选出后,应列出该泵的各种性能参数。

表 3-3　水泵的种类及符号的意义（示例）

水泵种类		型号举例	型号的意义	数字和字母的含义
轴流泵	ZXB 型	350ZXB-70	斜式半调节叶片轴流泵	350——泵排出口径/mm; 70——比转速为700
	ZWB 型	350ZWB-70	卧式半调节叶片轴流泵	350——泵排出口径/mm; 70——比转速为700
	ZLB 型	350ZLB-70	立式半调节叶片轴流泵	350——泵排出口径/mm; 70——比转速为700
离心泵	BA 型	6BA-18A	单级单吸悬臂式泵	6——泵吸入口径/mm;18——比转速为180
	B 型	4B-35	单级单吸悬臂式泵	4——泵吸入口径/mm;35——扬程/m
	IS 型	IS 100-65-250(I)A	单级单吸式泵	100——泵吸入口径/mm; 65——泵排出口径/mm; 250——叶轮的名义直径/mm; A——叶轮经第一次车削
	ISG 型	ISG200-250(I)A	单级单吸式泵	200——泵进出口公称直径/mm; 250——叶轮名义外径/mm; I——流量分类; A——叶轮经第一次车削
	Sh 型	10Sh19	单级双吸卧式泵	10——泵吸入口径/mm; 19——比转速为190
	DA 型	4DA-8×5	多级分段式泵	4——泵吸入口径/mm;8——比转速为80; 5——叶轮的级数
	DL 型	65DL×5	立式多级分段式泵	65——泵吸入口径/mm; 5——叶轮级数
	JD 型	6JD-28×11	多级深井泵	6——适用最小井径/mm;28——流量/(m³/h); 11——叶轮级数
	QJ 型	100QJ10-25/7	井用潜水泵	100——适用最小井径/mm; 10——流量/(m³/h);25——扬程/m;7——叶轮级数

水泵种类		型号举例	型号的意义	数字和字母的含义
离心泵	PWA 型	4PWA	卧式杂质污水泵	4——吸入管径为 100/mm； A——车削叶轮标志
	PWL 型	14PWL-18	立式杂质污水泵	14——吸入管径为 350/mm； 18——比转速为 180
	PNB 型	12PNB-7	杂质泥浆泵	12——吸入管径为 300/mm； 7——比转速为 70
	WDL 型	250WDL	W——污水；D——低扬程； L——立式	250——排出口径
	JZ 型	JZ-160/20	JZ——单缸计量泵；Z——机 座形式	160——最大设计流量/(L/h)； 20——最大排出压力/(kgf/cm²)
	FS 型	25FS-16A	F——塑料单级单吸耐腐蚀 泵；S——所用工程塑料种类	25——泵的入口直径/mm 16——泵的扬程 m A——叶轮经第一次车削

（5）流量和扬程的校核　制造厂提供的泵的性能曲线或性能表一般是在常温下用清水测得的，若输送的液体的物理性质与水的差异较大，则应将泵的性能指标扬程和流量换算成针对被输送液体的扬程和流量值，然后把处理工艺条件所要求的扬程和流量与换算后的泵的扬程和流量比较，确定所选泵的性能是否符合要求。

（6）泵安装高度的计算与校核　泵的安装高出吸液面的高差太大，即泵的几何安装高度 H_g 过大，泵的安装地点的大气压较低，泵所输送的液体温度过高，都可能产生汽蚀现象。

正确测定泵吸入口的压强（真空度）是控制泵远行时不发生汽蚀而正常工作的关键。它的数值与泵吸入侧管路及液面压力等密切相关。泵的允许几何安装高度可按照下式计算：

$$[H_g] = \frac{p_0 - p_v}{\lambda} - \sum h_s - \Delta h \tag{3-8}$$

式中　$[H_g]$——泵的允许几何安装高度，m；

　　　　p_0——液面的压强，Pa；

　　　　p_v——泵内汽化压强，Pa；

　　　　$\sum h_s$——吸液管路的水头损失，m；

　　　　Δh——实际汽蚀余量，m。

选定泵后，从样本上查出标准条件下的允许吸上真空高度 $[H_s]$ 或临界汽蚀余量 Δh_{min}，按照下式验算其几何安装高度：

$$H_g < [H_g] \leqslant [H_s] - \left(\frac{v_s^2}{2g} - \sum h_s\right) \tag{3-9}$$

总之，本步骤是查明允许吸上真空高度或汽蚀余量，核算水泵的安装高度。

（7）确定泵的效率及功率，选用电机及其他附属　利用性能表选电机时，在性能表中附有电机的型号和传动部件型号。电机和传动部件可一并选用。用性能曲线选择电机时，因图中只有轴功率，电机的传动部件需另选。配套电机功率（N_m）可按下式计算：

$$N_m = K\frac{N}{\eta_i} = K\frac{\gamma Q H}{\eta_i \eta} \text{ (kW)} \tag{3-10}$$

式中　　Q——流量，$\mathrm{m^3/s}$；

　　　　H——扬程，m；

　　　　K——电机安全系数，见表 3-4。

　　　　η——泵的效率；

　　　　N——泵的轴功率，其计算参见式（3-7）。

　　　　η_i——传动效率，电机直联传动 $\eta_i=1.00$，联轴器直联传动 $\eta_i=0.95\sim0.98$，三角皮带传动 $\eta_i=0.95\sim0.98$。

　　　　γ——容重，$\mathrm{kN/m^3}$。

　　若输送液体的密度大于水的密度时，可按式（3-10）核算泵的轴功率。

表 3-4　电机安全系数

电机功率/kW	<0.5	0.5~1.0	1.0~2.0	2.0~5.0	>5.0
安全系数 K	1.50	1.40	1.30	1.20	1.15

　　总之，泵的选择还要考虑方方面面的问题，如安装的场地大小，基础如何，是否采用并联或串联工作方式。一般按照设计参数（如流量和扬程等），利用合理的选择方法，先选出同时能满足要求的几种型式，然后对其进行全面的经济技术比较，最后确定一种型式。

　　【例 3-1】　某工厂供水系统由清水池往水塔充水，如图 3-5 所示。清水池最高水位标高为 112.00m，最低水位为 108.00m；水塔地面标高为 115.00m，最高水位标高为 140.00m。水塔容积为 $30\mathrm{m^3}$，要求一小时内充满水，试选择水泵。已知吸水管路水头损失为 1.0m，压水管路水头损失为 2.5m。

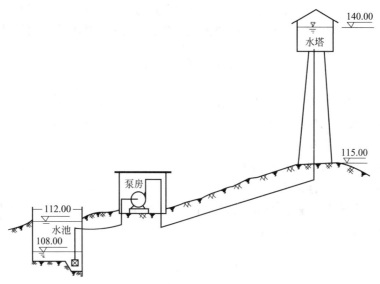

图 3-5　水塔充水工程示意图（单位：m）

　　【解】　选择水泵的参数值，应以工况要求的最大流量及最大扬程再乘以附加安全系数的数值作为依据。附加值取 10%，即泵的流量：

$$Q=1.1Q_{\max}=1.1\times30=33(\mathrm{m^3/h})=9.17\ (\mathrm{L/s})$$

　　泵的扬程：

$$H=1.1H_{\max}=1.1\times(H_Z+h_t)=1.1\times[(140-108)+(1.0+2.5)]=39.05\ (\mathrm{m})$$

离心泵适于工矿企业、城市给水、排水和农田排灌，供输送清水或物理、化学性质类似于清水的其他液体，考虑选择 IS 型离心泵。查表 3-2 可知 IS 型离心泵的性能：流量 Q 为 $6\sim400\text{m}^3/\text{h}$；扬程 H 为 $5\sim125\text{m}$，由此可见 IS 型离心泵适合本工况。

查 IS 型泵性能范围图，得到具体型号为 IS80-50-200。并进一步查该泵的特性曲线（图 3-6）和性能（表 3-5），可得该泵的主要参数：转速 $n=2900\text{r}/\text{min}$，必需汽蚀余量 $(\text{NPSH})_\text{r}=2.5\sim3\text{m}$，效率 $\eta=55\%\sim71\%$，轴功率 $N=7.87\sim10.8\text{kW}$，所配电机功率为 15kW。

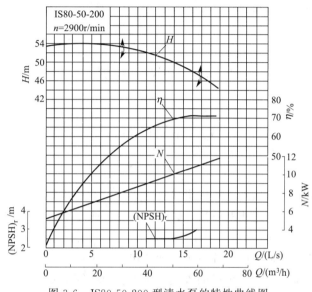

图 3-6　IS80-50-200 型清水泵的特性曲线图

表 3-5　IS80-50-200 型泵性能表

型号	流量 Q /(m³/h)	扬程 H /m	转速 n /(r/min)	功率/kW		效率 η /%	必需汽蚀余量 /m
				轴功率	电机功率		
IS80-50-200	30	53	2900	7.87	15	55	2.5
	50	50		9.87		69	2.5
	60	47		10.8		71	3.0

注：若转速为 1450r/min，则其他参数会相应变化。

3.2　风机的选型与应用基础

风机在环境工程领域应用十分广泛。风机的结构和原理与水泵大体相同，但由于气体具有可压缩性和比液体小得多的密度，从而使气体输送具有某些不同于液体输送的特点。通常所说的风机包括通风机、鼓风机、压缩机和真空泵。

3.2.1　风机的主要性能参数

风机的主要性能参数有流量（风量）、压头（风压）、功率、效率和转速等。风机铭牌上标明的特征值是在最高效率下的流量 Q、风压 p、轴功率 N。

（1）风量　也称流量，是指单位时间内风机出口所排出的气体体积，以 Q 表示，单位为 m^3/h。气与水不同，气体体积随外界条件改变而有变化，风机铭牌上写的风量是指标准状态下的风量，所谓标准状态是指气体压力 1atm（101325Pa），温度 20℃，密度 1.205kg/m³，相对湿度 50%。

（2）压头　也称风压，是指单位体积气体流过风机的能量增量，用符号 p 表示，单位为 Pa 或 mmH₂O。1mmH₂O 的压强等于 1kgf/m²。风机的压头也称为全压，其计算公式为

$$p = p_2 - p_1 - \frac{\rho v_1^2}{2} + \frac{\rho v_2^2}{2} \qquad (3\text{-}11)$$

式中　p_1，p_2——分别为风机进口和出口截面处气体的压力，Pa；

v_1、v_2——分别为风机进口和出口截面处气体的平均速度，m/s。

ρ——气体密度，kg/m³。

风机全压 p 包括静压 p_j 和动压 p_d，其中风机的动压

$$p_d = \frac{\rho v_2^2}{2} \qquad (3\text{-}12)$$

风机的静压 p_j 定义为风机全压减去风机出口动压

$$p_j = p_2 - p_1 - \frac{\rho v_1^2}{2} \qquad (3\text{-}13)$$

从上式看出，风机的静压不是风机出口的静压，也不是风机出口与进口的静压差。对于风机来说，被输送气体的流速相对较高，以致动压头（速度压头）在总压头中占有相当大的比重，而静压头较小。

（3）转速　风机转速是指风机叶轮每分钟的转数，单位为 r/min。它是影响风机性能的一个重要因素，当转速变化时，风机的流量、扬程、功率等都要发生变化。增加转速可加大排量，但会造成动力机械超载或带不动。降低转速会使排量和扬程减少，设备利用率降低，所以通常不允许改变泵的转速。一般转速 $n = 1000 \sim 3000$ r/min。

（4）功率与效率　风机的输入功率，又称轴功率，是电机传到风机轴上的功率，用 N 表示，单位为 kW。

$$N = \frac{Qp}{1000\eta} \qquad (3\text{-}14)$$

式中　Q——风机的风量，m³/s；

p——风机的压头（全压），Pa；

η——风机的效率。

3.2.2　风机分类

3.2.2.1　按产生的风压分类

（1）通风机　排气压力小于 15kPa；

（2）鼓风机　排气压力在 15～200kPa 之间。

（3）压缩机　排气压力大于 200kPa。

（4）真空泵　将低于大气压强的气体从容器设备内抽出的机械。

其中，通风机升压较小，侧重于输送目的；压缩机升压较高，首要作用是压缩；鼓风机的性能介于上述两者之间。鼓风机和压缩机在吸入侧工作的场合，称为抽风机或真空泵。

3.2.2.2　按结构与工作原理分类

（1）叶片式风机　根据流体在叶轮内的流动方向和所受力的性质不同又分为离心式、轴流式及混流式三种形式。其中离心式风机是在环境工程中最常用的一种。

（2）容积式风机　根据其结构不同，可分为往复式、回转式两类。其中，往复式风机包括活塞式、柱塞式、隔膜式三种；回转式风机包括罗茨式、叶氏式、螺杆式和滑片式四种。

3.2.2.3　按用途分类

风机按照用途不同分类的方法详见表 3-6。

表 3-6　风机按照用途的不同分类

名称	代号	用　　途
通用通风机	T	一般通风换气
排尘通风机	C	用于排送木屑、纤维及含尘气体
防腐风机	F	排送腐蚀性气体
防爆风机	B	排送石油、化工等工业中的易燃易爆气体
高温风机	W	排送温度 200℃ 以上的高温气体
锅炉通风机	G	热电厂及工业蒸汽锅炉送风
锅炉引风机	Y	热电厂及工业锅炉排烟
煤粉通风机	M	煤粉输送
矿井通风机	K	矿井通风换气
工业炉通风机	G	工业炉鼓风
降温风机	GY	降温凉风
空调通风机	LF	空气调节
烧结通风机	SJ	烧结炉排送烟气
冷却通风机	L	工业冷却通风
特殊通风机	E	特殊用途

3.2.2.4　按风机的特性分类

根据风机的特性还可分为防爆风机（由有色金属制成）、防腐风机（由塑料或玻璃钢制成）、高温风机等。

3.2.3　离心式通风机

离心式通风机是在环境工程中最常用的一种。离心式通风机的结构和工作原理与离心泵类似，如图 3-7 所示。叶轮是由叶片和连接叶片的前盘及后盘所组成的。叶轮后盘装在转轴上。机壳一般是用钢板制成的阿基米德螺线状的箱体（输送腐蚀性较强的气体时可用玻璃钢作箱体），通常采用焊接结构，有时也用铆接，并支承于支架上。当原动机（一般用电机）带动叶轮转动，叶轮随轴旋转时，叶片间的气体也随叶轮旋转而获得离心力，并从叶片之间

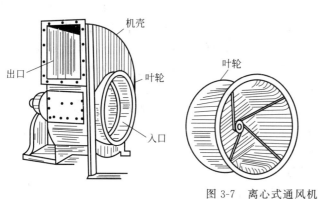

图 3-7　离心式通风机

的出口处被甩出。被甩出的气体挤入机壳，于是机壳内的气体压强增高，最后由出口排出。气体被甩出后，叶轮中央则形成负压。由于入口呈负压，使外界的气体在大气压力的作用下立即补入。由于叶轮不停地旋转，气体便不断地排出和补入，从而达到了风机连续输送气体的目的。离心通风机结构简单，制造方便。

离心式通风机按所产生的风压不同分类如下。

① 低压离心式通风机：全压≤980.6Pa，一般用于空调及通风换气。

② 中压离心式通风机：980.6Pa＜全压≤2941.8Pa，一般用于锅炉送风或引风设备。

③ 高压离心式通风机：2941.8Pa＜全压＜14709Pa，一般用于隧道、矿井通风及某些气力输送系统。

离心式通风机按通风机的装置型式分类如下。

① 送气式通风机：排出管路与室相连接，通风机将新鲜空气输入室内。

② 抽气式通风机：吸入管路与室相连接，通风机吸进室中污浊空气并将其排至大气中。

离心式通风机按用途分类：风机的使用用途有很多种，按不同的用途可以将风机分为煤粉通风机、锅炉引风机、一般通风换气通风机等，参见表3-6。

风机制造厂对各种风机的命名都有明确的规定，离心式通风机型号说明如下：

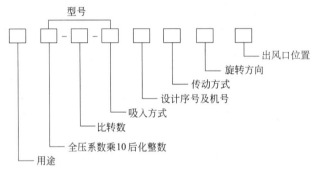

譬如，8-18-11No50A 右 0°表示此风机为送风机，风机全压系数为 0.8，比转数为 18，单吸，全国风机行业联合第一次设计，第五号风机（即叶轮直径为 500mm），电动机直联传动，右旋方向，风机出口角为 0°。

3.2.4　轴流式通风机

轴流式通风机类似轴流式泵，都是依靠叶轮旋转时叶片产生的升力来输送流体，把机械能转化为流体能量的机械。由于气流进入和离开叶轮时都是轴向的，故称为轴流式，如电风扇、空调外机风扇。

图 3-8　轴流式通风机

轴流式通风机主要由圆筒型机壳及带螺旋桨式叶片的叶轮组成（图 3-8）。小型低压轴流式通风机由叶轮、机壳和集流器组成，通常安装在建筑物的墙壁或天花板上；大型高压轴流式通风机由集流器、叶轮、扩散筒、机壳和传动部件组成。轴流式通风机的布置形式有立式、卧式和倾斜式三种，小型的叶轮直径只有 100mm 左右，大型的叶轮直径可达 20m 以上。

轴流式通风机具有结构紧凑，外形尺寸小，重量轻等特点，适用于大流量、低压头的场合，用于工厂、仓库、办公室、住宅等地方的通风换气。

轴流式通风机命名一般书写顺序如下：

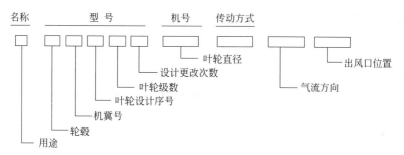

3.2.5　鼓风机

在环境工程中，离心式鼓风机和罗茨鼓风机是两种常用的鼓风机。

3.2.5.1　回转式鼓风机

回转式鼓风机属于风机的一种，是通过压缩空气来实现曝气，又叫曝气鼓风机。它主要由电机、空气过渡器、鼓风机本体、空气室、底座（兼油箱）、滴油嘴六部分组成。图 3-9 为 HC 系列回转式鼓风机实物图。

图 3-9　HC 系列回转式鼓风机

回转式鼓风机的特点：

① 体积小、风量大、噪声低、能耗小（回转式鼓风机采用运转压缩空气的原理，虽然体积小，但风量大、节能，静音运转是其他形式的风机无法比拟的）。

② 运转平稳，安装方便（小型机种运转时只要放置妥当则振动很小，不需要加装防振装置，安装方便）。

③ 抗负荷变化，风量稳定（例如污水处理曝气槽压力变化，则负荷变化，但风量随压力变化而变化甚微）。

④ 附有空气室，散气平稳（全部机种附有空气室，可防止空气脉动）。

⑤ 鼓风机全部采用优质的材料，结构精巧，坚固耐用，性能卓越，长期使用故障少。

⑥ 保养简单，故障少，寿命长（低转速，磨损小，寿命长）。

回转式鼓风机安装要注意以下几个方面：

① 搬运回转式鼓风机时请特别注意安全，要避免回转式鼓风机受到碰撞和冲击，且不能把回转式鼓风机立起来搬运，以防止润滑油从油箱内流出来。

② 风机房应留有通风口并安装换气扇，通风口要设在上下两处便于空气对流，以防止机房内温度过高影响回转式鼓风机正常运行。

③ 机房内壁周围最好装有消音材料以降低噪声。

④ 回转式鼓风机应水平安装。

⑤ 配气管径不应小于回转式鼓风机排风口径，并注意管内清洁，送气管应安装在水面以上，以防止管内进水造成启动时压力过大。

⑥ 接管时注意不要把止回阀拧倒（止回阀凸起部分应朝上）。

⑦ 请正确接配电线并注意电机转向与回转式鼓风机旋转方向标记一致。

⑧ 采用两台回转式鼓风机交替运行时，应避免在短时间内频繁交换启动风机，一台回

转式鼓风机的连续运行时间不应低于 12h。

3.2.5.2 罗茨鼓风机

罗茨鼓风机属于容积回转鼓风机，是一种双转子压缩机械，如图 3-10 所示。两个转子外形是渐开线的"8"字形，两转子的轴线相互平行。转子由叶轮与轴组合而成，叶轮之间、叶轮与机壳及墙板之间具有微小间隙，以避免相互接触。转子由装在轴末端的一对齿轮带动而做同步反向旋转。借助于两个"8"字形转子的打开和啮合来间歇改变工作空间容积的大小，从而吸入和排出气体的。

罗茨鼓风机使用时当压力在允许范围内调节时流量之变动甚微，压力选择范围很宽，具有强制输气的特点。罗茨鼓风机机内腔不需要润滑油，结构简单，运转平稳，性能稳定，使用寿命长，整机振动小，但运行中磨损严重，噪声大。

就应用而言，罗茨鼓风机大多做空气鼓风机使用，其广泛用于建材、电力、冶炼、化工与石油化工、矿山、港口、轻纺、邮电、食品、造纸、水产养殖和污水处理等许多领域。图 3-11 为罗茨鼓风机实物图。

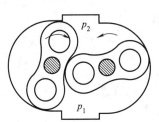

图 3-10 罗茨鼓风机结构原理图

图 3-11 罗茨鼓风机实物图

在实际工程使用过程中，罗茨鼓风机与回转式鼓风机存在以下问题。

罗茨鼓风机：齿轮传动，油润滑齿轮，齿轮传动噪声及空气脉动噪声是不可避免的最大噪声污染源，齿轮箱的泄漏同样会产生油的污染。

回转式鼓风机：油润滑鼓风机，油耗量较大，排气口有油雾产生，产生二次污染，如果风机维护不当，将会因缺油而磨损。若长期使用，随着风机叶片磨损的增加，风机噪声会增大。

3.2.5.3 鼓风机在环境工程中典型应用实例

（1）污水曝气处理 在废水的生物处理技术中，活性污泥法是较为常用的一种，它利用曝气池中的溶解氧培养出大量活性微生物，即活性污泥，借以吸附和氧化废水中的污染物，达到净化废水的目的。鼓风曝气系统用于向曝气池中供给氧并搅拌和混合，适用于大型曝气池的废水处理。曝气系统中的氧气便是通过鼓风机供给的，如图 3-12 所示。

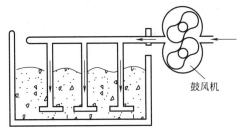

图 3-12 污水曝气处理示意图

常用于鼓风曝气的鼓风机有罗茨鼓风机和离心式鼓风机，前者适用于中小型污水厂，但需采取消声和隔声措施；后者噪声小、效率高，适用于大中型污水厂。供应压缩气体的压力大小随曝气深浅而定。

（2）烟气脱硫　如图 3-13 所示，用喷嘴将石灰石浆液从脱硫塔上部喷入塔内，烟气中的 SO_2 在塔中遇水生成亚硫酸，落到塔底与石灰石浆液反应生成亚硫酸钙，脱硫后的烟气由塔顶排出。亚硫酸钙被鼓风机提供的空气氧化，形成稳定的二水硫酸钙（即石膏）。

（3）畜粪堆肥发酵　作为好氧发酵处理畜粪的一种现代方法，畜粪堆肥发酵使用鼓风机向发酵罐内通风供氧，可以为细菌的繁殖创造有利条件，从而促进畜粪的发酵、消化和稳定；将发酵产生的臭气排入锯末池，使之被湿锯末吸附和溶解达到除臭的目的，如图 3-14 所示。

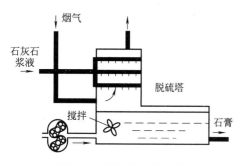

图 3-13　烟气脱硫示意图

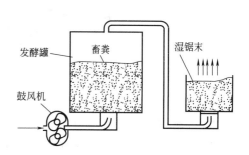

图 3-14　畜粪堆肥发酵示意图

3.2.6　真空泵

从设备或系统中抽出气体使其中的绝对压强低于大气压，此时所用的输送设备称为真空泵。真空泵型式有多种，由于篇幅的关系，此处仅简要介绍环境工程中较常用的一种真空泵——水环式真空泵。水环式真空泵主要用于抽吸空气，特别适合于大型水泵（如循环水泵等）启动时抽真空引水之用。

3.2.6.1　水环式真空泵的结构及工作原理

水环式真空泵的星状叶轮偏心地装在圆筒形的工作室内，如图 3-15 所示。水环式真空泵工作原理：当叶轮在原动机的带动下旋转时，原先灌满工作室的水被叶轮甩至工作室内壁，形成一个水环，水环上部与轮毂相切，下部形成一个月牙形的气室。右半个气室顺着叶轮旋转方向，使两叶片之间的空间容积逐渐增大，压力降低，因此将气体从吸气口吸入；左半个气室顺着叶轮旋转方向，使两叶片之间的空间容积又逐渐减小，增加空间吸入气体的压力，使其从排气口排出。叶轮每旋转一周，月牙形气室使两叶片之间的空间容积周期性改变一次，从而连续地完成一个吸气和一个排气过程。叶轮不断地旋转，便能连续地抽排气体。

3.2.6.2　水环式真空泵特点

水环式真空泵属湿式真空泵，吸气时允许夹带少量的液体，真空度一般可达 83kPa。若将吸入口通大气，排出口与设备或系统相连时，可产生低于 98kPa 的压缩空气，故又可做低压压缩机使用。真空泵在运转时要不断充水，以维持泵内的水环液封，同时冷却泵体。

水环式真空泵结构简单，布局紧凑，占地面积小，抽吸能力强，进气均匀，工作可靠，系统故障少，操作维护方便。但水环泵也有其缺点：效率低，一般为 $30\% \sim 50\%$；真空度低，极限压强只能达到 $2000 \sim 4000$Pa。

由于水环式真空泵中气体压缩是等温的，故可抽吸有腐蚀性、易爆炸的气体，此外还可抽吸含尘、含水的气体，因此水环真空泵的应用日益增多。

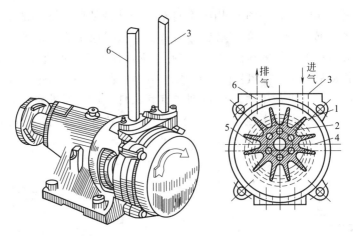

图 3-15　水环式真空泵结构示意图

1—叶轮；2—水环；3—进气管；4—吸气口；5—排气口；6—排气管

3.2.6.3　水环式真空泵选用

衡量一个真空泵的选型是否合理的指标有三个，即：抽气量、工作点轴功率及电机配套功率。选型时，应遵循的原则是：在满足真空排污系统工艺要求抽气量的前提下，尽可能地降低水环式真空泵的工作点消耗的轴功率及其电机配套功率。因为水环式真空泵消耗的轴功率越小，真空泵的运行成本就越低。电机配套功率较小，总装机容量也较小，电气配套成本也可以下降。真空泵在其工作压强下的抽气量，是真空泵选型的主要依据。提高真空泵的抽气量可以缩短系统的抽气时间，提高劳动生产率。对水环式真空泵来讲，影响其抽气能力的主要因素有两个：泵的容积和运行转速。

水环式真空泵是一种容积式的泵，当水环式真空泵的型号确定后，其容积也就确定了。在工况（转速、真空度）相同的情况下，容积较大的水环式真空泵的抽气量要比容积较小的水环式真空泵的抽气量大。同时，水环式真空泵的抽气量、工作点轴功率与转速存在如下计算关系：

$$Q_{vp1}/Q_{vp2}=n_1/n_2 \tag{3-15}$$

$$P_1/P_2=(n_1/n_2)^{1.7} \tag{3-16}$$

式中　Q_{vp1}，Q_{vp2}——水环式真空泵在工作点 1、2 的抽气量；

　　　　P_1，P_2——水环式真空泵在工作点 1、2 的轴功率；

　　　　n_1，n_2——水环式真空泵在工作点 1、2 的转速。

式（3-15）和式（3-16）表明：水环式真空泵的抽气量与其转速成正比，工作点轴功率与其转速的 1.7 次方成正比。也就是说，当水环式真空泵选定后，要获得更大的抽气量可以通过提高其运行转速来获得，但带来的不利因素是消耗更多的轴功率。要获相同的抽气量，有两种选型方案：一是选容积较大的水环式真空泵以较低的转速运行；二是选容积较小的水环式真空泵以较高的转速运行。在水环式真空泵选型时，应选取容积较大的水环式真空泵以较低的转速运行的方案。选容积较大的水环式真空泵以较低的转速运行的方案要比选容积较小的水环式真空泵以较高转速运行的方案，在节约能耗、降低运行成本方面具有更大的优越性。

3.2.7　风机的选型

风机选型的主要内容包括确定它们的型式、台数、转速以及与之配套的电机功率。

3.2.7.1　风机选型的原则

① 风机运转平稳、安全可靠；

② 经济性高，使风机能长期在高效区运行；

③ 选择的风机性能曲线形状合适，保证在正常工作区不发生汽蚀及其他不稳定现象；

④ 结构简单，体积小，重量轻，设备投资少；

⑤ 耐腐蚀；安装、维护及拆修方便。

3.2.7.2　风机的选择步骤及方法

（1）收集原始资料　包括整个工程工况装置的用途、管路布置、装置位置、被输送气体性质（如清洁空气、烟气、含尘空气或易爆气体）等。

（2）确定工况要求的风量 Q 和风压 p　首先根据生产工艺的需要，计算出最大流量 Q_{max} 和风机的最高风压 p_{max}；然后，分别加安全量（考虑计算误差及管网漏耗等）作为选风机的依据，即

$$Q=(1.05\sim1.10)Q_{max} \tag{3-17}$$

$$p=(1.10\sim1.15)p_{max} \tag{3-18}$$

（3）将使用工况状态下的风量 Q 和风压 p 换算为实测标准状态下的风量 Q_0 和风压 p_0　厂家风机样本所提供的性能数据是在标准状态下经试验得出的。这在风机铭牌上均有标示。一般风机的标准状态是大气压强 $p_0=101.325\text{kPa}$，$t_0=20℃$，$\rho_0=1.205\text{kg/m}^3$，大气相对湿度 50%；锅炉引风机的标准状态是大气压强为 101.325kPa，气体温度为 200℃，相应的容重 $\gamma_0=0.745\text{kN/m}^3$。因此，当风机在非标准状态工作时，即当所输送的流体温度或密度以及当地大气压强与规定条件不同时，应进行参数换算，将实际风量 Q 和风压（以风机进口状态计）换算成实测标准状态条件下的风量 Q_0 和风压 p_0（若实际风量 Q 大于实验条件下的风量 Q_0，常以 Q 代替 Q_0，把大于值作为富余量）。风机性能参数的换算分以下两种情况：

① 当被输送流体的密度改变时性能参数的换算　当被输送的流体温度及压强与风机样本条件不同时，即流体密度改变时，则风机的性能也发生相应的改变。由于机器是同一台，大小尺寸未变，且转速也未变，可得出如下换算关系式：

$$Q=Q_0 且 \eta=\eta_0 \tag{3-19}$$

$$\frac{p}{p_0}=\frac{\rho}{\rho_0}=\frac{\gamma}{\gamma_0}=\frac{B}{101.325}\times\frac{273+t_0}{273+t} \tag{3-20}$$

$$\frac{N}{N_0}=\frac{\rho}{\rho_0}=\frac{\gamma}{\gamma_0}=\frac{B}{101.325}\times\frac{273+t_0}{273+t} \tag{3-21}$$

式中　Q，Q_0——工况状态下和实测标准状态下的流量，m^3/h；

η，η_0——工况状态下和实测标准状态下的效率；

γ，γ_0——工况状态下和实测标准状态下的气体容重；

B——当地大气压强，kPa；

t，t_0——被输送气体在风机使用工况条件下和实测标准状态条件下的温度，℃；

N，N_0——风机使用工况条件下和实测标准状态条件下的功率，kW；

p，p_0——风机使用工况条件下和实测标准状态条件下的风压，kPa；

ρ，ρ_0——气体在风机使用工况条件下和实测标准状态条件下的密度，kg/m^3。

② 当转速改变时性能参数的换算　风机的性能参数都是针对某一定转速 n_0 来说的。当

实际运行转速 n 与 n_0 不同时，可用相似律求出新的性能参数。此时，相似律被简化为：

$$\frac{Q}{Q_0}=\sqrt{\frac{p}{p_0}}=\sqrt[3]{\frac{N}{N_0}}=\frac{n}{n_0} \tag{3-22}$$

（4）确定风机的类型　根据风机用途、输送气体的性质、所需的风量和风压，确定风机类型。常用的各类风机性能及适用范围见表 3-7。离心式风机适用于风量较小、系统阻力较大的场合；轴流式风机适用于风量较大、系统阻力较小的场合。环境工程中常用的是离心式风机。若输送的是清洁空气，或与空气性质相近的气体，可选用一般类型的离心通风机。

表 3-7　常用通风机性能及适用范围（示例）

型号	名称	全压范围/Pa	风量范围/(m³/h)	功率范围/kW	介质最高温度/℃	适用范围
4-68	离心通风机	170～3370	565～79000	0.55～50	80	一般厂房通风换气排气
4-72-11	塑料离心通风机	200～1410	991～55700	1.10～30	60	防腐防爆厂房通风排气
4-72-11	离心通风机	200～3240	991～227500	1.1～210	80	一般厂房通风换气
4-79	离心通风机	180～3400	990～17720	0.75～15	80	一般厂房通风
7-40-11	排尘离心通风机	500～3230	1310～20800	1.1～40		输送含尘量较多的空气
9-35	锅炉通风机	800～6000	2400～15000	2.8～570		锅炉送风助燃
Y4-70-11	锅炉引风机	670～1410	4430～14360	3.0～75	250	用于 1～4t/h 蒸汽锅炉
Y9-35	锅炉引风机	550～4540	4430～473000	4.5～1050	200	锅炉烟道排风
G4-73-11	锅炉离心通风机	590～7000	15900～680000	10～1250	80	用于 2～679t/h 蒸汽锅炉或一般矿井通风
30K4-11	轴流风机	26～516	550～49500	0.9～10	45	一般工厂、车间办公室换气

（5）确定风机型号　根据标准状态下的风量 Q_0、风压 p_0 选定风机类型，并通过如下三种方法选择合适的风机型号。

① 按风机性能表选择风机（第一种方法）　根据所需的风量和风压选定类型风机的性能表，找到规格、转速及配套的功率等适合的风机。这种方法简单方便，但不能准确确定风机在系统中的最佳工况。

② 利用风机的性能选择曲线选择风机（第二种方法）　这是常用的风机选择方法。风机的性能选择曲线是用对数坐标绘制的，它把相似的、不同叶轮直径（常用机号表示）的风机的风压、风量、转速、轴功率绘制在一张图上，每一种系列的风机都有对应的选择曲线，如图 3-16 所示为 G4-73-11 型风机的选择性能曲线。图中标有机号的直线就是最高效率的等效率线。此线与各 Q-p 线的交点表明了风机在不同转速下具有的（最高）等效的相似工况点。为了便于查找，图上将等效率线上转速相同的各点连接起来组成等速线，还加绘了等轴功率线。

选择风机的出发点，是把工程需要的工作点（即流量 Q、全压 p）选落在机器性能的哪根曲线上的哪一点的问题。答案是：工作点应落在机器最高效率（η 线的顶峰值）的 ±10% 的高效区，并在 Q-p 曲线最高点的右侧下降段上，以保证工作的稳定性和经济性。具体做

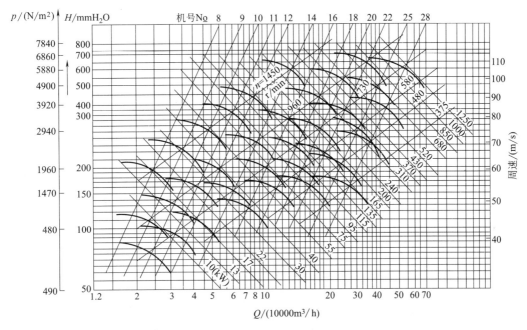

图 3-16 G4-73-11 型风机选择性能曲线图

法是，根据已定的参数，由横坐标的流量和纵坐标的风压在选择曲线图上做出交点，根据交点所在位置即可确定所选风机的机号、转速和功率。往往交点不是刚好落在风机性能曲线上，如图 3-17 中的点 1，通常是保持风量不变的条件下垂直往上找到最接近的点 2 或点 3，选得两台风机，经过权衡分析，校核运行工况点是否处在高效区。一般选取转速较高、叶轮直径较小、运行经济的那一台风机。根据这台风机所在性能曲线查出在最高效率点时所选风机的机号、转速，功率则用插入法换算，求出工作状况下的功率，然后考虑一定的裕量选用电机，电机安全系数一般在 1.15～1.30 范围内。

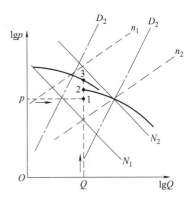

图 3-17 风机性能曲线

③ 利用风机的无量纲性能曲线选择风机（第三种方法） 风机的无量纲性能曲线代表叶轮外径和转速不同，但几何形状和性能完全相似的同一系列风机的性能曲线。我们可以利用这个特点来选择风机。具体方法可查阅有关书籍。一般来说，采用无量纲性能曲线选用风机时，需要反复换算，显然比较麻烦。

注意事项：

① 目前，许多生产厂家用表格给出了风机在高效区和稳定区的一系列数据点，选机时，应使所需的 Q 和 p 与样本给出值分别相等，不得已时，允许样本值稍大于需要值。由于图的尺寸往往过小，从图中查出的性能参数与性能选用表中数据有出入时，应以后者为准。

② 对于风机转速的选择，尽可能选择比较高的转速，这样可获得尺寸小、重量轻的风机；但对于引风机，应考虑转速太大会使磨损加剧的问题。若除尘器效率较高，可选 $n=$ 980r/min；若除尘器效率一般，则选 $n=590～730$r/min 为宜；对于燃油锅炉引风机，转速可适当提高到 $n=1450$r/min。

③ 风机订货时，必须写明名称、型号、机号、风量、风压、传动方式、风口方向（旋转方向、出风口位置）。

（6）根据风机安装位置，确定风机旋转方向和风口角度　风机转向及进、出口位置应与管路系统相配合。

（7）若所输送气体的密度大于 $1.2kg/m^3$ 时，则需核算轴功率　不论是由风机性能曲线选择风机还是由风机性能表格选择风机，都要考虑安全系数。风机的轴功能率可按下式计算：

$$N = \frac{Q \times p}{\eta \times \eta_i} \times K \tag{3-23}$$

式中　　N——电机轴功率，kW；

　　　　Q——风机的流量，m^3/s；

　　　　p——风机压力，Pa；

　　　　η_i——机械效率，%（按表 3-8 选取）；

　　　　η——风机效率，%

　　　　K——电机容量安全系数。

值得注意的是，必要时须进行初投资与运行费的综合经济、技术比较。

表 3-8　机械效率 η_i

传动方式	机械效率
电机直联传动	1.00
联轴器直联传动	0.98
三角皮带传动（滚动轴承）	0.95

3.2.7.3　风机选择的示例

【例 3-2】 某送风系统输送 60℃ 的热空气，风量为 11500m³/h，要求风压为 200mmH₂O。当地的大气压强值为 94kPa，试选择叶轮向右旋转、出风口位置为 90° 的风机，并配用电机。

【解】 根据工况要求的风量和风压，考虑加 10% 的附加值，即

$$Q = 1.1 \times 11500 = 12650 (m^3/h)$$

$$p = 1.1 \times 200 = 220 (mmH_2O)$$

风机的使用工况的空气密度 ρ 按气体状态方程式求，即

$$\rho = \rho_0 \frac{BT_0}{p_0 T} = 1.2 \times \frac{94}{101.3} \times \frac{273+20}{273+60} = 0.98 (kg/m^3)$$

将使用工况状态下的风量和风压换算为实测标准状态下的风量和风压。

$$Q_0 = Q = 12650 (m^3/h)$$

$$p_0 = p \frac{\rho_0}{\rho} = 220 \frac{1.2}{0.98} = 269 (mmH_2O)$$

根据常用通风机性能表 3-7，可选 4-72-11No5 型风机，其性能参数见表 3-9。可见，当转速 $n = 2900r/min$，序号 6 的工况点参数值为 $Q = 12780m^3/h$，$p = 268mmH_2O$，适合该送风系统的使用工况。

表 3-9　4-72-11 型离心式风机性能表

转速 n /(r/min)	序号	全压 p /mmH$_2$O	风量 Q /(m^3/h)	轴功率 N /kW	电机	
					型号	功率 /kW
			No5A			
2900	1	324	7950	8.52	JO$_2$-52-2	13
	2	319	8917	8.9		
	3	313	9880	9.42		
	4	303	10850	9.9		
	5	290	11830	10.3		
	6	268	12780	10.5		
	7	246	13750	10.7		
	8	224	14720	10.9		
1450	1	81	3977	10.6	JO$_2$-31-4	2.2
	2	79	4460	11.1		
	3	78	4943	11.8		
	4	76	5426	12.3		

思考题与习题

1. 指出以下泵或风机型号的含义：

（1）Y9-35-02NO22D 左 90°；（2）8-18-11NO5A 左 0°；（3）200D-43×9 型离心泵；

（4）IS80-65-160 型泵；（5）800ZLB-125 型泵；（6）LHB8.5-40 型泵；

（7）ASN-3000/2000 型轴流风机。

2. 离心泵的特性曲线图中有哪几条特性曲线？

3. 什么是泵的工作点？什么是最佳工作点？

4. 为何要考虑水泵的安装高度？什么情况下必须使泵装设在吸水池水面以下？

5. 简述泵选择的具体步骤。

6. 离心通风机是怎样工作的？

7. 通风机的主要性能参数有哪些？通风机的全压、静压、动压指的是什么？

8. 怎样用风机选择曲线来选择风机？

9. 轴流通风机是怎样工作的？在结构上它有哪些特点？

10. 在本书中，H 代表扬程，p 代表风机的压头，而在工程实践中，风机样本上又常以 H 表示风机的压头，单位为 Pa，此压头 H 与扬程 H 及压头 p 有何异同？

11. 某工厂由冷冻站输送冷冻水到空气调节室的蓄水池，采用一台单吸单级离心式水泵。在吸水口测得流量为 60L/s，泵前真空计指示真空度为 4m 水柱，吸水口径 25cm。泵本身向外泄漏流量约为吸水口流量的 2%。泵出口压力表读数为 3.0kgf/cm^2，泵出口直径为 0.2m。压力表安装位置比真空计高 0.3m，求泵的扬程。

12. 某空气调节系统需要从冷水箱向空气处理室供水，最低水温为 10℃，要求供水量 35.8m^3/h，几何扬水高度 10m，处理室喷嘴前应保证有 20m 的压头。供水管路布置后经计算管路损失达 7.1mH$_2$O。为了使系统能随时启动，故将水泵安装位置设在冷水箱之下。试选择水泵。

13. 某地大气压为 98.07kPa，输送温度为 70℃的空气，风量为 11500m^3/h，管道阻力为 2000Pa，试选用风机、应配用的电机及其他配件。

14. 某工业用气装置要求输送空气 $1m^3/s$，$p=3677.5N/m^2$，试用选择性能曲线选用风机，并确定配用电机和配套用的选用件。

15. 现有 Y4-2×73NO37F 型 600MW 机组锅炉离心引风机一台，铭牌参数为：$n_0=580r/min$，$p_0=4668Pa$，$Q_0=173900m^3/h$，配用电机功率为 3156kW，现将风机在 $t=20℃$ 的清洁空气中试运行，转速不变，联轴器传动效率 $\eta_\text{li}=0.98$，校核电机是否能满足要求。

第4章 管道、阀门、管件

管道、阀门和管件都是流体输送系统中的重要组成部分。管道不仅大量用于污水、废气及其他各种流体的输送，还被用做许多环保设备的内部构件或零部件，如曝气池的曝气管、隔油池的集油管、换热器的蛇形管和列管、消声器的内外管，以及各种处理设备的配水管、配气管等。阀门是截断、接通流体（含粉尘）通路或改变流向、流量及压力值的装置，具有导流、截断、调节、节流、防止倒流、分流或卸压等功能。储罐、过滤池、压缩机、泵等环保设备上都要安装各种各样的阀门，以便系统的正常使用和这些设备的维修、更换。

4.1 管道

目前市场上管道可分为金属管、非金属管、复合管三类。金属管主要有钢管、铸铁管、有色金属管；非金属管主要有塑料管、混凝土管和玻璃钢管；复合管主要有塑塑复合管、钢塑复合管、铝塑复合管。

4.1.1 金属管

4.1.1.1 钢管

钢管包括无缝钢管、镀锌钢管、焊接钢管。

(1) 无缝钢管　无缝钢管包括一般无缝钢管和不锈钢无缝钢管。

一般无缝钢管用普通或优质碳素钢、普通低合金钢和合金结构钢轧制而成，可用于输送一般无腐蚀性介质的液体，温度适用范围为 $-40 \sim 475 ℃$。

不锈钢无缝钢管采用国家标准《不锈、耐酸钢无缝钢管》中规定的不锈钢和耐酸钢钢种轧制而成。不锈钢无缝钢管具有如下优点：耐腐蚀性能优良；自重轻，强度高，使用寿命长，安全无毒，清洁卫生，不影响水质，外表美观，废管子可以完全再生利用。

环境工程通常选用不锈钢管输送废水、废气、粉末或颗粒状固体废物及其他腐蚀性介质。例如，选用不锈钢管制作配水管、曝气管等，因其优良的耐腐蚀性，几乎无需维护或更新，大大减少了构筑物和设备的日常维护管理工作，同时也降低了相关的运行管理费用。

无缝钢管管径规格及其表示方法为：ϕ 外径×壁厚。在 $DN10 \sim 150$ 的范围内，无缝钢管在同一公称直径 DN 下有两种不同的外径和不同的壁厚，例如 $\phi108 \times 4.0$、$\phi114 \times 7.0$ 均表示 $DN100$ 的无缝钢管；大于 $DN200$ 的无缝钢管，在同一公称直径 DN 下只有一种外径及壁厚。无缝钢管的管壁上没有接缝，所以能承受较高的压力，其公称压力的范围为 $1.0 \sim 25MPa$。

(2) 焊接钢管　焊接钢管一般是由钢带材或钢板材先卷成管材，再加以焊接而制成的。焊接钢管由于管壁上有焊接缝，因而不能承受高压，一般适用于公称压力 $<1.6MPa$ 的管道。常用的焊接钢管包括低压流体输送用焊接钢管、螺旋缝电焊钢管和钢板卷制直缝电焊钢管。

(3) 镀锌钢管　镀锌钢管常用于给水、暖气、压缩空气、煤气、低压蒸汽和凝液以及无腐蚀性物料的输送。其极限工作温度为 $175℃$，且不得用于输送爆炸性及毒性介质。它分为普通型（公称压力＜1MPa）和加强型（公称压力＜1.6MPa）两种。

4.1.1.2　铸铁管

铸铁管耐腐蚀性优于钢管，因而常用做污水管，特别是当管道需要埋地铺设时，采用铸铁管比钢管更能耐受土壤对管道外壁的侵蚀。但铸铁管不能用于输送蒸汽及在有压力下输送爆炸性与有毒气体。其公称直径有 50mm、75mm、100mm、125mm、150mm、200mm、250mm、300mm、350mm、400mm、450mm、500mm、600mm、700mm、800mm、900mm 和 1000mm 等，连接方式有承插式、单端法兰式和双端法兰式 3 种，连接件和管子一起铸出。

4.1.1.3　有色金属管

（1）铜管及铜合金管　铜的化学性能比较稳定，能很好地耐大气甚至海洋大气腐蚀，但不耐氨等的腐蚀。铜与锡、铅、铝、铁等元素以不同的比例结合，可得到具有不同性能的一系列铜合金。在火灾危险区内，不宜使用铜材料。

铜及其合金具有良好的韧性，易变曲，易扭转，不易裂缝，不易折断，抗冻胀和抗冲击性能好，尤其是在耐温、耐压方面性能很优越。但铜管对水质仍有较高的要求。否则，它依然面临腐蚀、渗漏、生锈、结垢的传统问题。例如，铜管系统与泵、阀门、水嘴的连接，是铜质材料与钢或碳钢材料的连接，在供水系统中，会不可避免地发生腐蚀，这种腐蚀将首先使存在杂质的铜管发生穿孔，同时因为水中不可避免地含有杂质，亦会使铜管腐蚀。

铜管分黄铜管与紫铜管，多用作冷冻系统的低温管道、仪表的测压管线或传送有压力的液体的管道（譬如油压系统、润滑系统的管路）。

（2）铝及铝合金管　铝具有质轻、塑性好、耐腐蚀等优点。铝与铜、镁、硅、锰按不同的比例组成多种力学性能和耐腐蚀性能不同的合金。

铝管用于输送脂肪酸、硫化氢、二氧化碳及低温介质；铝管的最高使用温度为 200℃，温度高于 160℃时，不宜在压力下使用。铝管还可用于输送浓硝酸、醋酸、蚁酸、硫的化合物等；铝管不可用于输送盐酸、碱液，特别是含氯离子的化合物。

在火灾危险区内，不宜使用铝材料。铝与其他金属连接时，有电解液存在情况下，应考虑产生腐蚀的可能性。

（3）钛及钛合金管　钛密度小、强度高、耐蚀性好，在许多有腐蚀介质的场合，特别是在有氧化性介质及含氯、氯化物等的条件下，耐蚀性远超过其他合金材料。因此，钛及钛合金管已广泛用于输送腐蚀性介质。

4.1.2　非金属管

4.1.2.1　塑料管

塑料管与传统金属管相比，具有自重轻、耐腐蚀、耐压、管壁光滑、过流能力好、密封性能好、使用寿命长、运输安装方便等特点。为此，近年来国内外都大力推广塑料管在工程中的应用，并形成一种势不可挡的发展趋势。

塑料管按管道的材质可分为聚四氯乙烯（PTFE）管、硬聚氯乙烯（UPVC）管、聚乙烯（PE）管、交联聚乙烯（PE-X）管、聚丙烯（PP）管、玻璃钢夹砂管、丙烯腈-丁二烯-苯乙烯共聚物（ABS）管等。按管壁构造可分为实壁管、加筋管、双壁波纹管、螺旋缠绕管等。最常用的分类方法是按照制造管道的材质进行分类。

（1）聚四氟乙烯（PTFE）管　聚四氟乙烯是一种结晶型的高分子化合物，性能特点如下。

① 具有极好的耐腐蚀性能。除了熔融碱金属、单体氟和三氟化氯外，几乎能抗一切强酸、强碱、有机溶剂、王水等腐蚀介质的腐蚀。

② 具有良好的耐热性和耐低温性能，在 260℃时仍具有稳定的性能，长期适用温度可达 180℃；低温（－270℃）下仍具有一定的韧性，能长期在－196℃下使用。

③ 具有良好的润滑性和表面不粘性，摩擦系数极小，与钢发生相对滑动摩擦时，摩擦系数为 0.1，几乎所有物质都不能黏附在其表面上。

④ 良好的耐大气老化性能。

（2）UPVC 管　硬聚氯乙烯（UPVC）管是由聚氯乙烯（PVC）树脂为主要原料，添加稳定剂、润滑剂等后加热，在制管机中挤压而成的不同压力等级、各种规格型号的硬质管材。UPVC 管质量轻、耐腐蚀性能好、强度较高、使用寿命长。UPVC 管道主要有三种连接形式，即橡胶接口（R-R）、粘接（T-S）和法兰连接。

在世界范围内，硬聚氯乙烯管道是各种塑料管道中消费量最大的品种，亦是目前国内外都在大力发展的新型化学建材。采用这种管材，可对我国钢材紧缺、能源不足的局面起到积极的缓解作用，经济效益显著。

UPVC 管的常用规格为：给水管管径 $\phi16\sim710$mm，管壁厚 $1.8\sim20.7$mm；建筑排水管管径 $\phi90\sim160$mm。

UPVC 管材的压力等级一般分为四种：Ⅰ型 $0\sim0.5$MPa，Ⅱ型 $0.5\sim0.63$MPa，Ⅲ型 $0.63\sim1.0$MPa，Ⅳ型 $1.0\sim1.6$MPa。使用温度范围 $0\sim50$℃。

现介绍各种常见的 UPVC 管如下。

① UPVC 双壁波纹管　UPVC 双壁波纹管于 20 世纪 90 年代初在西方发达国家被开发成功并得到大量应用。双壁波纹管是同时挤出两个同心管，再将波纹管外管熔接在内壁光滑的铜管上而制成的，具有光滑的内壁和波纹状外壁，如图 4-1 所示。这种管材设计新颖、结构合理，突破了普通管材的"板式"传统结构，使管材质轻而强度高，且具有良好的柔韧性，比普通 UPVC 管节省 40%原料，可广泛地应用在市政给排水管道系统、低压输水、农业灌溉、电线电缆套管等领域。

② UPVC 芯层发泡管　UPVC 芯层发泡管是采用三层共挤出工艺生产的一种新型管材。如图 4-2 所示的三层结构中，内外两层为密实的皮层，这点与普通 UPVC 相同；中间是相对密度 $0.7\sim0.9$ 的低发泡层。这种管材的环向刚性是普通 UPVC 管的 8 倍，而且在温度变化时稳定性好，隔热性好，特别是发泡芯层能有效阻隔噪声传播，更适用于高层建筑排水系统。我国对这种管材已经颁布了国家标准 GB/T 16800—2008《排水用芯层发泡硬聚氯乙烯（UPVC）管材》。

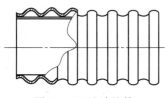

图 4-1　双壁波纹管

图 4-2　UPVC 芯层发泡管结构示意图

③ UPVC 消音管　UPVC 消音管内壁带有六条三角凸形螺旋线，使下水沿着管内壁自由连续呈螺旋状流动，使排水旋转形成最佳排水条件，从而在立管底部起到良好的消能作用，降低噪声。同时，消音管的独特结构可以使空气在管中央形成气柱直接排出，没有必要

像以往那样另外设置专用通气管，使高层建筑排水通气能力提高 10 倍，排水量增加 6 倍，噪声比普通 UPVC 排水管和铸铁管低 30～40dB。UPVC 消音管与消音管件配套使用时，排水效果良好。UPVC 消音管主要用于排水管道系统，特别是高层建筑排水管道系统。

④ UPVC 螺旋缠绕管　是带有"T"形肋的 UPVC 塑料板材卷制而成，板材之间由快速嵌接的自锁机构锁定。在自锁机构中加入黏结剂黏合。这种制管技术的最大特点是可以在现场按工程需要卷制出不同直径的管道，管径范围 ϕ150～600mm。其适用于城市排水、农业灌溉、输送工程和通信工程等。

⑤ UPVC 径向加筋管　UPVC 径向加筋管是采用特殊模具和成型工艺生产的 UPVC 塑料管，其特点是减薄了管壁厚度，同时还提高了管子承受外压荷载的能力，管外壁上带有径向加强筋，起到了提高管材环向刚度和耐外压强度的作用。此种管材在相同外荷载能力下，比普通 UPVC 管可节约 30% 左右的材料，主要用于城市排水。

（3）聚乙烯（PE）管　PE 管材以聚乙烯树脂（PE）为主要原料。国际上聚乙烯材料先后已有三代产品：低密度聚乙烯（LDPE）、中密度聚乙烯（MDPE）、高密度聚乙烯（HDPE）。

HDPE 管以它的优秀的化学性能、韧性、耐磨性以及低廉的价格和安装费受到管道界的重视，它是仅次于聚氯乙烯，使用量占第二的塑料管道材料。

近年来聚乙烯埋地排水用结构壁管使用量有增长的趋势，主要为聚乙烯双壁波纹管和聚乙烯缠绕熔接管（或称缠绕螺旋管）。高密度聚乙烯（HDPE）双壁波纹管是一种用料省、刚性高、弯曲性优良，具有波纹状外壁、光滑内壁的管材。在欧美等国家中，HDPE 双壁波纹管在一定范围内取代了钢管、铸铁管、水泥管、石棉管和普通塑料管，广泛用做排水管、污水管、地下电缆管、农业排灌管。

（4）PE-X 管　交联聚乙烯（PE-X）由于具有很好的卫生性和综合性能，被视为新一代的绿色管材。生产交联聚乙烯管的主要原料是 HDPE，以及引发剂、交联剂、催化剂等助剂，采用世界上先进的一步法（MONSOIL 法）技术制造，用普通聚乙烯原料加入硅烷接枝料，在聚合物大分子链间形成化学共价键以取代原有的范德华力，从而形成三维网状结构的交联聚乙烯，其交联度可达 60%～89%，使其具有优良性能。

交联聚乙烯管在发达国家已获得广泛运用，与其他塑料管相比，具有以下优点：不含增塑剂，不会霉变和滋生细菌；不含有害成分，可应用于饮用水传输；耐热性好；耐压性能好；耐腐蚀性能好；隔热效果好；能够任意弯曲，不会脆裂；抗蠕变强度高，可配金属管，可省去连接管件，降低安装成本，加快安装周期，便于维修，使用寿命可达 50 年之久。

目前在欧美国家，交联聚乙烯管道是运用较为广泛的塑料管道。在我国，交联聚乙烯管已被列入了国家推广的新型建筑材料行列，并作为国家小康住宅推荐产品，已经在建筑、太阳能、城镇改水等领域得到广泛应用。

（5）无规共聚聚丙烯管　无规共聚聚丙烯（PP-R）管是欧洲开发出来的新型塑料管道产品，原料属聚烯烃，其分子中仅有碳、氢元素，无毒性、卫生好。无规共聚聚丙烯管在原料生产、制品加工、使用及废弃全过程中均不会对人体及环境造成不利影响，与交联聚乙烯管材同为绿色建材。

无规共聚聚丙烯管除具有一般塑料管材重量轻、强度好、耐腐蚀、使用寿命长等优点外，还有以下特点：①无毒卫生，符合国家卫生标准要求；②具有较好的耐热保温性能；③连接安装简单可靠，具有良好的热熔焊接性能，管材与管件连接部位的强度大于管材本身的强度，无须考虑在长期使用过程中连接处是否会渗漏；④弹性好、防冻裂，该材料优良的弹性使得管材和管件可防冻胀，从而不会被冻胀的液体胀裂；⑤环保性能好；⑥抗紫外线性能差，在阳光的长期直接照射下容易老化。

其管道连接方式有：热熔连接、电熔连接、丝扣连接、法兰连接等，应按不同的施工场合、不同的施工要求合理选择。热熔连接和电熔连接适用于无规共聚聚丙烯管材与管件的连接，凡采用直埋布管形式的必须采用热熔或电熔连接。其中电熔连接施工成本较高，适用于管道的最后连接或不方便使用施工工具的场合。丝扣连接和法兰连接适用于无规共聚聚丙烯管与金属管或金属用水器具的连接。一般小口径管适于用丝扣连接；大口径管适于用法兰连接。在管道拆装较多的场合使用带活接头的丝扣连接或法兰连接。

（6）PB管 即聚丁烯管。聚丁烯既有聚乙烯的抗冲击韧性，又有好于聚丙烯的耐应力开裂性和出色的抗蠕变性能，并稍带有橡胶的特性。

聚丁烯管除具有一般塑料管卫生性能好、重量轻、安装简便、寿命长等优点外，还具有以下特点：①耐热，热变形温度高，耐热性能好，90℃热水可长期使用；②抗冻，脆化温度低（-30℃），在-20℃以内结冰不会冻裂；③柔软性好；④隔温性好；⑤绝缘性能较好；⑥耐腐蚀（易为热而浓的氧化性酸所侵蚀）；⑦环保、经济，废弃物可重复使用，燃烧不产生有害气体。

PB管道的主要用于建筑物内的冷热水系统、采暖系统、饮用水供水系统、中央空调供回水系统等。

PB管道的连接方式主要有两种：热熔连接和电熔连接，这两种方式用于管材与管材的连接，凡采用直埋安装方式时必采用热熔或电熔。电熔的施工成本较高，主要适用于最后连接施工不方便的场合。PB管道的另外两种次要连接方式是：丝扣连接和法兰连接。丝扣连接适用于小口径，法兰连接适用于大口径，在水表及阀门等有可能需要拆的场合宜采用丝扣连接或法兰连接。

（7）ABS管 ABS树脂是在聚苯乙烯树脂改性的基础上发展起来的三元共聚物，ABS树脂是由丙烯腈、丁二烯、苯乙烯组成的。其中A代表丙烯腈，B代表丁二烯，S代表苯乙烯。

ABS管是以ABS为主要原料，经挤出而成型的一种新型的耐腐蚀管道。ABS塑料管在一定的温度范围内具有良好的抗冲击性和表面硬度，综合性能好，易于成型和机械加工，表面还可镀铬。由于它兼有PVC管的耐腐蚀性能和金属管道的力学性能，适用于生活供水、污水、废气输送及灌溉系统等领域，也可用于输送多种化学介质，如作为水处理的加药管道、有强腐蚀性介质的工业管道等。

ABS管外径15～300mm，管壁厚2.5～13.5mm，工作压力0.6MPa、0.9MPa、1.6MPa。ABS管多采用胶黏承插连接，也可采用螺纹连接等形式。

（8）CPVC管 氯化聚氯乙烯（CPVC）管具有刚性高、耐内压强度高、耐热性好、耐腐蚀、阻燃性能好、线性膨胀系数低等优点，因此可用于明管排设，需要的支撑少，采用溶剂粘接，安装方便。但CPVC管的加工难度较大，加工过程中须加入重金属盐稳定剂，用于上水管时，要着重考察其卫生性能。

CPVC是PVC的氯化改性，它有效地提高了PVC的使用温度、耐化学稳定性、抗老化性及阻燃消烟性，综合性能超过了一般ABS的性能，特别适用于一些对温度及消防有特殊要求的场合，其发展前景十分广阔。CPVC管可用于建筑内冷热水管系统、化工、环保管路或电力电缆套管。

4.1.2.2　玻璃钢管

玻璃钢是以各种树脂（如环氧树脂、不饱和聚酯树脂等）为基体材料，以玻璃纤维织物为骨架材料，由特殊的工艺固化而成的非金属材料。其抗拉强度较高，轴向抗拉强度可达140MPa 以上，故使用的管子规格可达 $DN900$；其耐蚀性不如塑料和橡胶，但价格便宜，常用于循环水、海水、气和一些弱腐蚀性介质的输送。

最常用的玻璃钢材料为不饱和聚酯玻璃钢，使用温度一般小于150℃。管道用玻璃钢可依照 HGJ 534—1991《玻璃钢管和管件》的规定。

4.1.2.3　混凝土管

混凝土管有普通、轻型和重型三种。混凝土管制造容易，价格便宜，但不承压。混凝土管常被用作城市污水、工业废水和雨水的大口径输送管道。

4.1.3　复合管

复合管主要有塑塑复合管、钢塑复合管、铝塑复合管。

4.1.3.1　塑塑复合管

由两种不同品种或不同性质的塑料复合制成的管子称为塑塑复合管，其包括两大类：一是缠绕增强热塑性复合管；二是热塑性塑料复合管。

（1）缠绕增强热塑性复合管　用玻璃钢缠绕在各种热塑性管（如 PVC、PP、PE）外表面制成的，因此称为 FRP 缠绕增强热塑性管。此类复合管包括玻璃钢缠绕增强聚氯乙烯塑料管（FRP/PVC 复合管）、玻璃钢缠绕增强聚丙烯塑料管（FRP/PP 复合管）、玻璃钢缠绕增强聚乙烯管（FRP/PE 复合管）、玻璃钢缠绕增强聚偏氟二烯塑料管（FRP/PVDF 复合管）等。

（2）热塑性塑料复合管　包括 UPVC-PE 复合管、PE 基塑料复合管、PE-X 阻隔管、HDPE 保温管等种类。其中，UPVC-PE 复合管外层为 UPVC，与水接触的内层为 PE，用做给水管，以提高管材的卫生性；HDPE 保温管的内管和外管均为 HDPE，中间为聚氨酯硬质泡沫塑料，可用于高寒、高热地区输送冷水，以及用于空调系统。

4.1.3.2　钢塑复合管

钢塑复合管是国内近年来发展起来的一种新型管道材料。金属与塑料的复合管是一种金属/高聚物的宏观复合体系，金属基体通过界面结合承受管材内外压力，塑料基体在防腐蚀方面发挥作用。它既有金属的坚硬、刚直不易变形、耐热、耐压、抗静电等特点，又具有塑料的耐腐蚀、不生锈、不易产生垢渍、管壁光滑、容易弯曲、保温性好、清洁无毒、质轻、施工简易、使用寿命长等特点。

钢管与 UPVC 塑料管复合管材，使用温度的上限为 70℃，用聚乙烯粉末涂覆于钢管内壁的涂塑钢管可在－30～55℃下使用。环氧树脂涂塑钢管的使用温度高达 100℃，可用作热水管道。钢塑复合管可代替不锈钢管广泛应用于石油化工、冶金、医药、食品加工等部门，是输送腐蚀性气、液体的理想管道，它的价格仅为不锈钢管的 1/5 左右，故其经济效益显著。

4.1.3.3　铝塑复合管（PAP）

铝塑复合管（PAP）是一种集金属与塑料优点为一体的新型管材。铝塑复合管是一种五层结构的复合管。最外层和里层是中、高密度聚乙烯或交联聚乙烯，中间层（即第三层）为一层约 0.3mm 厚的薄铝板焊接管，铝管与内外层聚乙烯之间各有一层黏结剂。铝塑复合管的结构决定了这种管材兼有塑料管与金属管的特点。塑料在外层及强度较好的金属层在中间位置，一方面可耐腐蚀，另一方面可增强管材的强度和塑性。

铝塑复合管主要应用领域：①自来水、采暖及饮用水供应系统用管；②煤气、天然气及管道石油气室内输送用管；③化工，各种酸、碱溶液的输送；④医药，各种气体、液体输送；⑤石化，煤油、汽油等流体的输送；⑥船用管材，水上运输工具内各种管路系统用管；⑦食品工业，输送酒、饮料等；⑧压缩空气等工业气体的输送。

表 4-1 列举比较了 6 种常见管材的特点。

表 4-1　6 种常见管材的特点比较

比较项目	聚氯乙烯管	高密度聚乙烯管	无规共聚聚丙烯管	镀锌钢管	铝塑复合管	镀锌钢塑管（内层 PVC）
价格比	1.0	1.4	1.6～2.0	1.3	2.2	1.6～1.8
安全卫生	一般	好	好	差	好	一般
安装难度	容易	易（时间长）	容易	一般	易	一般
安装可靠性	较好	好	好	一般	一般	一般
尺寸稳定性	低	低	较高	高	高	高
抗冲击及耐压力性	一般	强	较强	很强	强	很强
使用年限	较长	较长	长	短	长	中
维修	较方便	较方便	较方便	方便	不方便	方便
主要缺点	硬度低、耐热性差、易老化、膨胀系数大	刚性差、抗老化性能差	硬度低、刚性差，长时间曝晒下成分易分解。室外明敷须保护措施	易腐蚀、不卫生，属淘汰产品，国家已限时禁用	管道连接采用铜管件，水头损失大，使用时应尽量减少管件量；管件易漏水	不美观、外壁碰伤易腐蚀；内保护层质量不稳定
标准	一般标准	一般标准	标准	低标准	中高标准	中等标准

注：价格比是以聚氯乙烯管为基准（1.0）参比。

4.2　阀门

阀门是流体输送系统中的控制部件，它用于接通或切断管路中的流通介质，或者用于改变介质的流动方向，或者用于控制介质的压力和流量，或者用于保护管路和设备的安全运行。阀门种类繁多，分类方法多。通常按阀门的用途可将阀门分为如下几大类。

① 截断阀类：用来接通或切断管路介质流，如闸阀、截止阀、蝶阀、旋塞阀、球阀、隔膜阀、柱塞阀、针型仪表阀等。

② 止回阀类：用来防止介质倒流，包括各种结构的止回阀。

③ 调节阀类：用来调节介质的压力和流量，如调节阀、节流阀、减压阀、水位调整器及疏水器等。

④ 安全阀类：在介质压力超过规定值时，用来排放多余的介质，保证管路系统及设备安全，如安全阀、事故阀。

⑤ 其他特殊用途：如放空阀、排污阀等。

图 4-3 为典型的流体工程设备安装示意图。

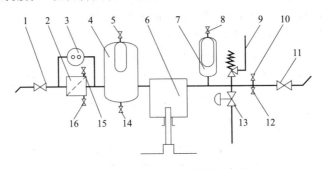

图 4-3　流体工程设备安装示意图

1—截止阀；2—循环泵；3—容积泵；4—稳定塔；5,8,10,15—排气阀；6—过滤池；

7—压缩机；9—安全阀；11—控制阀；12,13,14,16—疏水阀

4.2.1　典型阀门

4.2.1.1　闸阀

闸阀，又称闸板阀，是利用在阀体内与通路垂直的平面闸板的升降来控制阀的启闭的。闸阀只作为截断装置，或者完全开启，或者完全关闭，不能做调整或节流之用。

（1）闸阀的分类

① 按闸板形状的不同，可分平行式闸阀、楔式闸阀。

② 按阀杆的构造不同，可分为明杆（升降杆）式闸阀和暗杆（旋转杆）式闸阀。

（2）闸阀的特点

闸阀有以下优点：①与截止阀相比，流体阻力小，密封性能好，密封面受工作介质的冲刷和侵蚀小；②开闭所需外力较小；③介质的流向不受限制；④形体结构比较简单，结构长度短，铸造工艺性较好。由于闸阀具有许多优点，因此使用范围很广。通常 $DN \geqslant 50\text{mm}$ 的管路切断介质的装置都选用闸阀，甚至在某些小口径的管路上（如 $DN15 \sim 40\text{mm}$），目前仍保留了一部分闸阀。

闸阀也有不足之处：

① 外形尺寸和开启高度都较大，所需安装的空间亦较大；

② 开闭过程中，密封面间有相对摩擦，磨损较大，甚至在高温时容易引起擦伤现象；

③ 闸阀一般都有两个密封面，给加工、研磨和维修增加一些困难。

④ 开启需要一定的空间，开阀时间长。

（3）闸阀选用　阀闸在环境工程的设备和管道中一般只适用于全开或全闭，不宜作为调节流量使用。闸阀适用于低温低压也适用于高温高压，并可根据阀门的不同材质用于各种不同的介质。但闸阀一般不用于输送泥浆等介质的管路中。

选择楔式闸阀一般依据下面的原则。

① 流阻小、流通能力强、密封要求严的工况选用闸阀。

② 高温、高压介质，如高压蒸汽。

③ 安装位置：当高度受限制时用暗杆楔式闸阀；当安装高度不受限制时用明杆楔式闸阀。

④ 在开启和关闭频率较低的场合下，宜选用楔式闸阀。

闸阀适于制成用于大口径管道上的大口径阀门，但该种阀结构比较复杂，外形尺寸较

大，密封面易磨损，目前正在不断改进中。

4.2.1.2　截止阀

截止阀是关闭件（阀瓣）沿阀座中心线移动的阀门。截止阀的阀杆轴线与阀座密封面垂直。

（1）截止阀分类　截止阀的种类很多，可按如下方式分类：

① 根据阀杆上螺纹的位置可分上螺纹阀杆截止阀和下螺纹阀杆截止阀。

② 根据截止阀的通道形状和密封面形式的不同，截止阀可分为直通式、直流式和柱塞式三种结构形式。

（2）截止阀特点　截止阀最明显的优点是：

① 在开启和关闭过程中，由于阀瓣与阀体密封面间的摩擦力比闸阀小，因而耐磨。

② 开启高度一般仅为阀座通道直径的 1/4，因此比闸阀小得多。

③ 通常在阀体和阀瓣上只有一个密封面，因而制造工艺性比较好，便于维修。

截止阀缺点主要是流阻系数比较大，因此造成阻力损失，特别是在液压装置中，这种阻力损失尤为明显。

（3）截止阀选用　截止阀使用较为普遍，广泛用于各种环保设备和管道中做截流、切换流道和调节流量使用，但由于截止阀的流体阻力损失较大，为防止堵塞或磨损，不能用于输送含有悬浮物和黏度较大的介质。截止阀由于开闭力矩较大，结构长度较长，一般 DN $\leqslant 200 \text{mm}$。

高温、高压介质的输送管路或装置上宜选用截止阀。对流阻要求不严格的管路，可考虑用截止阀。小型阀可选用截止阀。有流量调节或压力调节，但对调节精度要求不高，而且管路直径又比较小，如公称直径 $\leqslant 50 \text{mm}$ 的管路上，宜选用截止阀或节流阀。

4.2.1.3　蝶阀

蝶阀启闭件是一个圆盘形的蝶板，在阀体内绕内轴线旋转，从而达到启闭或调节。蝶阀的蝶板安装于管道的直径方向。当圆盘形的蝶板旋转至与流体流动方向平行时，阀门开启；当蝶板旋转至与流体流动方向垂直时，阀门关闭。

（1）蝶阀的结构　蝶阀主要由阀体、蝶板、阀杆、密封圈和驱动机构组成，靠驱动机构带动转轴及蝶板旋转以实现启闭和控制流量的目的。蝶阀的结构见图 4-4，实物见图 4-5。

① 阀体　阀体呈圆筒状，上下部分各有一个圆柱形凸台，用于安装阀杆。蝶阀与管道多采用法兰连接；如采用对夹连接，其结构长度最小。

② 阀杆　阀杆是蝶板的转轴，轴端采用填料函密封结构，可防止介质外漏。阀杆上端与传动装置直接相接，以传递力矩。

③ 蝶板　蝶板是蝶阀的启闭件。根据蝶板在阀体中的安装方式，蝶阀可以分成中心对称板式、斜板式、偏置板式、杠杆式四种形式。

蝶阀全开到全关通常是小于 90°，蝶阀和阀杆本身没有自锁能力，为了蝶板的定位，要在阀杆上加装蜗轮减速器。采用蜗轮减速器，不仅可以使蝶板具有自锁能力，使蝶板停止在任意位置上，还能改善阀门的操作性能。

（2）蝶阀的分类　按结构形式蝶阀可分为偏置板式、垂直板式、斜板式和杠杆式。

按密封形式可分为软密封型和硬密封型两种。软密封型一般采用橡胶环密封，硬密封型通常采用金属环密封。采用金属密封的阀门一般比橡胶密封的阀门寿命长，但很难做到完全密封。金属密封能适应较高的工作温度，橡胶密封则具有受温度限制的缺陷。

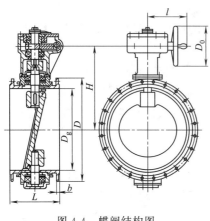

图 4-4 蝶阀结构图

图 4-5 蝶阀实物图

按连接形式可分为对夹式蝶阀和法兰式蝶阀两种。对夹式蝶阀是用双头螺栓将阀门连接在两管道法兰之间，法兰式蝶阀是阀门上带有法兰，用螺栓将阀门上两端法兰连接在管道法兰上。

按传动方式可分为手动、齿轮传动、气动、液动和电动几种。

（3）蝶阀的特点　蝶阀的优点如下：①结构简单，外形尺寸小，由于结构紧凑，结构长度短，体积小，重量轻；②流体阻力小，全开时阀座通道有效流通面积较大，因而流体阻力较小；③启闭方便迅速，调节性能好，蝶板旋转即可完成启闭，通过改变蝶板的旋转角度可以分级控制流量；④启闭力矩较小，由于转轴两侧蝶板受介质作用基本相等，而产生转矩的方向相反，因而启闭较省力；⑤低压密封性能好，密封面材料一般采用橡胶、塑料，故密封性能好，受密封圈材料的限制，蝶阀的使用压力和工作温度范围较小。

（4）蝶阀选用　蝶阀在石油、煤气、化工、水处理等领域中用于输送和控制的介质有凝结水、循环水、污水、海水、空气、煤气、液态天然气、干燥粉末、泥浆、果浆及带悬浮物的混合物。

蝶阀选用过程中应注意如下事项。

① 由于蝶阀相对于闸阀、球阀压力损失比较大，故适用于压力损失要求不严的管路系统。

② 由于蝶阀不易和管壁严密配合密封，故不能用于切断管路。

③ 由于蝶阀可以用作流量调节，故在需要进行流量调节的管路中宜于选用。如空气和烟气输送管路中常用蝶阀调节流量。同时，如果要求蝶阀用于流量控制，要正确选择阀门的尺寸和类型。

④ 由于蝶阀的结构和密封材料的限制，不宜用于高温、高压的管路系统。

⑤ 大型高温蝶阀采用钢板焊接制造，主要用于高温介质的烟风道和煤气管道。

⑥ 由于蝶阀结构长度比较短，且又可以做成大口径，故在结构长度要求短的场合或是大口径阀门（如 $DN1000$ 以上）宜选用蝶阀。

⑦ 由于蝶阀仅旋转不到90°就能开启或关闭，因此在启闭要求快的场合宜选用蝶阀。

⑧ 目前国产蝶阀参数：公称压力 $PN0.25\sim4.0$MPa；公称直径 $DN100\sim3000$mm；工作温度≤425℃。

4.2.1.4　旋塞阀

旋塞阀是关闭件呈柱塞状的旋转阀，通过旋转 90°使阀塞上的通道口与阀体上的通道口相通或切断，实现开启或关闭的一种阀门。旋塞阀在管路中主要用做切断、分配和改变介质流动方向。

旋塞阀是历史上最早被人们采用的阀件。由于该类阀门结构简单，开闭迅速（塞子旋转四分之一圈就能完成开闭动作），操作方便，流阻小，至今仍被广泛使用。阀塞的形状可制成圆柱形或圆锥形。其应用在城市煤气、食品、医药、给排水、化工等行业。

旋塞阀按通道形式可分为直通式、三通式和四通式三种；按结构形式可分为紧定式、填料式、自封式和油封式四种。

（1）紧定式旋塞阀　紧定式旋塞阀通常用于低压直通管道，密封性能完全取决于塞子和塞体之间的吻合度，其密封面的压紧是依靠拧紧下部的螺母来实现的，一般 $PN \leqslant 0.6MPa$。

（2）填料式旋塞阀　填料式旋塞阀是通过压紧填料来实现塞子和塞体密封的。由于有填料，因此密封性能较好。通常这种旋塞阀有填料压盖，塞子不用伸出阀体，因而减少了一个工作介质的泄漏途径，一般 $PN \leqslant 1MPa$。

（3）自封式旋塞阀　自封式旋塞阀是通过介质本身的压力来实现塞子和塞体之间的压紧密封的。塞子的小头向上伸出体外，介质通过进口处的小孔进入塞子大头，将塞子向上压紧，此种结构一般用于气体介质。

（4）油封式旋塞阀　近年来旋塞阀的应用范围不断扩大，出现了带有强制润滑的油封式旋塞阀。由于强制润滑使塞子和塞体的密封面间形成一层油膜，密封性能更好，开闭省力，防止密封面受到损伤。

旋塞阀不适用于输送高温、高压介质（如蒸汽），只适用于温度较低、黏度较大的介质和要求开关迅速的部分，不宜做调节流量用。旋塞阀只适用于公称直径为 15～20mm 的小口径管路以及温度不高、公称压力在 1MPa 以下的管路。

4.2.1.5　球阀

球阀是由旋塞阀演变而来。球阀的启闭件是一个有孔的球体（如图 4-6 所示），球体绕阀体中心线做旋转，从而达到开启、关闭的目的。球阀在管路中主要用来做切断、分配和改变介质的流动方向。

（1）球阀分类　按连接方式可分为螺纹连接、法兰连接和焊接连接三种。球阀按结构形式可分浮动球球阀、固定球球阀、弹性球球阀和油封球阀四种。

① 浮动球球阀　球阀的球体是浮动的，在介质压力作用下，球体能产生一定的位

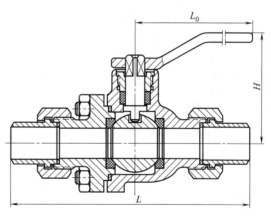

图 4-6　球阀

移并紧压在出口端的密封面上，保证出口端密封。浮动球球阀的结构简单，密封性好，但球体承受工作介质的载荷全部传给了出口密封圈，因此要考虑密封圈材料能否经受得住球体介质的工作载荷。这种结构，广泛用于中低压球阀。

② 固定球球阀　球阀的球体是固定的，受压后不产生移动。固定球球阀都带有浮动阀座，受介质压力后，阀座产生移动，使密封圈紧压在球体上，以保证密封。通常在球体的

上、下轴上装有轴承，操作扭矩小。为了减少球阀的操作扭矩和增加密封的可靠程度，近年来又出现了油封球阀，即在密封面间压注特制的润滑油，以形成一层油膜，既增强了密封性，又减少了操作扭矩，更适合高压大口径的系统。

③ 弹性球球阀　球阀的球体是有弹性的。球体和阀座密封圈都采用金属材料制造，密封比压很大，依靠介质本身的压力已达不到密封的要求，必须施加外力。

这种阀门适用于高温高压介质。弹性球体是在球体内壁的下端开一条弹性槽而获得弹性。当关闭通道时，用阀杆的楔形头使球体胀开与阀座压紧达到密封。在转动球体之前先松开楔形头，球体随之恢复原形，使球体与阀座之间出现很小的间隙，可以减少密封面的摩擦和操作扭矩。

（2）球阀的特点　球阀是近年来被广泛采用的一种新型阀门，它具有以下优点：①流体阻力小；②结构简单、体积小、重量轻；③紧密可靠，目前球阀的密封面材料广泛使用塑料，密封性好，在真空系统中也已广泛使用；④操作方便，开闭迅速，从全开到全关只要旋转90°，便于远距离的控制；⑤维修方便，球阀结构简单，密封圈一般都是活动的，拆卸更换都比较方便；⑥在全开或全闭时，球体和阀座的密封面与介质隔离，介质通过时不会引起阀门密封面的腐蚀；⑦适用范围广，从高真空至高压力都可应用。

球阀的主要缺点：①使用温度不高；②节流性较差。

（3）球阀的选用　球阀结构比闸阀、截止阀简单，密封面比旋塞阀易加工且不易擦伤。其适用于低温、高压及黏度大的介质，不能做调节流量用。目前因密封材料尚未解决，其不能用于温度较高的介质。

4.2.1.6　隔膜阀

隔膜阀是一种特殊形式的截断阀，发明于20世纪中期。它的开闭元件是一块软质材料制成的隔膜片，把阀体内腔与阀盖内腔及驱动部件隔开，故称作隔膜阀，其结构如图4-7所示。隔膜中间突出部分固定在阀杆上，阀体内衬有橡胶（或其他材料），由于介质不进入阀盖内腔，因此无需填料箱。

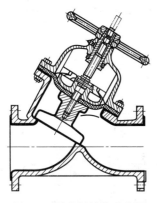

图4-7　隔膜阀结构示意图

隔膜阀最突出的特点是隔膜把下部阀体内腔与上部阀盖内腔隔开，使得位于隔膜片上方的阀杆压块等零部件不直接与介质接触，省去了附加的阀杆密封结构，而且不会产生介质外漏。

隔膜片是隔膜阀的关键部件。在不同的工况下选择合适材质的隔膜片是相当重要的。如：在温度较高的情况下，隔膜片的耐热性是相当重要的。因为隔膜片材质是相对较软的、具有弹性的塑料，通过一定时间的受热后，其抗变形性和开闭寿命将有所降低。目前常用的隔膜片材质有：三元乙丙橡胶（EPDM）、氟橡胶（FPM）、聚四氟乙烯（PTFE）、硅胶、丁腈橡胶（NBR）、氯磺化聚乙烯（CSM）等。采用橡胶或塑料等软质密封材料制作的隔膜片，密封性较好，抗磨损能力强。但由于隔膜片毕竟为易损件，所以应视介质特性和具体工况（如温度压力等）而定期更换。

根据阀体材质和管道直径的不同，隔膜阀的驱动方式可以选用手动、气动和电动。一般情况下，各阀门厂家为了减少驱动装置的备库量，一种型号的驱动装置可以适用于几种不同的阀体材质和阀体管道直径。

隔膜阀按结构形式可分为：屋脊式、直流式、截止式、直通式、闸板式和直角式六种。根据阀体材质和管道直径的不通用，隔膜阀接口方式也有所不同，通常采用法兰连接。隔膜阀结构较简单，便于检修，流体阻力小，适用于输送酸性介质和带悬浮物的介质。

隔膜阀受隔膜片材料的限制，适用于低压和温度相对不高的场合，可用于真空工况。但隔膜阀不适用于温度高于 60℃ 的介质及有机溶剂和强氧化剂等介质。

4.2.1.7　止回阀

止回阀（图 4-8）又称为逆流阀、单向阀。这类阀门是靠管路中介质本身流动产生的力而自动开启和关闭的，属于一种自动阀门。止回阀的主要作用是防止介质倒流、防止泵及其驱动电机反转，以及容器内介质的泄放。当处理工艺管路只允许流体向一个方向流动时需要使用止回阀。

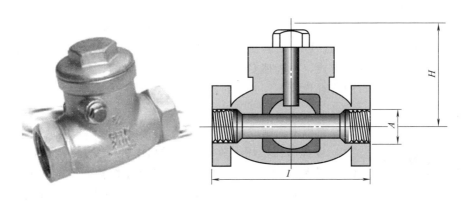

图 4-8　止回阀结构示意图

止回阀根据其结构可分为升降式、旋启式、蝶式和隔膜式等类型。升降式止回阀可分为立式和卧式两种。旋启式止回阀分为单瓣式、双瓣式和多瓣式三种。蝶式止回阀为直通式。

底阀是止回阀的一种，起着防止水倒流的作用。底阀由阀体、阀盖、阀瓣、密封圈和垫片等部件组成。底阀在接入管路后，液体介质从阀盖方向进入阀体，液体的压力作用于阀瓣，使得阀瓣被打开，允许介质流过；当阀体内的介质压力变化或消失时，阀瓣关闭，阻止介质倒流。

隔膜式止回阀有多种形式，均采用隔膜作为启闭件。其密封原理是：当介质正向流动时，靠介质压力冲开隔膜，介质通过，达到开启隔膜式止回阀的目的；当停泵时，没有介质正向流动，隔膜紧抱阀芯，达到关闭隔膜式止回阀的目的。关闭后的隔膜式止回阀，再靠介质逆流时的压力使隔膜压紧阀芯，产生密封力，使隔膜式止回阀达到密封的目的。工作介质压力越高，其密封性能越好。由于隔膜式止回阀的隔膜是用橡胶或工程塑料制成，因此不能使用在工作压力较高的管路上，一般公称压力在 1.6MPa 以下，过高的工作压力会损坏隔膜，使止回阀失效。隔膜式止回阀的隔膜材料还使止回阀受温度的限制，一般隔膜式止回阀的介质工作温度不能超过 150℃，否则会使隔膜损坏，止回阀失效。

由于隔膜式止回阀防水击性能好，结构简单，制造成本较低，近年来发展较快，应用较广。

止回阀选用：一般在各种泵和压缩机的出口管上都要安装止回阀，其目的是防止介质倒流，使泵和压缩机反转。止回阀一般适用于清净介质，对有固体颗粒和黏度较大的介质不适用。

对于 $DN50mm$ 以下的高中压止回阀，宜选用立式升降式止回阀。

对于 $DN50mm$ 以下的低压止回阀，宜选用蝶式升降式止回阀、立式升降式止回阀。

对于 DN 大于 50mm、小于 600mm 的高中压止回阀，宜选用旋启式止回阀。

对于 DN 大于 200mm、小于 1200mm 的中低压止回阀，宜选用无磨损球形止回阀。

对于 DN 大于 50mm、小于 2000mm 的低压止回阀，宜选用蝶式止回阀和隔膜式止回阀。

对于水泵进口管路，宜选用底阀。

旋启式止回阀 PN 可达 42MPa，而且 DN 也可做到很大，最大可达 2000mm 以上。根据壳体及密封件的材质不同，其可以适用任何工作介质和任何工作温度范围。介质为水、蒸汽、气体、腐蚀性介质、油品、食品、药品等。介质工作温度范围在 $-196\sim800℃$ 之间。

卧式升降式止回阀宜装在水平管线上，立式升降式止回阀应装在垂直管线上。旋启式止回阀的安装位置不受限制，通常安装于水平管线上，对小口径管道也可安在垂直管线上。蝶式止回阀的安装位置不受限制，可以安装在水平管线上，也可以安装在垂直管线或倾斜管线上。蝶式止回阀可以做成对夹式，一般都安装在管路的两法兰之间，采用对夹连接的形式。底阀一般只安装在泵进口的垂直管线上，并且介质自下而上流动。

4.2.1.8　节流阀

节流阀是指通过改变通道面积来控制或调节介质流量与压力的阀门。节流阀在管路中主要做节流使用。节流阀通过启闭件改变通道截面积来达到调节流量和压力的目的。节流阀典型结构如图 4-9 所示。

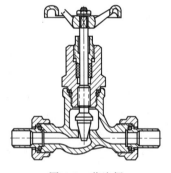

采用截止阀节流较为常见。但用改变截止阀或闸阀开启高度来做节流用是极不合适的，因为介质在节流状态下流速很高，必然会使密封面冲蚀磨损，失去切断密封作用。同样用节流阀做切断装置也是不合适的。

节流阀的外形尺寸小，重量轻，公称直径较小，一般在 25mm 以下。节流阀调节性能较盘形截止阀和针形阀好，但调节精度不高，由于流速较大，易冲蚀密封面。

图 4-9　节流阀

节流阀适用于温度较低、压力较高的介质，以及需要调节流量和压力的部位，但不适用于黏度大和含有固体颗粒的介质。

4.2.1.9　安全阀

安全阀是防止介质压力超过规定数值起安全作用的阀门。安全阀用在受压设备、容器或管路上，作为超压保护装置。当设备、容器或管路内的压力升高超过允许值时，阀门便自动开启，排放出多余介质；而当工作压力恢复到规定值时，又会自动关闭。

安全阀的种类如下。

① 根据安全阀的结构可分杠杆重锤式、弹簧式、脉冲式三种安全阀。

杠杆重锤式安全阀用杠杆和重锤来平衡阀瓣的压力。重锤式安全阀靠移动重锤的位置或改变重锤的重量来调整压力。它的优点在于结构简单；缺点是对振动较敏感，且回座性能较差。这种结构的安全阀只能用于固定的设备上，重锤的质量一般不应超过 60kg，以免操作困难。

弹簧式安全阀是利用压缩弹簧的力来平衡阀瓣的压力，并使其密封的安全阀。它的优点在于比重锤式安全阀体积小、轻便、灵敏度高，安装位置不受严格限制；缺点是作用在阀杆上的力随弹簧变形而发生变化。同时必须注意弹簧的隔热和散热问题。

脉冲式安全阀：脉冲式安全阀由连在一起的主阀和辅阀组成，通过辅阀的脉冲作用带动主阀动作。脉冲式安全阀通常用于大口径管路、大排量及高压系统。

② 根据安全阀阀瓣最大开启高度与阀座直径之比，可分为微启式和全启式两种。

微启式安全阀：阀瓣的开启高度为阀座直径的 $1/20 \sim 1/10$，即安全阀阀瓣的开启高度很小，适用于液体介质和排量不大的场合。由于液体介质是不可压缩的，少量排出即可使压力下降。

全启式安全阀：阀瓣的开启高度为阀座直径的 $1/4 \sim 1/3$。全启式安全阀是借助气体介质的膨胀冲力，使阀瓣达到足够的高度和排量。此种结构灵敏度高，使用较多，但上、下调节环的位置难于调整，使用须仔细。

③ 根据安全阀阀体构造又可分全封闭式、半封闭式和敞开式。

全封闭式安全阀：安全阀开启排放时，介质不会向外界泄漏，而全部通过排泄管排放掉。这种结构适用于易燃、易爆、有毒介质。

半封闭式安全阀：排放介质时，一部分通过排泄管排放，另一部分从阀盖与阀杆配合处向外泄漏。这种结构的安全阀适用于一般蒸汽和对环境有污染的介质。

敞开式安全阀：安全阀开启排放时，介质不引到管道或容器内，而直接由阀瓣上方排放到大气中。这种安全阀适用于对环境无污染的介质。

4.2.2　阀门选择

阀门选用十分重要。不合适的阀门会造成系统流体泄漏、产品偏离规格、停工检修、工作场所不安全以及对环境的危害。选择阀门过程中，应注意如下事项。

（1）输送介质性质　在选择阀门前，考虑一下系统输送的是什么样的流体介质？流体介质是稠是稀？是气体还是液体？是腐蚀性的还是惰性的？这些不确定的因素对系统的元件和运行都会造成影响。

比如，流体中有些物质具有极强的腐蚀性，有的相当危险，如果忽视其中的物质，比如硫化氢之类的化合物，而选择不合适的金属材料，必将缩短阀门的寿命；同时如果选用了不合适的密封机理，也很可能造成有毒物质泄漏。流体中的固体是一个不可忽视的因素，如果忽视流体中的微小凝结固体，阀门的磨损就会加剧。

（2）系统运行条件　系统运行条件，如温度和压力等是选择阀门的重要因素。比如，在高温或低温条件下，要考虑材料的选用；各元件材料的膨胀率不同，也会造成流体泄漏。塑料元件可能收缩和渗漏，或者由于吸收水和其他系统介质，从而在低温时变脆。合成橡胶也可能在低温的工作条件下变硬和破裂。不同的压力也可能影响密封能力。

例如，大流量、低压力的水和空气等介质，使用蝶阀比较方便和经济。蝶阀不仅可以作为闭路阀门，而且可以调节流量。

高压阀门，还是以截止阀，尤其是直角式截止阀为多。目前也开始用高压球阀。

（3）阀门材质　制造阀门零件的材料很多，包括各种不同牌号的黑色金属和有色金属及其合金、各种非金属材料等。制造阀门零件的材料选择不仅取决于工作介质的压力、温度、特性，还取决于零件的受力情况以及在阀门结构中所起的作用，要保证阀门安全可靠、经济合理。

① 阀体、阀盖和闸板（阀瓣）是阀门主要零件之一，直接承受介质压力，所用材料必须符合"阀门的压力与温度等级"的规定。

② 阀门密封面质量的好坏关系到阀门的使用寿命。通常密封面必须选用耐腐蚀、耐冲刷、抗磨蚀和抗氧化的材料。密封面材料通常分两大类：一是软质材料，包括橡胶（丁腈橡胶、氟橡胶等）、塑料（聚四氟乙烯、尼龙等）；二是硬质材料，包括铜合金（用于低压阀门）、铬不锈钢（用于普通高中压阀门）、司太立合金（用于高温高压阀门及强腐蚀阀门）和镍基合金（用于腐蚀性介质）。

③ 阀杆在阀门开启和关闭过程中，承受拉、压和扭转作用力，并与介质直接接触，同时和填料之间还有相对的摩擦运动，因此阀杆材料必须保证在规定温度下有足够的强度和冲击韧性，有一定的耐腐蚀性和抗擦伤性，以及良好的工艺性。常用的阀杆材料有碳素钢、合金钢、不锈耐酸钢和耐热钢等。

④ 阀杆螺母在阀门开启和关闭过程中，直接承受阀杆轴向力，因此必须具备一定的强度。同时它与阀杆是螺纹传动，要求摩擦系数小，不生锈和避免咬死现象。选用钢制阀杆螺母时，要特别注意螺纹的咬死现象。

⑤ 紧固件在阀门上直接承受压力，对防止介质外流起关键作用，因此选用的材料必须保证在使用温度下有足够的强度与冲击韧性。例如，选用合金钢材料时必须经过热处理。若对紧固件有特殊耐腐蚀要求时，可选用 Cr17Ni2、2Cr13、1Cr18Ni9 等不锈耐酸钢。

⑥ 在阀门上，填料用来充填阀盖填料室的空间，以防止介质经由阀杆和阀盖填料室空间泄漏。填料不仅能耐腐蚀、密封性好，而且摩擦系数小。常根据介质、温度和压力来选择填料。常用的材料包括油浸石棉绳、橡胶石棉绳、石墨石棉绳、聚四氟乙烯。其中聚四氟乙烯是目前使用较广的一种填料，特别适用于腐蚀性介质上，但温度不得超过 200℃，一般采用压制或棒料车制而成。

⑦ 垫片是用来充填两个结合面（如阀体和阀盖之间的密封面）间所有凹凸不平处，以防止介质从结合面间泄漏的。垫片材料在工作温度下应具有一定的弹性和塑性以及足够的强度，以保证密封，同时要具有良好的耐腐蚀性。垫片可分为软质和硬质两种。软质垫片一般为非金属材料制成，如硬纸板、橡胶、石棉橡胶板、聚四氟乙烯、柔性石墨等。硬质垫片一般为金属材料或者金属包石棉、金属与石棉缠绕等制成。金属垫片的材料一般用 08、10、20 优质碳素钢和 1Cr13、1Cr18Ni9 不锈钢，加工精度较高，适用于高温高压阀门；非金属垫片材料一般塑性较好，用不大的压力就能达到密封，适用于低温低压阀门。

（4）结构型式　阀门的结构型式各种多样，用哪种好呢？应首先了解每种类型阀门的结构特点和它的性能。阀门启闭件有四种运动方式，即闭合式、滑动式、旋转式、夹紧式，每种方式都其优缺点。各种运动方式的优缺点见表 4-2。

表 4-2　运动方式的优缺点

运动方式	阀门类型	图　示	优点	缺点
滑动式	闸阀		直流	动作缓慢、体积大

运动方式	阀门类型	图　　示	优点	缺点
闭合式	截止阀		切断和调节性能最佳	压力损失大
旋转式	旋塞阀	锥形	快速动作、直流	温度受聚四氟乙烯阀门衬套的限制,而且需要注意阀门的润滑
	球阀	球	快速动作、直流、易于操作	温度受阀座材料的限制
	蝶阀	蝶板	快速动作、切断性能良好、结构紧凑	金属密封型阀,切断时不能严密断流。弹性阀座的阀门,工作温度受阀座材料的限制
夹紧式	隔膜阀		无填料、对污液断流可靠	压力和温度受隔膜材料的限制

① 截止和开放介质用的阀门通常应选择截止后密封性能好,开启后流阻较小的阀门。流道为直通式的阀门作为截止和开放介质用最适宜。截止阀由于流道曲折、流阻比其他阀门高,故较少选用。但允许有较高流阻的场合,则选用截止阀也未尝不可。对流阻要求严格的工况可选用闸阀、全通径球阀、旋塞阀等;对于受安装位置限制,对流阻要求不严格的地方可选用蝶阀、缩径球阀等。

② 控制流量用的阀门通常选择易于调节流量的阀门,比如调节阀、节流阀。闸阀通常不用于控制流量。V 形开口的球阀和蝶阀有较好的控制流量特性,一般粗调时可以选用。对于要求流量和开启高度成正比例关系的严格场合,应选专用的调节阀。精确地调节小流量,必须采用节流阀,而截止阀和闸阀都不行。

③ 换向分流用的阀门根据换向分流需要,可有三个或更多的通道。旋塞阀和球阀较适用于这一目的。

④ 刀形平板闸阀、直流式泥浆用截止阀、球阀等阀门适用于输送含悬浮颗粒的介质。

⑤ 凡是需要双向流通的管路,都不宜使用截止阀,因为截止阀是有方向性的,倒过来会影响效能和寿命。

⑥ 压力不太高的大阀门,常做成闸阀,因为结构长度小,比较省料和便于拆装。

⑦ 使用于腐蚀介质的阀门,虽然主要是材质选择问题,但结构选择也不能忽视,例如闸阀中,暗杆双闸板式就不利于防腐蚀,明杆单闸板式则适合于防腐蚀,选型时必须注意。

⑧ 某些化工介质有析晶现象,或含有不可留存的沉淀物质,输送这类介质时,不应该

选用截止阀和闸阀（因为它们都有留存介质的角落），而应选用球阀或旋塞阀。

⑨ 阀门处于高空、远距离、高温、危险或其他不适合亲手操作的位置，应采用电动或电磁驱动。对易燃易爆部位，为防止出现火花，则应采用液动或气动。手力不及和需要快速开闭的阀门，也应采用电动、气动或液动。

（5）阀门的密封性　　阀门的密封性能是考核阀门质量优劣的重要指标之一。阀门的密封性能主要包括两个方面，即内漏和外漏。内漏是指阀座与关闭件之间介质的泄漏。外漏是指阀杆填料部位的泄漏、密封垫片部位的泄漏及阀体因铸造缺陷造成的渗漏。外漏是根本不允许的，如果介质不允许排入大气，则外漏的密封比内漏的密封更为重要。阀门的密封性能对于输送可燃、有毒、危险的流体极其重要。

因此，阀门起到密封作用是对阀门的基本要求。在选择阀门时，一定要注意阀门的密封形式，并结合各自的实际应用情况，检查阀门的密封效果。

在实际应用中，密封有多种形式，如软密封、硬密封、阀杆密封、阀体密封、面密封、线密封等。软密封使接触面容易配合，使阀门能达到极高程度的密封性，而且这种密封性可以重复达到。但软密封材料受到介质适应性及使用温度的限制。例如，软密封蝶阀密封面通常采用丁腈橡胶及三元乙丙橡胶等。阀杆的密封通常用压缩填料，使阀杆周围密封。

很多阀门使用填料密封做旋转运动的阀杆和做直线运动的阀杆，填料密封形式取决于流体的性质，有时需要加水封装置、气封装置或加中间引漏孔。对于具有危险性的流体，有时使用隔膜阀或管夹阀替代有填料函的阀门效果更好。

（6）安全性　　在选择阀门时，应检查阀门是否含有污染流体的成分。阀门直接与流体接触的部分主要是阀体内侧、密封部分等，目前许多厂家生产的阀门密封部分采用橡胶材料。丁腈橡胶（NBR）、氯丁橡胶（CR）或三元乙丙橡胶（EPDM）等常用的橡胶材料中含有防老化剂等添加剂，会污染流体。

为了保障设备或管路的安全，一般采用弹簧式安全阀。但须知，弹簧式安全阀的一种公称压力又有一个压力段，用不同弹力的弹簧来区分，选型时不但要选准公称压力，还必须选准压力段，否则阀门不灵，不能保障安全。

（7）阀门的压力损失　　阀门的压力损失对整个系统将造成巨大的影响。泵需要足够的压力把流体输送到管道中，如果阀门压力损失过大，压缩机必须超负荷工作，系统的寿命将大大缩短。

大部分阀门与被连接管道有相似的直线圆孔，但也有一些阀门的通道不是圆形的，有的阀门还是缩径的。阀门流道的形状和尺寸直接影响阀门的压力损失。

4.3　管件

管件用于管道连接、转向、汇合或分流。管件包括法兰、管托、管道的支架、吊架、弯头、三通、四通和管道补偿器等部件。

4.3.1　法兰及其选用

法兰连接是管路中最常用的连接方式。法兰连接拆装方便，密封可靠，适用的压力、温度和管径范围大。法兰的材料有钢、铝、不锈钢、硬聚氯乙烯等。常用的法兰型式有板式平焊法兰、带颈平焊法兰、带颈对焊法兰、承插焊法兰、平焊环松套板式法兰、翻边松套板式法兰、法兰盖七种，如图 4-10 所示。

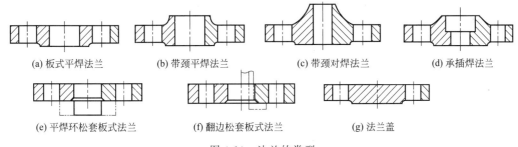

(a) 板式平焊法兰　　(b) 带颈平焊法兰　　(c) 带颈对焊法兰　　(d) 承插焊法兰

(e) 平焊环松套板式法兰　　(f) 翻边松套板式法兰　　(g) 法兰盖

图 4-10　法兰的类型

板式平焊法兰在环境工程中应用较为普遍。这种法兰由于刚度较低，在螺栓压紧力的作用下易发生变形而导致泄漏，所以仅适用于中低压容器（$PN \leqslant 1.0$MPa），并适用于有毒、易燃、易爆以及真空度要求较高的场合。

带颈平焊法兰和带颈对焊法兰不仅在法兰平板上增加了一个短颈，大大增加了法兰的刚度，而且有多种密封面，适用的压力范围较广。带颈对焊法兰由于法兰的颈较高，且与钢管的连接处采用对接焊，因而有很高的承载能力，适用压力范围更广，可用于中高压场合。

承插焊法兰在法兰和钢管之间仅有单面填角焊，承载力较差，只适用于 $DN \leqslant 50$mm 的小口径管道，且公称压力不得大于 1.0MPa。

平焊环松套板式法兰和翻边松套板式法兰是松套法兰的两种主要形式。这两种松套法兰套在管子的翻边或套环外侧，拧紧法兰的螺栓时，法兰将管子的翻边或套环压紧，使管子连接起来，承受压力时法兰力矩完全由翻边或套环来承担。该类法兰适用于具有腐蚀性介质或有色金属管道系统。

翻边松套板式法兰和平焊环松套板式法兰由于都采用平板式，因而适用于公称压力 $PN < 1.6$MPa 的场合，且前者适用的公称压力和公称直径较后者更小。

法兰盖主要用于管道端头以及人孔、手孔的封头。

选择标准法兰时，首先根据公称压力、工作温度和介质性质，选出所需法兰的类型、标准号及其材料牌号；然后根据公称压力和公称直径，按已选出的法兰标准号，确定法兰的结构尺寸和螺栓数目与尺寸。

按公称压力选择标准法兰时，应注意下列问题：

① 当选择与设备或阀件相连接的法兰时，应按设备或阀件的公称压力来选择，否则将造成所选用的法兰与设备或阀件上的法兰尺寸不相符合。

② 对气体管道上的法兰，当公称压力小于 0.25MPa 时，一般应按 0.25MPa 等级选用。

③ 对液体管道上的法兰，当公称压力小于 0.6MPa 时，一般应按 0.6MPa 等级选用。

④ 真空管道上的法兰，一般按公称压力不小于 1MPa 时的等级选用凸凹式法兰。

⑤ 易燃、易爆、有毒性和刺激性介质管道上的法兰，其公称压力等级不小于 1MPa。

4.3.2　法兰垫片及其选用

为了法兰结合面的密封，在结合面之间都置有垫片，法兰垫片是法兰连接必须使用的管件附件。在管路设计中选择法兰垫片主要是选择适合的垫片材料。垫片材料取决于管道输送介质的性质、最高工作温度和最大工作压力。法兰连接用的垫片一般分软垫片、金属垫片、石棉缠绕式垫片三类。软垫片适用于中低压管道的法兰；金属垫片适用于高压管道的法兰；石棉缠绕式垫片适用于大直径法兰，或者管道输送的介质温度和压力变化波动较大的管道上。软垫片是用整块的平板制成的，常用的有橡胶板、橡胶石棉板、耐酸石棉板和耐油橡胶板。表 4-3 列举了法兰垫片材料及其适用范围。

表 4-3　法兰用垫片材料及适用范围

垫片材料	适用介质	最高工作压力/MPa	最高工作温度/℃
橡胶	水、压缩空气、惰性气体	0.6	60
夹布橡胶板	水、压缩空气、惰性气体	1.0	60
低压橡胶石棉板	水、压缩空气、惰性气体、蒸汽、煤气	1.6	200
中压橡胶石棉板	水、CO_2、O_2、Cl_2、酸、碱稀溶液、氨等	4.0	350
高压橡胶石棉板	压缩空气、惰性气体、蒸汽、煤气	10.0	450
耐酸石棉板	有机溶液、碳氢化合物、浓无机酸(硝酸、硫酸、盐酸)、强氧化性盐溶液	0.6	50
浸渍过的石棉板	具有氧化性的气体	0.6	300
软聚氯乙烯板	水、压缩空气、酸、碱稀溶液、具有氧化性的气体	4.0	350
耐油橡胶石棉板	油品、溶剂	4.0	350
耐油橡胶板	油品、溶剂	1.0	60

4.3.3　弯头

弯头是管道中常用的管件。如图 4-11 所示，管道中安装各种不同角度（常见 90°、45°、60°等）的弯头，用于改变管道的走向和位置。弯头根据制造方法的不同，可分为冷弯弯头、热弯弯头、冲压弯头和焊接弯头等。

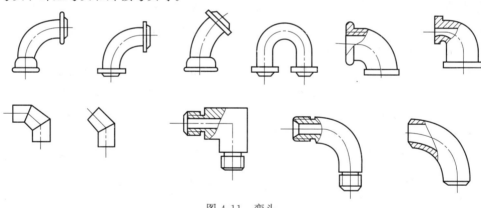

图 4-11　弯头

4.3.4　三通、四通、Y 形管

三通、四通、Y 形管是管道中常见的管件，用在有分支管的地方。图 4-12 为三通、四通、Y 形管。

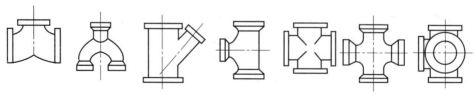

图 4-12　三通、四通、Y 形管形式

4.3.5　管托

管托主要用于圆形管道与支架间的固定连接。

4.3.6　管道支吊架

管道在环境工程中往往都要加以支撑和固定，这些支撑和固定管道的机构设施，就叫管道的支吊架。管道支吊架的功能有：

① 承受管道的自重和管道的各种附件、保温层以及管道内介质的重量；

② 对热力管道热变形进行限制和固定；

③ 减少由于管道热膨胀所引起的应力对设备、装置的推力和力矩，并防止或减缓管道的振动等。

管道支吊架设计得好坏，其结构形式选用得恰当与否，对管道的应力状况和安全运行有着很大的影响。

支架按其固定方式可分为固定支架、活动支架、导向支架、弹簧支架等。

图 4-13 为固定支架安装在墙体上的两种形式，（a）为角钢墙架通过墙体上的预埋螺栓固定在墙体上，（b）为角钢墙架通过膨胀螺栓固定在墙体上。

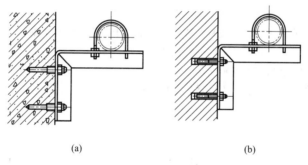

(a)　　　　　　　　　　(b)

图 4-13　固定支架

图 4-14 为活动支架安装在墙体上的两种形式，（a）为角钢墙架与墙体上的预埋件采用焊接连接，（b）为角钢墙架插入墙体上的预留孔中，然后再在孔中填入混凝土（称为"二次灌浆"）加以固定。

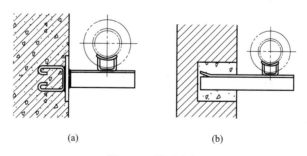

(a)　　　　　　　　　　(b)

图 4 14　活动支架

吊架主要用于室内架空管道的支撑。上端固定在建筑物的梁底或楼板底部，下端是用以固定管子的管箍，中间是可以调节长度的活动吊杆。

思考题与习题

1. 金属管、非金属管和复合管分别包括哪些种类？

2. 不锈钢管有哪些优点？试举例说明不锈钢管在环境工程中的应用。

3. 指出 PTFE、UPVC、PE、HDPE、PE-X、PP-R、PB、ABS、CPVC、PAP、PRP、PB 各表示何种管材？

4. 对比分析 UPVC 双壁波纹管、UPVC 芯层发泡管、UPVC 消音管、UPVC 螺旋缠绕管、UPVC 径向加筋管等管材的结构特点、性能及应用场合。

5. 简述 HDPE 管的性能特点及应用场合。

6. 简述交联聚乙烯管性能上的优点和应用情况。

7. 分别简述 PP-R 管、PB 管、ABS 管性能上的优点和应用情况。

8. 对比分析 UPVC 管、PP-R 管、PB 管、HDPE 管、ABS 管、PE-X 管、PAP 管、铜管以及镀锌钢管的性能特点。

9. 简述阀门型号编制方法。

10. 闸阀有哪些种类？各种类型闸阀的结构特点及适用范围如何？

11. 截止阀的构造和性能有什么特点？

12. 蝶阀的构造和性能有什么特点？

13. 简述球阀的构造和性能特点，以及选用方法。

14. 止回阀有哪些种类？各安装在管道的什么位置？

15. 选择阀门的过程中，应注意哪些事项？

16. 哪些阀门适用于在管道中调节流量？哪些阀门不适于在管道中调节流量？

17. 试比较闸阀、截止阀、蝶阀、球阀的性能特点。

18. 简述各种法兰的结构特点及其应用场合。

19. 法兰常用垫片材料有哪些？它们的适用范围如何？

第5章　大气污染控制设备

大气污染治理分为除尘、脱硫、脱硝，以及氨气、硫化氢、氟化氢、挥发性有机气体等气态污染物处理等。相应的处理技术工艺、设备种类繁多。本章重点介绍目前常用及今后重点研发的除尘设备（如袋式除尘器、电除尘器）和气态污染物净化设备的结构、特点及选用。

5.1　除尘设备

5.1.1　除尘设备的性能、分类及选择方法

5.1.1.1　除尘器性能指标

除尘器性能指标包括技术性能指标和经济性能指标，其中，前者包括含尘气体处理量、除尘效率、阻力损失，后者包括总费用（含投资费用和运转费用）、占地面积、使用寿命。上述各项指标是除尘设备选用及研发的依据。表 5-1 列举了各种除尘设备的基本性能。

表 5-1　除尘设备的分类及基本性能

类别	除尘设备型式	阻力/Pa	除尘效率/%	投资费用	运行费用
机械式除尘器	重力沉降室	50～150	40～60	少	少
	惯性除尘器	100～500	50～70	少	少
	旋风除尘器	400～1300	70～92	少	中
	多管旋风除尘器	80～15000	80～95	中	中
湿式除尘器	喷淋洗涤器	100～300	75～95	中	中
	文丘里除尘器	5000～20000	90～98	少	高
	自激式除尘器	800～2000	85～98	中	较高
	水膜式除尘器	500～1500	85～98	中	较高
过滤式除尘器	颗粒除尘器	800～2000	85～99	较高	较高
	袋式除尘器	800～2000	85～99.9	较高	较高
电除尘器	干式静电除尘器	100～200	85～99	高	少
	湿式静电除尘器	125～500	90～99	高	少

5.1.1.2　分类

从气体中去除或捕集固态、液态微粒的设备称为除尘装置或除尘器。按捕集分离尘粒的机理可将各种除尘器分为机械式除尘器、湿式除尘器、过滤式除尘器和电除尘器四大类。

（1）机械式除尘器　通常指利用质量力（重力、惯性力和离心力等）的作用而使尘粒物质与气流分离的装置，包括重力沉降室、惯性除尘器、旋风除尘器、多管旋风除尘器。

（2）湿式除尘器　是利用液滴、液膜、气泡等形式，将含尘气流中的尘粒和有害气体去除的设备。湿式除尘器的种类很多，通常情况下，耗能低的主要用于治理废气，耗能高的一般用于除尘。用于除尘的湿式除尘器主要有：喷淋洗涤器、文丘里除尘器、自激式除尘器和

水膜式除尘器。

（3）过滤式除尘器　是采用一定的过滤材料，使含尘气流通过过滤材料来达到分离气体中固体粉尘的一种高效除尘设备。目前常用的有袋式除尘器和颗粒除尘器。

（4）电除尘器　是含尘气体在通过高压电场的过程中，使尘粒荷电，并在电场力的作用下使尘粒沉积在集尘极上，将尘粒从含尘气体中分离出来的一种除尘设备。

目前，袋式除尘器、电除尘器与部分湿式除尘器是目前国内外应用较为广泛的三种高效除尘器。

由于袋式除尘器、电除尘器是我国今后重点研发的空气污染防治设备，所以本章重点介绍袋式除尘器、电除尘器的结构特点、选用及设计。

5.1.1.3　除尘器的选择

在选择除尘器的过程中，应全面考虑以下因素：

① 除尘器的除尘效率，各种除尘器对不同粒径粉尘的除尘效率见表 5-2；

② 选用的除尘器是否满足排放标准规定的排放浓度；

③ 注意粉尘的物理特性（例如黏性、比电阻、润湿性等）对除尘器性能有较大的影响，另外，不同粒径粉尘的除尘器除尘效率有很大的不同；

④ 气体的含尘浓度较高时，在静电除尘器或袋式除尘器前应设置低阻力的初净化设备，去除粗大粉尘，以使设备更好地发挥作用；

⑤ 气体温度和其他性质也是选择除尘设备时必须考虑的因素；

⑥ 所捕集粉尘的处理问题；

⑦ 设备位置，可利用的空间、环境条件等因素；

⑧ 设备的一次性投资（设备、安装和施工等）以及操作和维修费用等经济因素。

表 5-2　各种除尘器对不同粒径粉尘的除尘效率

除尘器名称	除尘效率/%			除尘器名称	除尘效率/%		
	$50\mu m$	$5\mu m$	$1\mu m$		$50\mu m$	$5\mu m$	$1\mu m$
惯性除尘器	95	26	3	干式静电除尘器	>99	99	86
中效旋风除尘器	94	27	8	湿式静电除尘器	>99	98	92
高效旋风除尘器	96	73	27	中能文丘里除尘器	约100	>99	97
冲击式湿式除尘器	98	85	38	高能文丘里除尘器	约100	>99	98
自激式湿式除尘器	约100	93	40	振打袋式除尘器	>99	>99	99
喷淋洗涤器(空塔)	99	94	55	逆喷袋式除尘器	约100	>99	99

各类除尘器特点及适用范围：

① 机械式除尘器结构装置简单，造价较低，维护较简便，可耐高温。其中，重力沉降室及惯性除尘器是应用较早的两种除尘器，除尘效率较低，一般在一些对除尘效率要求不高的场合下应用，有时也用做前级预除尘器。旋风除尘器是工业中应用较为广泛的除尘设备之一。通常情况下，旋风除尘器对 $5\mu m$ 以上的尘粒去除效率最高可达95％左右，因此常用于二级除尘系统中的预除尘、气力输送系统中的卸料分离器和小型工业锅炉的除尘。

② 湿式除尘器用水作除尘介质，除尘效率一般可达95％以上。其中，文丘里除尘器对微细粉尘除尘效率高达99％以上，但能耗高。这类除尘器可处理高温、高湿的烟气及带有一定黏性的粉尘，同时也能净化某些有害气体。其主要缺点是会产生污水，必须配备水处理

设施，以消除二次污染；还要注意设备的腐蚀问题，在寒冷地区要采取防冻措施；处理高温烟气时，会形成白雾，不利于扩散。

③ 采用纤维织物作滤料的袋式除尘器，主要用于工业尾气的除尘方面，除尘效率可达98%以上，能满足环保要求；能较好地适应排风量的波动；可回收有价值的细粒物料，这使它更具有经济价值，但初投资较高。在不断开拓新的滤料品种情况下，它在高温、高湿、高含尘浓度领域的应用还会进一步扩展。

④ 采用廉价的砂、砾、焦炭等颗粒物作为滤料的颗粒层（床）除尘器具有耐腐蚀、耐磨损的特点，能适应排风量和湿度变化的场合，除尘效率比较高，但设备体积大，清灰装置复杂，阻力也较高，当前主要用来处理高温含尘气体。

⑤ 静电除尘器已被广泛用做各种工业炉窑和火力发电站大型锅炉的除尘设备，能处理高温、高湿烟气。它的除尘效率高，可达98%以上，能满足环保要求的排放浓度；处理风量大，可达每小时数千至一两百万立方米；阻力较低，仅 $100 \sim 500Pa$，且运行能耗低。但静电除尘器结构复杂，初投资高，占地面积大，对操作、运行、维护管理要求高。

5.1.2　袋式除尘器

袋式除尘器属于过滤式除尘器，可用于净化粒径大于 $0.1\mu m$ 的含尘气体，其除尘效率一般可达99%以上，不仅性能稳定可靠，操作简单，而且所收集的干尘粒也便于回收利用。对于细小而干燥的粉尘，采用袋式除尘器净化较为适宜。袋式除尘器缺点：由于所用滤布受到温度、腐蚀性等条件的限制，只适用于净化腐蚀性小、温度低于300℃的含尘气体，不适用于黏结性强、吸湿性强的含尘气体（含有油雾、凝结水和粉尘黏度大的含尘气体）。

5.1.2.1　袋式除尘器的机理

袋式除尘主要是依靠含尘气流通过滤袋纤维时产生的筛滤、碰撞、截留、扩散、静电和重力六种效应进行净化，其中以"筛滤效应"为主。图 5-1 是袋式除尘器的结构简图。当含尘气流从下部进入圆筒形滤袋，通过滤料的孔隙时，粉尘被捕集于滤料上，透过滤料的清洁气体由排出口排出。沉积在滤料上的粉尘可以在机械振动的作用下从滤料的表面脱落，落入灰斗中。粉尘因截留、惯性碰撞、静电和扩散等作用，逐渐在滤袋表面形成粉尘层，常称为粉尘初层。初层形成后，它成为袋式除尘器的主要过滤层，提高了除尘效率。滤布仅仅起着形成粉尘初层和支撑它的骨架作用，但随着粉尘在滤布上积聚，滤袋两侧的压力差增大，会把有些已附在滤料上的细粉尘挤压过去，使除尘效率下降。

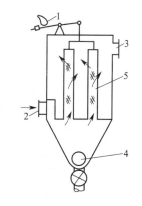

图 5-1　袋式除尘器的结构
1—振打机构；2—含尘气体进口；3—净化气体出口；4—排灰装置；5—滤袋

因此，当除尘器阻力达到一定数值后，要及时清灰。清灰不能过分，即不应破坏粉尘初层，否则会使除尘效果显著降低。

5.1.2.2　袋式除尘器的滤料与选用

滤料是袋式除尘器滤袋的材料，其特性直接影响除尘器性能（包括除尘效率、压力损失、清灰周期等）。

（1）对滤料的要求　性能良好的滤料一般应满足下列要求：

① 容尘量要大，清灰后滤布上要保留"粉尘初层"，以保证较高的滤尘效率；

② 网孔直径适中，透气性好，过滤阻力小；

③ 强度高，抗拉、抗折、耐磨、耐高温和耐腐蚀，使用寿命长；

④ 吸湿性小，容易清除黏附在滤布上的尘粒；

⑤ 制作工序简单、成本低。

上述要求很难同时满足，可根据除尘要求的重点选择滤料。

(2) 滤料的选用　按滤料材质分，有天然纤维、无机纤维和合成纤维等；按滤料结构分为滤布和毛毡两类。在选择滤料时，必须综合考虑含尘气体的特性（如温度、湿度、酸碱性、粉尘粒径及黏附性）、滤料的特点和清灰方式，同时还必须注意滤料及灰尘的带电性。

5.1.2.3　袋式除尘器的分类

袋式除尘器的结构形式很多，通常根据其特点不同进行如下分类。

(1) 按清灰方式分类　按清灰方式，袋式除尘器可分为人工清灰、机械振打清灰、逆气流反吹清灰、脉冲喷吹清灰、气环反吹清灰与联合清灰等不同种类。一般逆气流反吹与振打为间歇式，即清灰时切断气流。气环反吹和脉冲喷吹为连续式，即清灰时不切断气流，但气环反吹方式滤袋磨损快，气环箱与传动构件易发生故障，目前采用较少。脉冲喷吹清灰能力强，可以在过滤工作状态下进行清灰，允许的过滤风速也高，已成为袋式除尘器（特别是中小型袋式除尘器）的一种主要清灰方式。

(2) 按过滤方式分类　按照含尘气流通过滤袋的方式不同，袋式除尘器可以分为内滤式和外滤式两种，如图 5-2 所示。

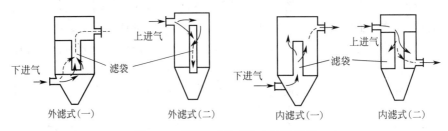

图 5-2　不同类型袋式除尘器示意图

内滤式是含尘气体由滤袋内向滤袋外流动，粉尘被分离在滤袋内。其优点是，滤袋不需要设支撑骨架，且滤袋外侧为净化后的干净气体，当处理常温和无毒烟尘时，可以不停车进行内部检修，从而改善劳动卫生条件。对于放射性粉尘的净化，一般多采用内滤式。

外滤式是含尘气体由滤袋外向滤袋内流动，粉尘被分离在滤袋外。对于外滤式除尘器，由于含尘气体由滤袋外向滤袋内流动，因此滤袋内部必须设置骨架，以防止过滤时将滤袋吸瘪。但反吹清灰时由于滤袋的胀、瘪动作频繁，滤袋与骨架之间易出现磨损，增加更换滤袋次数与维修的工作量，而且其维修也较困难。

一般来说，下进气除尘器多为内滤式，外滤式要根据清灰方式来确定。例如，采用脉冲清灰方式的圆袋型除尘器及大部分扁袋型除尘器多采用外滤式，而采用机械振打或逆气流反吹清灰的圆袋型除尘器多采用内滤式。

(3) 按进气口位置分类　根据除尘器进气口的位置不同，除尘器可以分为上进气与下进气两大类，如图 5-2 所示。采用上进气时，含尘气体与被分离的粉尘下落方向一致，能在滤袋上形成较均匀的粉尘层，过滤性能好，但配气室设在上部，使除尘器高度增加，并有积灰等现象。采用下进气方式时，粗尘粒可直接沉降于灰斗中，降低了滤袋的负荷与磨损，但由于气流方向与灰尘下落方向相反，清灰后的细尘会重新积附于滤袋表面，降低了清灰效果。

(4) 按滤袋截面形状分类　按照滤袋的截面形状可分为圆袋型和扁袋型。一般采用圆袋，并往往把许多袋子组成若干袋组。扁袋的特点是可在较小的空间布置较大的过滤面积，排列紧凑。

（5）按除尘器内的压力状态分类　按照除尘器内的压力状态分类可分为负压式除尘器和正压式除尘器。

入口含尘气体处于正压状态者称正压式。风机设置在除尘器之前，使除尘器在正压状态下工作。由于含尘气体先经过风机后才进入除尘器，对风机的磨损较严重，因此不适用于高浓度、粗颗粒、高硬度、强腐蚀性和附着性强的粉尘。

入口含尘气体处于负压状态者称负压式。风机置于除尘器之后，使除尘器在负压状态下工作，此时除尘器必须采取密封结构，由于含尘气体经净化后再进入风机，因此对风机的磨损很小。在用于处理高湿度、有毒性的气体时，除尘器本身也易采取保温措施，但这种除尘器造价较高。

从技术经济综合比较看，具备选用正压式袋式除尘器的条件时，应尽量选用正压式袋式除尘器。

袋式除尘器种类很多，我国袋式除尘器的命名原则见表 5-3。

表 5-3　袋式除尘器命名表

名称	代号	名称	代号
低频振动	LZD	往复脉动反吹	LWMF
中频振动	LZZ	低频振动反吹	LDZF
高频振动	LGZ	中频振动反吹	LZZF
分室振动	LFZ	高频振动反吹	LHZF
手动振动	LSZ	逆喷低压脉冲	LNDM
电磁振动	LDZ	逆喷高压脉冲	LNGM
气动振动	LQZ	顺喷低压脉冲	LSDM
分室二态反吹	LFEF	顺喷高压脉冲	LSGM
分室三态反吹	LFSF	对喷低压脉冲	LDDM
分室脉动反吹	LFMF	对喷高压脉冲	LDGM
气环反吹	LQF	环隙低压脉冲	LHDM
回转反吹	LHF	环隙高压脉冲	LHGM
回复反吹	LWF	分室低压脉冲	LFDM
回转脉动反吹	LHMF	长袋低压脉冲	LCDM

5.1.2.4　袋式除尘器的工作性能参数

（1）除尘效率　袋式除尘器的除尘效率通常在 99% 以上，影响除尘效率的因素主要有滤料特性（滤料织造结构）、灰尘的性质（粒径、惯性力、形状、静电荷、含湿量等）、运行参数（过滤速度、阻力、气流温度、湿度、清灰频率和强度等）和清灰方式（机械振打、反向气流、压缩空气脉冲、气环等）。在除尘器运行过程中，上述因素都是互相依存的。一般来讲，除尘效率随过滤速度增加而下降；滤料上的粉尘层越厚，粉尘负荷越高，除尘效率也就越高。

（2）处理风量 袋式除尘器的处理风量必须满足系统设计风量的要求。系风量波动时，应按最高风量选用袋式除尘器。对于高温烟气，应按其进入袋式除尘器前的实际工况温度折算出工况处理风量 Q_w，其折算方法为

$$Q_w = Q_s(273 + T)/273 \tag{5-1}$$

式中　Q_s——除尘系统所需的标况处理风量，m^3/h；

　　　　T——进入袋式除尘器的实际工况温度，℃。

（3）烟气温度 为了选用合适的袋式除尘器，烟气温度必须考虑以下两个因素：①滤料材质所允许的长期使用温度和短期最高使用温度，一般按长期使用温度选取；②为防止结露，烟气温度应保持高于露点 15~20℃。

（4）压力损失 含尘气体通过滤袋所消耗的能量，通常用压力损失表示，它是袋式除尘器的重要技术经济指标。袋式除尘器的压力损失一般包括除尘器结构阻力及滤料压力损失两部分。正常工作的袋式除尘器，其压力损失应控制在 1500~2000Pa。

压力损失决定着除尘能量消耗、除尘效率、过滤速度、进口含尘浓度和清灰的时间间隔。当处理含尘浓度低的气体时，清灰时间间隔可以适当延长；当处理含尘浓度高的气体时，清灰时间间隔应尽量缩短，但会使清灰次数增多，缩短滤袋寿命。因此，进口浓度低、清灰时间间隔短、清灰效果好的除尘器可以选用较高的过滤风速；反之，则应用较低的过滤风速。

5.1.2.5　袋式除尘器选型（或设计）的步骤

袋式除尘器的选型或设计一般按如下主要步骤进行。

（1）收集相关资料 包括净化气体特性、粉尘特性、净化指标、各种袋式除尘器的性能，特别是清灰方式等内容。

（2）选定袋式除尘器的形式、滤料及清灰方式 首先，确定除尘器的形式。应注意的事项主要有：①袋式除尘器主要用于控制粒径在 $1\mu m$ 左右的微粒，当含尘气体浓度超过 $5g/m^3$ 时，为降低除尘器的过滤负荷，最好采用二级除尘，即在袋式除尘器的前面加第一级除尘，如旋风除尘器或重力沉淀室；②不适用于净化油雾，水雾，黏结性强、湿度高的粉尘。

例如，在处理气体量不很大，净化效率要求高，且厂房面积受限制，投资、设备订货和操作管理都有条件时，可以采用脉冲喷吹袋式除尘器、逆气流与机械振打联合清灰袋式除尘器等。在处理气量大（如 $10^5 m^3/h$ 以上）时，可考虑采用逆气流清灰袋式除尘器等。对中小型企业，厂房面积不太受限制，投资、设备及维修管理都有一定困难的情况，可考虑采用简易袋式除尘器和机械振打清灰袋式除尘器等形式。

其次，选择适当的滤料。选择滤料时，应考虑含尘气体的特性（温度、湿度和腐蚀性）和技术经济指标。例如，当气体温度为 150~300℃ 时，可以选用玻璃纤维滤袋；当粉尘为纤维状时，应选用表面较光滑的尼龙滤袋等；对一般工业性粉尘，可选用涤纶绒布滤袋等。

然后，确定清灰方式。清灰方式是选型的重要依据，它受粉尘黏性、过滤速度、空气阻力、压力损失、净化效率等诸多因素共同制约，所以要依据主要制约因素确定清灰方式。

（3）确定过滤速度和过滤面积 袋式除尘器的过滤速度 v_f，是指气体通过滤料的平均速度，单位：m/min。过滤速度（也称过滤风速）的大小是决定除尘器性能和经济性的重要指标，可按下式计算

$$v_f = \frac{Q}{60A} \tag{5-2}$$

式中　v_f——过滤速度，m/min；

　　　Q——袋式除尘器处理风量，m^3/h；

　　　A——过滤面积，m^2。

反过来，当过滤速度确定后，则过滤面积即可确定。

过滤速度 v_f 过高会使积于滤料上的粉尘层压实，阻力急剧增加。由于滤料两侧的压差增加，使粉尘颗粒渗入滤料内部，甚至透过滤料，致使出口含尘浓度增加。这种现象在滤料刚清完灰后更为明显。若过滤速度过高，会导致滤料上迅速形成粉尘层，引起过于频繁的清灰，缩短滤袋使用寿命；过滤速度较低，则阻力低，效率高；但若过滤速度过低，则需过滤面积过大，需要过大的设备，设备费用增加，同时设备占地面积也大。因此，需综合考虑粉尘特性、入口含尘浓度、烟气温度、滤料特性、清灰方式及设备阻力等因素，确定过滤速度。

（4）除尘器选择或设计　采用定型产品，根据处理气体量 Q 和总过滤面积 A 即可选定除尘器的型号规格。如果需要自行设计，可按下列步骤进行。

① 确定滤袋尺寸，即确定直径 D 和高度 L。滤袋直径一般取 $D=100\sim600mm$，通常选择 $D=200\sim300mm$。尽量使用同一规格，以便检修更换。滤袋高度对除尘效率和压力损失几乎无影响，一般取 $2\sim6m$。

② 计算每只滤袋的面积 a。

$$a = \pi D L \tag{5-3}$$

③ 计算滤袋数 n

$$n = A/a \tag{5-4}$$

④ 滤袋的布置及吊挂固定。需要滤袋数较多时，可根据清灰方式及运行条件将滤袋分成若干组，每组内相邻的两滤袋间距一般取 $50\sim70mm$。组与组之间以及滤袋与外壳之间的距离，应考虑更换滤袋和检修的需要。滤袋的固定和拉紧方法对其使用寿命影响很大，要考虑到换袋、维修、调节方便，防止固紧处磨损、断裂等。

⑤ 壳体设计。包括除尘器箱体，进、排气风管形式，灰斗结构，检修孔及操作平台等。

⑥ 粉尘清灰机构的设计和清灰制度的确定。

⑦ 粉尘输送、回收及综合利用系统的设计，包括回收有用粉料和防止粉尘再次飞扬。

（5）估算除尘器的除尘效率、压力损失，确定过滤和清灰循环周期　过滤周期的长短应根据压力损失和流量的变化确定，其随着滤料上粉尘层的不断增加而发生变化，这些都与除尘系统采用的风机的特性和总能耗有关。

5.1.2.6　几种常用的袋式除尘器

清灰是袋式除尘器运行中十分重要的一环，实际上许多袋式除尘器都是按清灰方式命名和分类的。在此扼要介绍几种常用的袋式除尘器的结构、工作原理、性能特点及选型。

（1）脉冲袋式除尘器　脉冲袋式除尘器是一种周期性地向滤袋内或滤袋外喷吹压缩空气来达到清除滤袋上积尘的袋式除尘器。它具有处理风量大、除尘效率高、滤袋使用期长的特点，因而应用广泛。但这种除尘器结构复杂，投资较大。

① 脉冲袋式除尘器的结构　如图 5-3 所示，脉冲袋式除尘器的主体包括上部箱体（喷吹箱）、中部箱体（滤尘箱）和下部箱体（集尘斗）三部分。上部箱体装有喷吹管 8 和把压

缩空气引进滤袋的文氏管 4，并附有压缩空气包 9、脉冲阀 10、控制阀 11 以及净化气体出口 6；中部箱体装有滤袋 3 和滤袋支架框架 7；下部箱体装有排灰装置 14 和脉冲阀 10，脉冲控制仪 12 装在机体外壳上。

脉冲袋式除尘器用脉冲阀作为喷吹气源开关，先由控制仪输出信号，通过控制阀实现脉冲喷吹。常用的脉冲阀为 QMF-100 型。根据控制仪表的不同，控制阀有电磁阀、气动阀和机控阀三种。

② 脉冲袋式除尘器的收尘机理 脉冲袋式除尘器收尘机理如图 5-3 所示。含尘气体由外往里通过滤袋，把尘粒阻隔在滤袋外表面，气体得到净化。处理后的空气经过喇叭形的文氏管 4 进入上部箱体 5，最后从排气口 6 排走。滤袋用框架 7 固定在文氏管上。

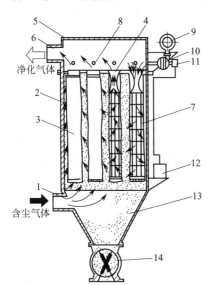

图 5-3 脉冲袋式除尘器结构

1—进口；2—中部箱体；3—滤袋；
4—文氏管；5—上部箱体；6—排气口；
7—框架；8—喷吹管；9—空气包；
10—脉冲阀；11—控制阀；12—脉冲
控制仪；13—集尘斗；14—泄尘阀

在每排滤袋上部均装有一根喷吹管 8，喷吹管上有直径为 6.4mm 的小孔与滤袋相对应。喷吹管前装有与压缩空气相连的脉冲阀 10。由脉冲控制仪 12 不断发出短促的脉冲信号，通过控制阀 11 按程序触发每个脉冲阀。当脉冲阀开启时，与它相连的喷吹管 8 就和压缩空气包 9 相通，高压空气从喷吹孔以极高的速度吹出。在高速气流的引射作用下，诱导几倍于喷气量的空气进入文氏管，吹到滤袋内，使滤袋急剧膨胀，引起冲击振动。在这一刹那的时间内产生一股由里向外的气流，使黏附在滤袋外表面上的粉尘吹扫下来，落进下部集尘斗 13 内，最后经泄尘阀 14 排出。

③ 脉冲袋式除尘器的性能 脉冲袋式除尘器的基本技术性能如下：

a. 比负荷为 $120\sim240$ $m^3/(m^2\cdot h)$ 〔一般取 $180m^3/(m^2\cdot h)$〕，表示过滤速度为 $2\sim4m/min$。

b. 阻力与过滤速度、含尘气体浓度、粉尘性质和滤袋材质有关，通常控制在 $980\sim1180Pa$。喷气压力为 $988\sim686kPa$。

c. 效率。工业涤纶 208 制作的滤袋，除尘效率可达 99.6%；工业毛毡（厚度为 $1.5\sim2mm$）制作的滤袋，除尘效率可达 99.9%。

d. 初始含尘浓度一般为 $3\sim5g/m^3$。

e. 空气的总耗气量按下式计算

$$Q=\frac{0.06q'n\alpha}{T} \tag{5-5}$$

式中 q'——喷吹空气量，$2\sim3L/(次\cdot袋)$；

n——滤袋总数；

T——喷吹周期，s，一般为 $1.2\sim1.5s$；

α——安全系数，可取 $1.2\sim1.5$。

④ 脉冲袋式除尘器的选用 脉冲袋式除尘器有定型产品，选择脉冲袋式除尘器的规格时，首先应确定比负荷，然后根据总处理风量计算出过滤面积，并据此选择除尘器。

脉冲袋式除尘器的比负荷与喷吹压力、脉冲宽度、喷吹周期以及尘粒性质、含尘气体浓度诸因素有关。一般情况下，主要取决于含尘气体初始浓度。比负荷可按表 5-4 选取。

表 5-4　根据初始含尘浓度确定比负荷

初始含尘浓度 $c/(g/m^3)$	≤11	≤8	≤15	≤5	≤3
比负荷/[$m^3/(m^2 \cdot h)$]	120	150	180	210	240

常用的脉冲袋除尘器型式有 MC 型、LSB 型、LDB 型和 BMC 型。按照脉冲喷吹方向与过滤气流的方向不同，脉冲袋式除尘器可分为逆喷式（MC 型）、顺喷式（LSB 型）和对喷式（LDB 型）三种；按照滤袋型式的不同，又有扁袋脉冲除尘器（BMC 型）。

MC 型脉冲袋式除尘器有 MC-Ⅰ型和 MC-Ⅱ型两种。MC-Ⅰ型脉冲袋式除尘器喷吹压力为 0.5～0.7MPa，结构特点是上锅盖式。MC-Ⅱ型脉冲袋式除尘器是 MC-Ⅰ型的改进型，采用了新型的脉冲阀，喷吹压力达到 0.4MPa 即可达到清灰目的，并使控制系统及滤袋寿命延长一倍以上。表 5-5 列出多种 MC 型脉冲袋式除尘器的主要技术数据，供选型用。该类除尘器有电控、气控及机控三种控制方式，滤袋直径为 120mm，滤袋长度为 2000mm，允许气体含尘浓度为 3～15g/m³，比负荷为 18～24m³/(m² · h)，喷吹压力为 6～7kgf/cm²（1kgf/cm²＝98.0665kPa，下同），脉冲喷吹周期为 30～60s，脉冲喷吹时间（即脉冲宽度）为 0.1s。

表 5-5　MC 型脉冲袋式除尘器性能表

技术性能	型　号							
	MC24-Ⅰ型	MC36-Ⅰ型	MC48-Ⅰ型	MC60-Ⅰ型	MC72-Ⅰ型	MC84-Ⅰ型	MC96-Ⅰ型	MC120-Ⅰ型
过滤面积/m²	18	27	36	45	54	63	72	90
滤袋数量/条	24	36	48	60	72	84	96	120
滤袋规格（直径×长度）/mm	ϕ120×2000	ϕ120×2000	ϕ120×2000	ϕ120×2000	ϕ120×2000	ϕ120×2000	ϕ120×2000	ϕ120×2000
设备阻力 ΔH/毫米水柱	120～150	120～150	120～150	120～150	120～150	120～150	120～150	120～150
除尘效率 η/%	99.0～99.5	99.0～99.5	99.0～99.5	99.0～99.5	99.0～99.5	99.0～99.5	99.0～99.5	99.0～99.5
入口含尘浓度 c/(g/m³)	3～15	3～15	3～15	3～15	3～15	3～15	3～15	3～15
比负荷 q/[m³/(m² · h)]	120～240	120～240	120～240	120～240	120～240	120～240	120～240	120～240
处理风量 L/(m³/h)	2160～4300	3250～6480	4320～8630	5400～10800	6450～12900	7530～15100	9650～17300	10800～20800
脉冲阀数量/个	4	6	8	10	12	14	16	20
脉冲控制仪表	电控或气控	电控或气控	电控或气控	电控或气控	电控或气控	电控或气控	电控或气控	电控或气控
最大外形尺寸（长×宽×高)/mm	1025×1678×3660	1025×1678×3660	1025×1678×3660	1025×1678×3660	1025×1678×3660	1025×1678×3660	1025×1678×3660	1025×1678×3660
设备质量/kg	850	1116.8	1258.7	1572.66	1776.65	2028.88	2181.25	2610

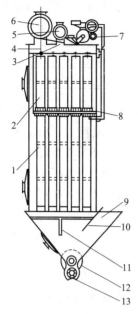

图 5-4　ZX 型机械振打袋式除尘器

1—过滤室；2—滤袋；3—回气管阀；4—排气管阀；
5—回气管；6—排气管；7—振打装置；8—框架；
9—进气口；10—隔气板；11—电热器；
12—螺旋输送机；13—星形阀

【例 5-1】　某滑石粉厂除尘系统抽风量为 6000m³/h，初始含尘浓度为 6～7kg/m³，选择脉冲袋式除尘器型号。

【解】　根据初始含尘浓度，由表 5-4 确定比负荷 q 为 150m³/(m²·h)。

所需滤袋面积 $F = Q/q = 6000/150 = 40m^2$。

按表 5-5 选 MC60-Ⅰ型电控脉冲袋式除尘器。

（2）机械振打袋式除尘器　采用机械传动装置周期性振打滤袋，以清除滤袋上粉尘的除尘器称为机械振打袋式除尘器。按振打部位的不同，可分为顶部振打袋式除尘器（LD 型）和中部振打袋式除尘器（ZX 型）。中部振打方式清灰比顶部振打方式清灰结构简单，维修方便，而且顶部振打方式清灰极易损坏玻璃纤维滤袋，因此，机械振打袋式除尘器一般采用中部振打方式。

如图 5-4 所示的 ZX 型机械振打袋式除尘器采用中部振打方式清灰。

① ZX 型机械振打袋式除尘器的除尘机理　含尘气体由进气口经隔气板进入过滤室，过滤室根据不同规格，分成 2～9 个分室，每个分室根据不同规格，有 1～4 个滤袋，含尘气体经滤袋净化后由排气管排出。经一定的过滤周期，振打装置将排气管阀关闭而把回气管阀打开，同时振动框架，滤袋随着框架振动而抖动。由于滤袋的抖动和回气管中的回气，附着在滤袋上的粉尘被清除并落入灰斗，由螺旋输送机和星形阀排出。为了适应低气温或气体湿度大时使用，还装有电热器。振打清灰各室轮流进行，整个除尘器为连续操作。

② ZX 型机械振打袋式除尘器的性能　ZX 型机械振打袋式除尘器技术性能见表 5-6。

表 5-6　ZX 型机械振打袋式除尘器性能表

气体含尘浓度/(g/m³)	气速/[m³/(m²·min)]				
	0.8	1.25	1.5	2	2.5
	平均压力损失/Pa(mmH₂O)				
<10	108(11)	245(25)	441(45)	588(60)	980(100)
150～300	470(48)	1078(110)	1862(190)	—	—

（3）气环反吹袋式除尘器　气环反吹袋式除尘器是以高速气体通过气环反吹滤袋的方法达到清灰目的的袋式除尘器。它适用于高浓度和较潮湿的粉尘，也能适应空气中含有水汽的场合，但滤袋极易磨损。

① 结构与收尘原理　气环反吹袋式除尘器的结构如图 5-5 所示。工作时含尘气体由进气口进入上部箱体，然后进入滤袋，净化后的气体通过滤袋进入中部箱体，由下花板两侧的开口至下部箱体，经出气口排出。粉尘被截留在滤袋的内表面，这些粉尘被气环管喷出的高压空气吹落在灰斗中，经排灰阀排出。气环箱由反吹气管与气源相通，由传动装置（见图

5-6）带动，沿着滤袋上下往复运动，运动速度为 7.8m/min。当气环箱从上向下移动时，气环管上的 0.5～0.6mm 环状狭缝向滤袋内喷吹（见图 5-7），滤袋受到空气喷吹，附着在滤袋内表面的粗尘顺着自上而下的气流落下，滤袋得到净化。

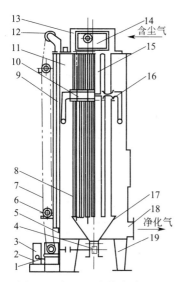

图 5-5　气环反吹袋式除尘器

1—齿轮组；2—减速机；3—传动装置；4—排灰阀；
5—下部箱体；6—链轮；7—滤条；8—滤袋；9—反吹
气管；10—气环箱；11—中部箱体；12—滑轮组；
13—上部箱体；14—进气口；15—钢绳；16—链轮；
17—灰斗；18—出气口；19—支腿

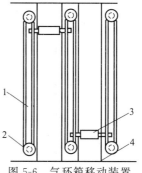

图 5-6　气环箱移动装置
1—链条；2—链轮；3—气环箱；
4—导引钢丝绳

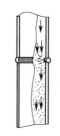

图 5-7　气环吹气

如含尘气体浓度较高，可采用较高压力的反吹空气；当处理较湿的和较黏的粉尘时，反吹空气可预热至 40～50℃，以提高清灰效果。喷吹用的高压空气一般采用专门配套的 12-10 型双级高压离心鼓风机，也可采用 8-18-11 型 No.5 高压离心鼓风机。

②　技术性能　气环反吹袋式除尘器的小型试验技术性能见表 5-7。由表可见，过滤气速的增加将使除尘效率稍有下降，但均在 95.5% 以上。除尘效率基本上不随除尘工况的改变而变化。过滤气速为 6m/min 时，反吹压力使用 450mmH₂O，进口气体允许含尘浓度可达到 6.5g/m³，即使使用反吹压力 350mmH₂O，进口气体允许含尘浓度也可达到 2.6g/m³。而在一般除尘中，进口气体含尘浓度均在 5g/m³ 以下，以 1～3g/m³ 为多见。过滤气速一般取 4～6m/min。

反吹压力主要与过滤气速和气体含尘浓度有关。由表 5-7 可见，过滤气速为 6m/min 时，使用 2.5kPa 的反吹压力将无法清灰，但当过滤气速为 2m/min 时，使用 2.5kPa 的反吹压力则可允许气体含尘浓度达 25g/m³。过高的反吹压力，对除尘效率提高不多，而引起动力消耗显著增加。一般，反吹压力采用 3.5～4.5kPa。

反吹气量随过滤气速的增加而减少，并随反吹压力的增高而增加。为提高除尘效率，节约反吹气量，一般应选取较高的过滤气速，反吹气量可取处理气量的 8%～10%。

过滤压力损失应小于 2kPa、大于 0.25kPa，一般选用 0.76～1.27kPa。过滤压力损失大于 2kPa，滤袋会因受到过大的张力而影响使用寿命。过滤压力损失小于 0.25kPa 时，则可令滤袋的张力不够，滤袋不能充分鼓起来紧靠吹气环，从而降低清灰效果。

表 5-7　气环反吹袋式除尘器的小型试验技术性能

过滤气速 /(m/min)	比负荷 /[m³/(m²·h)]	反吹压力 /(mmH₂O)	反吹气量百分比/%	进口气体允许最大浓度/(g/m³)	除尘压力损失 /(mmH₂O)	除尘效率/%
2	120	250	10.0	25	120	99.89
		350	15.5	55	120	99.90
		450	—	68	120	99.89
		600	—	70	120	99.85
3	180	250	8.0	16	120	99.80
		350	9.2	24	120	99.90
		450	15.5	28	120	99.79
		600	8.5	35	120	99.85
4	240	250	6.0	6.4	120	99.70
		350	8.7	10.0	120	99.80
		450	11.3	16.0	120	99.60
		600	9.8	20.5	120	99.90
5	300	250	4.7	4.0	120	99.50
		350	7.2	7.5	120	99.70
		450	8.6	11.5	120	99.60
		600	8.9	14.5	120	99.89
6	360	250	—	—	—	—
		350	4.3	2.6	120	99.50
		450	5.2	6.5	120	99.50
		600	7.5	7.5	120	99.85

　　（4）扁袋脉冲袋式除尘器　扁袋脉冲袋式除尘器是在圆袋脉冲袋式除尘器的基础上发展起来的一种新型除尘设备。其结构见图 5-8。含尘气体由顶部进入尘气室，在导流板的作用下，含尘气体由上而下流向滤袋，净化后的气体经过设在滤袋一侧的文氏管进入净气室，汇集后经排气管排出。粉尘积附于扁袋的外表面，灰斗底部装有螺旋输送机、卸灰阀，以排出被清落的粉尘。除尘器沿垂直方向每 2～4 层滤袋共用一根喷吹管，由气动控制程序控制清灰。

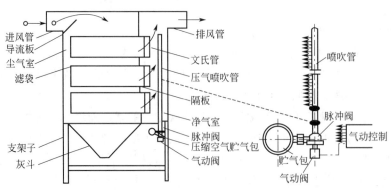

图 5-8　扁袋脉冲袋式除尘器结构

该设备具有以下特点：

① 采用扁袋结构能充分利用箱体的空间，在同样尺寸的箱体内，扁袋比圆袋有更大的过滤面积，因而设备结构更紧凑，体积更小，便于在室内或狭小场地安装使用，提高了工艺设计排布的灵活性。

② 箱体内的气流方向是自上而下，有利于粉尘的沉降。

③ 滤袋由侧面抽出，可在除尘器外面更换滤袋，有利于层高较低的厂房内安装。

5.1.3　电除尘器

电除尘是利用静电力将气体中的悬浮粒子分离出来的一种技术，可用于烟气除尘净化和有用尘粒物质回收。电除尘装置对 $1 \sim 2\mu m$ 细微粉尘捕集效率高达 99% 以上；压力损失仅为 $200 \sim 500 Pa$；处理烟气量大，处理能力可达 $1 \times 10^5 \sim 1 \times 10^6 m^3/h$；能耗低，一般 $0.2 \sim 0.4 W/m^3$；能在高温或强腐蚀性气体下操作，正常操作温度高达 $400℃$。但其一次性投资费用高，占地面积大，不宜直接净化高浓度含尘气体，结构复杂，安装、维护管理要求严格。

电除尘器是我国今后重点发展的除尘设备。

5.1.3.1　电除尘器的除尘机理

电除尘器利用气体电离使尘粒荷电，在电场力的作用下，荷电的尘粒在电场内迁移并被捕集，再将捕集物从集尘表面上清除，尘粒得以从烟气中分离并被收集，这是利用静电力实现粒子与气流分离的一种除尘装置。

如图 5-9 所示，电除尘器的电晕极（又称阴极或放电极）和集尘极（又称阳极或收尘极）接于高压直流电源，维持一个足以使气体电离的静电场。通常用细线作电晕极，用薄板或薄壁管作集尘极。电除尘器工作涉及电晕放电、气体电离、粒子荷电、荷电粒子的迁移和捕集、清灰等过程，粒子荷电、荷电粒子的迁移和捕集、清灰是其中的三个基本过程。

5.1.3.2　电除尘器的结构组成

无论哪种类型的电除尘器，其结构一般都由图 5-10 所示的几部分组成。

下面重点介绍电晕极、集尘极、气流均布装置、外壳。

（1）电晕极　电晕极系统由电晕线、电晕极框架、框架吊杆、支撑绝缘套管及电晕极振打装置等组成。电晕线是产生电晕放电的主要部件，其性能好坏直接影响除尘器的性能。对电晕线的一般要求是：起晕电压低，发电强度高，电晕电流大，机械强度高、刚性好、不易变形、耐腐蚀，能维持准确的极距，易清灰。

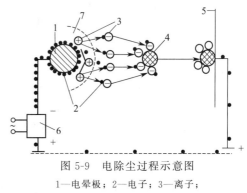

图 5-9　电除尘过程示意图
1—电晕极；2—电子；3—离子；
4—粒子；5—集尘极；6—供电
装置；7—电晕区

电晕极型式很多，目前常用的有直径 3mm 左右的圆形线、星形线、锯齿线、芒刺线、麻花线等，见图 5-11。其中，管形芒刺线是目前国内应用最广泛的极线。该极线制造容易、质量轻，材料采用普通碳素钢，成本低，安装也较方便。

电晕线的固定方式目前有重锤悬吊式、框架式、桅杆式三种方式，如图 5-12 所示。

图 5-12（a）所示为重锤悬吊式，电晕线在上部固定后，下部用重锤拉紧，以保证电晕线处于平衡的伸直状态，设于下部的固定导向装置可以防止电晕线摆动，保持电晕极与集尘极之间的距离。

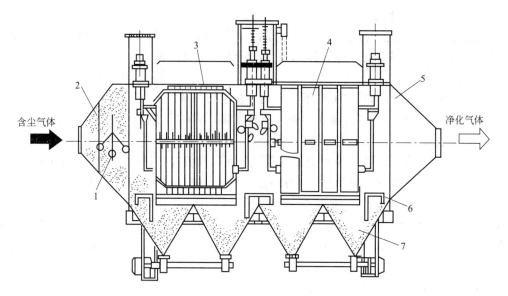

含尘气体

净化气体

图 5-10　卧式电除尘器示意图

1—振打清灰装置；2—均流板；3—电晕极；

4—集尘极；5—外壳；6—检修平台；7—灰斗

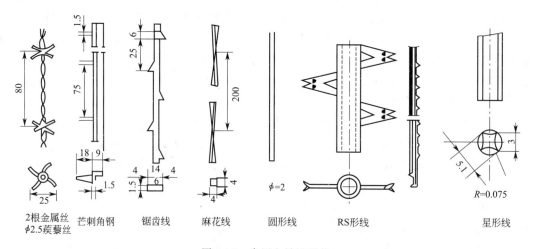

2根金属丝　芒刺角钢　锯齿线　麻花线　圆形线　RS形线　星形线
φ2.5蒺藜丝

图 5-11　常用电晕极形状

　　图 5-12（b）所示为框架式，首先用钢管支撑框架，然后将电晕极绷紧布置于框架上。如果框架高度尺寸较大，则需每隔大约 0.6～1.5m 增设一横杆，以增加框架的整体刚性。当电场强度很高时，可将框架做成双层，各自采用独立的支架和振打机构。这种方式工作可靠，断线少，采用较多。

　　图 5-12（c）所示为桅杆式，以中间的主立杆作为支撑，在两侧各绷以 1～2 根电晕线，在高度方向通过横杆分隔出 1.5m 长的间隔。这种方式与框架式相似，但金属材料较节省。相邻电晕线之间的距离（即极距）对放电强度影响较大，极距太大会减弱放电强度，极距太小会因屏蔽作用使放电强度降低，一般极距为 200～300mm，其具体值需根据集尘极板形式和尺寸等配置情况而定。

　　（2）集尘极　集尘极系统是由集尘极板、上部悬挂装置及下部振打杆等部件组成。集尘电极的结构对粉尘的二次扬起、金属消耗量（占总耗量的 40%～50%）和造价有很大影响。对集尘极的一般要求是：振打时粉尘的二次扬起少；单位集尘面积消耗金属量低；极板高度较大时，应有一定的刚性，不易变形；振打时易于清灰，造价低。

电除尘器的集尘极从形式来看，主要有管式和板式两大类。

小型管式集尘极为直径约 15cm、长 3m 左右的圆管，大型管式集尘极直径可加大到 40cm，长 6m。每个除尘器所含集尘管数目少则几个，多则可达 100 个以上。板式集尘极常用平板形、鱼鳞形、波浪形、Z 形、C 形等几种形式。

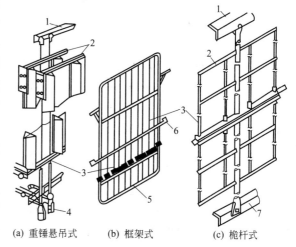

图 5-12　电晕线固定方式示意图

1—顶部梁；2—横杆；3—电晕线；4—重锤；
5—阴极框架；6—振打砧；7—下部梁

极板通常采用普通碳素钢 Q235A、优质碳素钢等制造。用于净化腐蚀性气体时，应选用不锈钢。为了抑制粉尘二次扬起，要在极板上加工出防风沟和挡板，流体流速 1m/s 左右，防风沟宽度与板宽 B 之比控制为 1：10。极板两侧设置的沟槽和挡板，既能加强板的刚性，又能防止气流直接冲刷板的表面，从而降低了二次扬起。极板之间间距对电除尘器的电场性能和除尘效率影响较大，间距太小（200mm 以下）时，电压升不高，会影响除尘效率；间距太大（400mm 以上）时，电压升高又受到变压器、整流器容许电压的限制。因此一般在采用 60～72kV 变压器时，极板间距取 0.2～0.4m，且集尘极板长一般为 10～20m，高 10～15m。处理气量 1000m³/s 以上，效率高达 99.5% 的大型电除尘器含有上百对极板。

近年来，板式电除尘器一个引人注目的变化是发展宽间距超高压电除尘器。宽间距超高压电除尘器制作、安装、维修等较为方便，而且设备小，能耗也低。

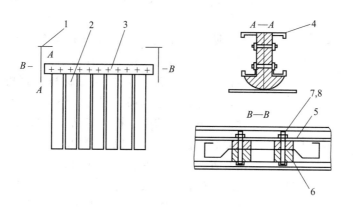

图 5-13　紧固型悬挂方式

1—壳体顶梁；2—极板；3—C 形悬挂梁；4—支承座；
5—凸套；6—凹套；7—螺栓；8—螺母

　　板式电除尘器的集尘板垂直安装，电晕极置于相邻的两板之间。其固定形式如图5-13所示。极板伸入两槽钢中间，在极板与槽钢之间的衬垫支撑块，在紧固螺栓时能将极板紧紧压住。

　　（3）气流分布装置　电除尘器内气流分布对除尘效率有较大影响，对气流分布装置的要求是分布均匀性好、阻力损失小。为了减少涡流，保证气流分布均匀，在进出口处应设变径管道（渐扩管和渐缩管），进口变径管内应设2～3层气流分布板；出口的渐缩管处设置一层气流分布板。相邻气流分布板的间距为板高的0.15～0.2倍，二者之间装设锤击振打清灰装置。

　　最常见的气流分布板有多孔板式、格板式、垂直偏转板式、垂直折板式、槽形钢式、栏杆式和百叶式等结构，如图5-14所示。其中，多孔板因其结构简单，易于制造，使用最为广泛。多孔板通常采用厚度为3～3.5mm的钢板制作，圆孔直径为30～50mm，开孔率为25%～50%，具体需要通过试验确定。

(a) 格板式　(b) 多孔板式　(c) 垂直偏转板式　(d) 锯齿形　(e) X型孔板式　(f) 垂直折板式

图5-14　气流分布板的结构型式

　　电除尘器正式投入运行前，必须进行测试、调整，检查气流分布是否均匀，对气流分布的具体要求是：任何一点的流速不得超过该断面平均流速的±40%；在任何一个测定断面上，85%以上测点的流速与平均流速不得相差±25%。

　　（4）外壳　静电除尘器外壳是密封烟气、支承全部内件质量及外部附加载荷的结构件。外壳的作用：引导烟气通过电场，支承阴、阳极和振打设备，形成一个与外界环境隔离的独立的收尘空间。

　　为了减少烟气泄漏，外壳必须密封。若漏风量大，不但风机负荷加大，也会因电场风速提高使除尘效率降低。在处理高湿烟气时，冷空气的漏入会使局部烟气温度降至露点以下，导致除尘器构件积灰和腐蚀。

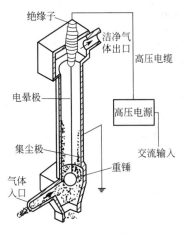

图5-15　管式电除尘器

　　除尘器外壳材料要视处理烟气的性质和操作温度而定。电除尘器的外壳一般有砖结构、钢筋混凝土结构和钢结构。外壳上部安装绝缘瓷瓶和振打机构，下部为集灰斗，中部为收尘电场。同时，外壳需敷设保温层，以防止含尘气体冷凝结露、粉尘集结于电极或腐蚀钢板。灰斗内表面必须保持光滑，以免滞留粉尘。电除尘器灰斗下设排灰装置，较常用的有螺旋输送机、仓式泵、回转下料器和链式输送机。排灰装置应不漏风，工作可靠。

5.1.3.3　电除尘器的分类及选用

　　根据不同的特点，电除尘器可分成不同的类型。

　　（1）根据集尘极的结构型式划分

　　① 管式电除尘器　如图5-15所示，管式电除尘器是

将电晕极线放置在金属圆管的轴线位置上，圆管内壁成为集尘极的表面。圆管的内径通常为
150～300mm，长 2～5m。在管的中心放置的、电晕极和集尘极的极间距（异极间距）均相
等，电场强度的变化较均匀，具有较高的电场强度。通常采用多排圆管并列结构，以提高除
尘器的处理量。含尘气体从管的下方进入管内，净化后的气体从顶部排出。由于单根圆管通
过的气体量很小，通常是用多管并列，多管管式电除尘器的电晕线分别悬吊在每根单管的中
心。由于含尘气体从管的下方进入管内，往上运动，故仅适用于立式电除尘器。

管式电除尘器一般只适用于气体量较小的情况，通常采用湿式清灰。

② 板式电除尘器　如图 5-16 所示，板式电除尘器是在一系列平行的通道间设置电晕
极。两平行的集尘极之间的距离一般为 200～400mm；通道数由几个到几十个，甚至上百
个，高度为 2～12m，甚至达 15m。除尘器长度可根据对除尘效率的要求确定。

板式电除尘器由于几何尺寸很灵活，可做成大小不同的各种规格，是工业中最广泛采用
的形式，绝大多数情况下用干式清灰。

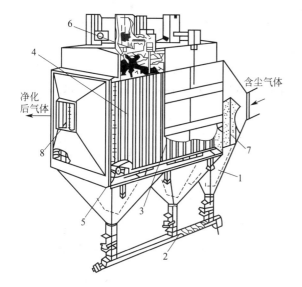

图 5-16　板式电除尘器示意图

1—下灰斗；2—螺旋除灰机；3—电晕极；
4—集尘极；5—集尘极振打清灰装置；
6—放电极振打清灰装置；7—进气气
流分布板；8—出气气流分布板

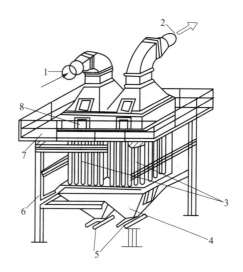

图 5-17　立式多管电除尘器结构示意图

1—含尘气体入口；2—净化气体出口；3—管
状电除尘器；4—灰斗；5—排灰口；
6—支架；7—平台；8—人孔

（2）根据气体流向划分　可分为立式电除尘器和卧式电除尘器。

① 立式电除尘器　在这种电除尘器内，含尘气体从下往上垂直流动。管式电除尘器多
为立式电除尘器，图 5-17 为立式多管电除尘器的结构图。它占地面积小，但高度较大，检
修不方便，气体分布不易均匀，捕集到的粉尘容易产生二次扬起。气体出口可设在顶部。通
常规格较小，处理气量小，适宜在粉尘性质便于被捕集的情况下使用。

② 卧式电除尘器　气体在电除尘器内沿水平方向流动，可按生产需要适当增加或减少
电场的数目。其特点是分电场供电，避免各电场间互相干扰，有利于提高除尘效率；便于分
别回收不同成分、不同粒度的粉尘，达到分类捕集的作用；容易保证气流沿电场断面均匀分
布；由于粉尘下落的运动方向与气流运动方向垂直，粉尘二次扬起比立式电除尘器要少；设

备高度较低，安装、维护方便；适于负压操作，对风机的寿命及劳动条件均有利。但其占地面积较大，基建投资较高。

立式电除尘器由于受到高度的限制，在要求除尘效率高而希望增加电场长度时，就不如卧式灵活；而且在检修方面，卧式除尘器也较立式方便；当烟气或尘粒有爆炸危险时，可考虑采用立式电除尘器，因其上部是敞开的，爆炸时不致发生很大的损害。

（3）根据清灰方式划分　可分为干式电除尘器和湿式电除尘器。

① 干式电除尘器　对于干式电除尘器，粉尘呈干燥状态，操作温度一般高于被处理气体露点 20～30℃，可达 350～450℃，甚至更高；可采用机械、电磁、压缩空气等振打装置清灰。其常用于收集经济价值较高的粉尘。

② 湿式电除尘器　对于湿式电除尘器，粉尘为泥浆状，操作温度较低，一般含尘气体都需要进行降温处理，在温度降至 40～70℃后再进入电除尘器，设备需采取防腐蚀措施。一般采用喷水或淋水、溢流等方式在集尘极表面形成水膜，将黏附其上的粉尘带走，由于水膜的作用避免了粉尘的再飞扬，除尘效率很高，适用于气体净化或收集无经济价值的粉尘。另外，由于水对被处理气体的冷却作用，使气量减少。若气体中有一氧化碳等易爆气体，用湿式电除尘器可减少爆炸危险。

（4）根据电极在电除尘器内的配置位置划分　根据粉尘在电除尘器内的荷电过程和捕集过程是否分离，可将电除尘器分为单区电除尘器和双区电除尘器，图 5-18 为单区和双区电除尘器的尘粒荷电和分离示意图。

① 单区电除尘器　单区电除尘器的电晕极和集尘极都装在一个区域内，含尘气体尘粒的荷电和积尘在同一个区域中进行。常见的两种单区电除尘器如图 5-19 所示。其通常应用于工业除尘和烟气净化，是目前应用最为广泛的一种电除尘器。

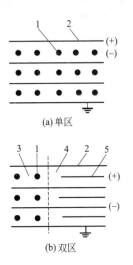

图 5-18　单区和双区电除尘器示意图

1—电晕线；2—接地的集尘极；
3—荷电区；4—集尘区；5—高压板

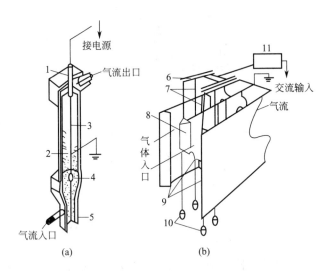

图 5-19　单区电除尘器结构示意图

1—绝缘瓶；2—集尘极表面上的粉尘；3,7—电晕极；
4—吊锤；5—捕集的粉尘；6—高压母线；
8—挡板；9—集尘极板；10—重锤；11—高压电源

② 双区电除尘器　双区电除尘器如图 5-20 所示。含尘气体尘粒的荷电和积尘是在结构不同的两个区域内进行，在前一个区域内装电晕极系统以产生离子，而在后一个区域中装集

尘极系统以捕集粉尘。双区电除尘器供电电压较低，结构简单，一般用于空调净化方面。近年来，在工业废气净化中也采用双区电除尘器。

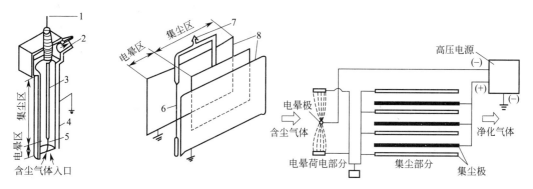

图 5-20　双区电除尘器结构示意图

1,7—连接高压电源；2—洁净气体出口；3—不放电的高压电源；4,8—集尘极板；5,6—电晕极

（5）根据电晕极采用的极性划分

① 正电晕　在电晕极上施加正极高压，而集尘极为负极接地；

② 负电晕　在电晕极上施加负极高压，而集尘极为正极接地。

正电晕的击穿电压低，工作时不如负电晕稳定，但负电晕会产生大量对人体有害的臭氧及氮氧化物，因此用做净化送风时只能采用正电晕，而用于工业排出气体的除尘时则绝大多数采用负电晕。在工程实际应用中大部分采用干式、板式和水平卧式电除尘器。

5.1.3.4　电除尘器的除尘效率及其影响因素

（1）电除尘器的除尘效率　除尘效率是电除尘器主要的性能指标。

① 粉尘驱进速度　荷电的粉尘在电场中在静电力 F_e 和气体阻力 F_D 的综合作用下产生静电沉降，并向同本身所带电荷异性的集尘极运动，其运动的速度称为驱进速度 ω，单位为 m/s。静电力为

$$F_e = q_p E_p \tag{5-6}$$

式中　q_p——尘粒的荷电量，C；

　　　E_p——尘粒所处位置的电场强度，V/m。

粉尘在向集尘极移动时所受的阻力可按 Stokes 公式来计算，即

$$F_D = 3\pi\mu d_p \omega/k \tag{5-7}$$

式中　F_D——气体的阻力，N；

　　　μ——气体的黏度，Pa·s；

　　　d_p——粉尘粒子的直径，m；

　　　k——肯宁汉修正系数（无量纲），可以近似估算为 $k = 1 + 1.7 \times 10^{-7}/d_p$。

当 $F_e = F_D$ 时，粉尘向集尘极做匀速运动，根据式（5-6）和式（5-7），即得到驱进速度

$$\omega = \frac{q_p E_p k}{3\pi\mu d_p} \tag{5-8}$$

驱进速度是一个表征某种尘粒静电沉降特性的参数。驱进速度越大，说明该种尘粒越容易被静电除尘。由式（5-8）可以看出，粒子的驱进速度 ω 与粒子的荷电量、粒径、电场强

度以及气体介质的黏度有关，其运动方向与电场力方向一致。此外，气流、粒子特性等因素未考虑，所以按上式计算的驱进速度比实际驱进速度要大得多。

② 除尘效率 η　除尘效率 η 定义为捕集下来的粉尘量与烟气总含尘量之比值。如果进入电除尘器的烟气的初始烟尘浓度为 C_0，处理后的烟尘浓度为 C_1，则电除尘器的除尘效率为

$$\eta = \frac{C_0 - C_1}{C_0} \times 100\% \tag{5-9}$$

实际工程中，往往根据在一定的除尘器结构型式和运行条件下测得的总捕集效率值，将 η 值代入德意希-安德森方程式中，反算出相应的驱进速度值 ω_e，此值也称为有效驱进速度。德意希-安德森方程式即

$$\eta = 1 - \exp\left(-\frac{\omega_e A}{Q}\right) \tag{5-10}$$

式中　A——电除尘器集尘极的总表面积，m^2；

　　　Q——通过电除尘器的气体量，m^3/s。

若令 $f = A/Q$，则 f 表示了单位时间内单位体积烟气所需的集尘面积，简称为比集尘面积，$m^2/(m^3 \cdot s)$。

比集尘面积是衡量电除尘器除尘能力的一个重要参数。该参数越高，说明电除尘器的除尘效率越高，相应的一次投资也越高。

有效驱进速度 ω_e 常在静电除尘器的设计计算中被使用。对于工业电除尘器，有效驱进速度变化处于 $0.02 \sim 0.2 m/s$ 范围内。表 5-8 列出了各种工业粉尘的有效驱进速度。

表 5-8　各种工业粉尘的有效驱进速度 ω_e

粉尘种类或来源	驱进速度/(m/s)	粉尘种类或来源	驱进速度/(m/s)
煤粉（飞灰）	0.01～0.04	冲天炉（铁焦比＝10）	0.03～0.04
纸浆及选纸	0.08	水泥生产（干法）	0.06～0.07
平炉	0.06	水泥生产（湿法）	0.01～0.11
酸雾（H_2SO_4）	0.06～0.08	多层床式焙烧炉	0.08
酸雾（TiO_2）	0.06～0.08	红磷	0.03
飘悬焙烧炉	0.08	石膏	0.16～0.20
催化剂粉尘	0.08	二极高炉（80%生铁）	0.125

（2）电除尘器性能的主要影响因素　影响电除尘器除尘效率的因素除了影响电晕放电的因素（即气体的温度、压力、流速和成分）外，还有粉尘的特性、除尘器结构和操作因素等。

① 粉尘特性对除尘效率的影响

a. 粉尘粒径　粉尘粒径不同，在电场中的荷电机制就不同，那么驱进速度也就显著不同。对于大于 $1\mu m$ 的颗粒，随着粒径的减小，除尘效率降低。粒径为 $0.1 \sim 1\mu m$ 的颗粒，除尘效率几乎不受粒径的影响。

b. 粉尘比电阻　粉尘的导电性能好坏，对除尘效率影响极大。粉尘比电阻小，导电性好；比电阻大，导电性差。粉尘层的比电阻定义为：厚 1cm，覆盖 $1cm^2$ 集尘面积的粉尘层电阻，用符号 ρ 表示。

$$\rho = \frac{AR_m}{\delta} \tag{5-11}$$

式中 ρ——粉尘比电阻，$\Omega \cdot cm$；

 A——集尘面积，cm^2；

 R_m——平均电阻；

 δ——粉尘层厚度，cm。

粉尘比电阻不仅与粉尘本身的性质和分散度有关，还与含尘气体的温度、湿度、组分、粉尘层的孔隙率等因素有关，因此应以实际操作条件下的粉尘比电阻作为影响电除尘器性能的依据。一般情况下，电除尘器运行最适宜的比电阻范围为 $10^4 \sim 2 \times 10^{10} \Omega \cdot cm$。

② 除尘器结构对除尘效率的影响

a. 比集尘面积 比集尘面积增大，颗粒被捕集的机会增加，除尘效率就相应增大。

b. 极间距的影响 气体流速一定的情况下，驱进速度一定，极间距越小，尘粒到达集尘极板的时间越短，尘粒越容易被捕集。但极间距过小易造成颗粒的二次扬起。

c. 长高比的影响 集尘板有效长度与高度之比直接影响振打清灰时二次扬起的多少。与集尘板高度相比，如果集尘板不够长，部分下落灰尘在到达灰斗之前可能被烟气带出除尘器，从而降低除尘效率。

③ 气流速度及分布的影响 除尘器内气流速度过高，已沉积在集尘板上的尘粒就有可能脱离极板，重新回到气流中，产生二次扬起；振打清灰时，从极板上剥落下来的尘粒也可能被高速气流卷走。因此，气流速度过高会导致除尘效率降低。从设备尺寸考虑，气速也不能太低，一般断面风速取 $0.6 \sim 1.5 m/s$ 为宜。

气流分布的均匀性对除尘效率也有较大的影响。若气流分布不均匀，流速低处增加的除尘效率远不能弥补流速高处效率的降低，则总效率下降。

5.1.3.5 电除尘器的设计与选型

（1）设计与选型原则

① 除尘效率要满足排放标准的要求。

② 尽可能选择合适的有效驱进速度 在设计中，有效驱进速度值取得过高，设计的总集尘面积可能就不能满足除尘效率的要求。如果有效驱进速度值取得过低，设计的总集尘面积就可能过大，出现"大马拉小车"的现象，造成浪费。

③ 静电除尘器各参数的匹配 对于一台已经投入运行的静电除尘器，根据实测所得效率计算得到的驱进速度是一个众多因素的综合反映，是一个基本不变的参数。因为影响它的诸因素，如烟气成分、温度、湿度、含尘浓度、粉尘的成分、粒径分布、比电阻大小、流速、气流分布、电极构造、荷电条件及运行状况等因素已基本确定。而对于一台正在设计中的静电除尘器，诸多因素尚不确定，所选取的有效驱进速度不能涵盖所有因素的作用。因此，设计并不是选出一个驱进速度值这么简单。其实影响静电除尘器除尘效率的诸多因素都得仔细考虑，要统筹兼顾，优化设计，追求完美。在考虑这些因素时，最重要的是要让设备参数和烟气参数匹配，设备之间的参数匹配。其中，有静电除尘器本体和电源在容量方向的匹配，电源电压和极距、极线类型的匹配等。在选取同样的有效驱进速度下，如果这些匹配工作做得好，总集尘面积的设计值就可以取得小一些。

（2）设计的原始数据 包括：锅炉技术参数，锅炉耗煤量、烟气量、烟温；制粉系统情况；空气预热器型式和过剩空气系数；烟尘浓度；除灰除渣方式；引风机型式及型号；设计煤种和校核煤种；飞灰成分分析、颗粒分析、比电阻、密度；烟气露点温度和烟气中水蒸气体积百分比；厂址气象和地理条件等。由于烟尘排放浓度标准对应的烟气量是按标准状态考虑的，故烟气量和烟尘浓度建议提供两种状态的数据，即标准状态和实际状态的烟气量（m^3/h）及烟尘浓度（g/m^3）。电除尘器排出的烟气量和烟尘浓度须达到国家排放标准。

（3）电除尘器设计的主要参数　除尘效率、烟速、烟气在电场内停留时间和比集尘面积是电除尘器的基本工艺参数。设计人员根据用户对除尘效率的要求，以及燃料、灰尘特性而确定烟速、烟气在电场内停留时间和比集尘面积。一旦总集尘面积和断面积确定，电场长度就可以确定，也就确定了烟气在电场内停留时间。

当确定断面积和总集尘面积后就可确定结构设计参数，如长高比、室数、电场数、每个电场长度、电场宽度、灰斗数等。

电除尘器长高比定义为集尘板有效长度与高度之比。它直接影响振打清灰时二次扬尘的多少。一般选择长高比为 0.5～1.0 之间，如果要求除尘效率大于 99％ 时，则除尘器的长高比至少要为 1.0～1.5。

（4）电除尘器本体的设计计算　根据粉尘的比电阻、有效驱进速度 ω_e、含尘气体的流量 Q 以及预期要达到的除尘效率 η，即可进行除尘器的本体设计计算。设计参数包括集尘极板总表面积 A、电晕极和集尘极的数量和间距以及电场长度 L 等。

① 板式电除尘器参数的设计计算　集尘极板总表面积 A 可由下式求得

$$A=\frac{Q}{\omega_e}\ln\frac{1}{1-\eta} \tag{5-12}$$

式中　Q——通过电除尘器的气体量，m^3/s；

　　　η——除尘效率，%。

　　　ω_e——有效驱进速度，m/s，其值可参考表 5-8。

集尘极板总表面积 A 值大小决定了电除尘器本体的大小，即

$$n_p h L_p = A/2 \tag{5-13}$$

式中　L_p——集尘极板长度，m；

　　　h——集尘极板高度，m；

　　　n_p——集尘极的通道数。

根据电场断面的宽度和所选定的集尘极间距 $2b$，确定集尘极的通道数（或排数）n_p，即

$$n_p=\frac{B}{2b}+1 \tag{5-14}$$

式中　$2b$——通道宽度，亦即集尘极间距，m；

　　　B——电场断面的宽度，m。

根据选定的电场风速 u（单位：m/s），可以确定集尘极的高度 h。

$$h=\frac{Q}{2bn_p u} \tag{5-15}$$

除尘器断面积（即通道横断面面积）A_c 为

$$A_c=\frac{Q}{u}=2bhn_p \tag{5-16}$$

极尘极板总面积 A 确定后，再根据集尘极的排数和电场宽度，可计算出电场的长度。

在计算集尘极板总面积 A 时，靠近电除尘器壳体的最外层集尘极按单面计算，其余集

尘极均按双面计算。电场长度 L 的计算公式为

$$L = \frac{A}{2(n_p + 1)h} \tag{5-17}$$

目前常用的单一电场长度为 $2 \sim 4m$，当实际要求的电场长度超过 $4m$ 时，可将电极沿气流方向分成几段，形成多个电场。

集尘时间为

$$t = \frac{L_p}{u} \tag{5-18}$$

粉尘在电场内停留时间（集尘时间）应大于或等于粉尘颗粒从电晕极飘移到集尘极所需的时间，即

$$t \geqslant \frac{b}{\omega_e} \tag{5-19}$$

联立式（5-18）和式（5-19），则集尘极板长度 L_p 应满足

$$L_p \geqslant \frac{b}{\omega_e} u \tag{5-20}$$

② 管式电除尘器参数的设计计算

$$A = 2\pi R L_t n_t \tag{5-21}$$

式中　L_t——圆管电极长度，m；

　　　R——圆管内半径，m；

　　　n_t——圆管集尘极个数。

集尘极高度 h 为

$$h = \frac{Q}{2bun_t} \tag{5-22}$$

式中　u——除尘器断面气流速度，m/s；

　　　$2b$——通道宽度（集尘极间距），m；

除尘器断面积 A_c 为

$$A_c = \frac{Q}{u} = \pi R^2 n_t \tag{5-23}$$

除尘器断面的气流速度

$$u = \frac{Q}{\pi R^2 n_t} \tag{5-24}$$

集尘时间和圆管电极长度

$$t \geqslant \frac{L_t}{u} \tag{5-25}$$

$$L_t \geqslant \frac{R}{\omega_e} u \tag{5-26}$$

尽管国内外的学者对电除尘器从事了大量的实验研究，但由于电除尘器受本体结构、电源特性、粉尘物性、气体温度、湿度、压力、气流速度等诸多因素的影响，目前尚有一些问题没有弄清楚，对于电除尘器的理论计算与设计也不能达到其他除尘器那样准确。

（5）电除尘器的选型　电除尘器型式和工艺配置，要根据处理的含尘气体性质及处理要求决定，其中粉尘比电阻是重要的因素。比电阻在 $10^4 \sim 2 \times 10^{10} \, \Omega \cdot cm$ 的范围内，可采用普通干式电除尘器，若比电阻偏高，则采用特殊的电除尘器，如宽间距电除尘器、高温电除

尘器等，或在烟气中加入一定量的水雾、NH_3、SO_3、Na_2CO_3 等进行调质处理。对于低比电阻粉尘，一般干式除尘器难以捕集，但荷电颗粒凝聚后变为大颗粒，在其后加一旋风除尘器或过滤式除尘器，则可获得较高的除尘效率。

湿式电除尘器既能捕集高比电阻粉尘，也能捕集低比电组粉尘，除尘效率较高。但除尘器的积垢和腐蚀问题较严重，产生的污泥需要处理。

【例 5-2】 某钢铁厂烧结机尾气电除尘器集尘板总面积为 $1982m^2$（两个电场），断面积为 $40m^2$，烟气流量 $44.4m^2/s$，该除尘器进、出口烟气含尘浓度的实测值分别为 $26.88/m^3$ 和 $0.133g/m^3$。参考以上数据设计另一台烧结机尾气电除尘器，处理烟气量为 $70.0m^3/s$，要求除尘效率达到 99.8%。

解：根据实测数据计算原除尘器除尘效率

$$\eta = \frac{C_0 - C_1}{C_0} \times 100\% = \frac{26.8 - 0.133}{26.8} \times 100\% = 99.5\%$$

有效驱进速度

$$\omega_e = \frac{-\ln(1-\eta)}{A/Q} = \frac{-\ln(1-0.995)}{1982/44.4} = 0.119 \ (m/s)$$

原除尘器断面风速 $u = Q/F = 44.4/40 = 1.11 \ (m/s)$。

设计新除尘器：按要求的除尘效率 $\eta' = 99.8\%$，取有效驱进速度 $\omega_e = 0.119 m/s$，计算所需集尘极板面积

$$A = \frac{Q}{\omega_e} \ln\frac{1}{1-\eta} = \frac{70}{0.119} \ln\frac{1}{1-0.998} = 3670 \ (m^2)$$

取通道宽度 $2b = 0.29m$，集尘板长 $L_p = 8.5m$，集尘板高 $h = 7m$，则通道数

$$n_p = \frac{A}{2L_p h} = \frac{3670}{2 \times 8.5 \times 7} = 30.8 \ (个)$$

取通道数 $n_p = 31$ 个，则新设计除尘器电场风速

$$u = \frac{Q}{2bh n_p} = \frac{70}{0.29 \times 7 \times 31} = 1.11 \ (m/s)$$

5.2 气态污染物净化设备

气态污染物控制是减少气态污染物向大气排放的技术措施和管理政策。工业生产中的有害气体种类很多，主要有硫氧化物、氮氧化物、卤化物、碳氧化物、碳氢化物等。气态污染物在废气中以分子状态或蒸气状态存在，是均相混合物，可根据物理的、化学的和物理化学的原理进行分离。目前国内外采用的主要技术为吸收、吸附、冷凝、燃烧和催化转化五种。净化方法的选择部分取决于气体的流量和污染物浓度。尽可能地减少气体流量和提高污染物的浓度，可使处理费用降至最低。对于浓度较高的气体，可考虑增加预处理系统。废气中颗粒物给气体净化装置的操作带来困难，几种废气共存也会使净化装置的设计和选择复杂化。

5.2.1 吸收净化设备

吸收净化法是利用各种气体在液体中的溶解度不同，使污染物组分被吸收剂选择性吸收，从而使废气得以净化的方法。能够用吸收法净化的气态污染物主要包括 SO_2、H_2S、HF、NO_x、CO、碳氢化合物及挥发性有机物（volatile organic compounds，VOCs）等。

5.2.1.1　吸收净化设备的类型

气态污染物吸收净化过程中，由于气体量大而浓度低，因而常选用气相为连续相、湍流程度较高、相界面大的吸收设备，最常用的是填料塔，其次是板式塔，此外还有喷淋塔等。

（1）填料塔　填料塔以填料作为气液接触的基本构件。填料塔结构如图 5-21 所示，塔体为直立圆筒，筒内充填一定高度的填料，下方有支承板，上方为填料压板及液体分布装置。气体在压强差的推动下，从塔底送入，经过填料间的空隙上升。吸收剂自塔顶经喷淋装置均匀喷洒，沿填料表面下流。填料的润湿表面就成为气液连续接触的传质表面，净化气体最后从塔顶排出。

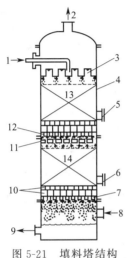

图 5-21　填料塔结构

1—液体入口；2—气体出口；3—液体分布器；
4—外壳；5—填料卸出口；6—人孔；7,12—填料支承；
8—气体入口；9—液体出口；10—防止支承板堵塞的
大填料和中等填料层；11—液体再分布器；13,14—填料

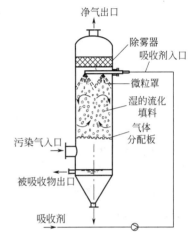

图 5-22　湍球塔结构示意图

填料塔的气液接触时间、液气比均可在较大范围内调节，还具有结构简单、压力降小、操作稳定、适用范围广、便于用耐腐蚀材料制造、直径可较小等优点。塔径在 800mm 以下时，其较板式塔造价低、安装检修容易。但直径过大时，则存在效率低、重量大、造价高以及清理检修麻烦等缺点。近年来，由于填料结构的改进，新型高效、高负荷填料的开发，既提高了塔的通过能力和分离能力，又保持了压力降小及性能稳定的优点，因此填料塔已被推广到所有大型气液操作系统中，在 VOCs 污染控制工程中得到广泛应用。

湍球塔是近十几年来发展起来的高效吸收设备，属于填料塔中的特殊塔型，如图 5-22所示。

湍球塔是以一定数量的轻质小球作为气液两相接触的媒介。塔内有开孔率较高的筛板，一定数量的轻质小球置于筛板上。吸收液从塔上部的喷头均匀地喷洒在小球表面。需处理的气体由塔下部的进气口经导流叶片和筛板穿过湿润的球层。当气流速度达到足够大时，小球在塔内湍动旋转，相互碰撞。气、液、固三相接触，由于小球表面的液膜不断更新，使得废气与新的吸收液接触，增大了吸收推动力，提高了吸收效率。净化后的气体经过除雾器脱去湿气，由塔顶部的排出管排出塔体。

湍球塔的优点是气流速度高，处理能力大；设备体积小，吸收效率高；能同时对含尘气

体进行除尘；由于填料剧烈的湍动，一般不易被固体颗粒堵塞。其缺点是随着小球运动，有

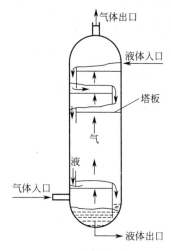

图 5-23　板式塔结构示意图

一定程度的返混；段数多时阻力较高；塑料小球不能承受高温，且磨损大，使用寿命短，需要经常更换。湍球塔常用于处理含颗粒物的气体或液体以及可能发生结晶的过程。

（2）板式塔　如图 5-23 所示，板式塔通常是由一个呈圆柱形的壳体及沿塔高按一定的间距水平设置的若干层塔板所组成的。在操作时，吸收剂从塔顶进入，依靠重力作用由顶部逐板流向塔底排出，并在各层塔板的板面上形成流动的液层；气体由塔底进入，在压力差的推动下，由塔底向上经过均布在塔板上的开孔，以气泡的形式分散在液层中，形成气液接触界面很大的泡沫层。气相中部分有害气体被吸收，未被吸收的气体通过泡沫层后进入上一层塔板，气体逐板上升与板上的液体接触，被净化的气体最后由塔顶排出。

板式塔主要按塔内所设置的塔板结构不同分类。板式塔的塔板可分为有降液管及无降液管两大类，如图 5-24 所示。

在有降液管的塔板上，有专供液体流通的降液管，每层板上的液层高度可以通过溢流挡板来调节，在塔板上气液两相呈错流方式接触；在无降液管的塔板上，没有降液管，气液两相同时逆向通过塔扳上的小孔呈逆流方式接触。除此以外，还有其他类型的塔，如导向筛板塔、网孔塔、旋流板塔等。

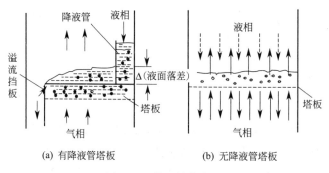

(a) 有降液管塔板　　　　(b) 无降液管塔板

图 5-24　塔板结构类型

与填料塔相比，板式塔的空塔速度高，因而生产能力大，但压力降较高。直径较大的板式塔，检修清理较容易，造价较低。

5.2.1.2　吸收设备的选用

气态污染物吸收净化过程中，一般处理气体量大、污染物浓度低，故常选用气相为连续相、湍流程度较高、相界面大的吸收设备，最常用的是填料塔，其次是板式塔，此外还有喷淋塔和文丘里洗涤器等。常用的吸收设备类型及吸收效率见表 5-9 所示。

为了强化吸收过程、降低设备的投资和运行费用，吸收装置应具备以下条件：

① 气、液相之间有较大的接触面积和一定的接触时间，处理能力要大；

② 气流通过时的压力损失小；

③ 结构简单，制作维修方便，造价低廉；

④ 吸收效率高；

⑤ 操作稳定，并有合适的操作弹性；

⑥ 针对具体情况，要求具有抗腐能力。

对于易起泡、黏度大、有腐蚀性和热敏性的物质宜用填料塔；对于处理过程中有热量放出或需加入热量的系统，宜采用板式塔；有悬浮固体和残渣的物料，或易结垢的物料，宜用板式塔；传质速率由气相控制，宜用填料塔；传质速率由液相控制，宜用板式塔；当处理系统的液气比小时，宜用板式塔；操作弹性要求较大时，宜采用浮阀塔、泡罩塔等；对伴有化学反应（特别是此反应不太迅速时）的吸收过程，采用板式塔较有利；气相处理量大的系统宜采用板式塔，处理量小则填料塔适宜。

表 5-9　常用吸收设备的比较表

设备名称	吸收效率	主要吸收气体
填料塔	中等	SO_2、H_2O、HCl、NO_2
各类板式塔（多孔塔、浮阀塔、泡罩塔、栅板塔）	小～中	Cl_2、HF
喷射塔	小	HF、SiF_4、HCl
旋风洗涤器	小～中	含粉尘多的气体
文丘里洗涤器	中～大	HF、H_2SO_4、烟尘
湍流吸收塔	中	HF、NH_3、H_2S
气泡塔	中	Cl_2、NO_2
旋流板塔	中	SO_2

喷射塔、文丘里洗涤器等设备结构简单、造价低、不易堵塞，但能耗高，适用于以除尘为主，同时吸收易溶气体的场合。

填料塔和板式塔生产能力大，吸收效率高，操作弹性大，是目前工业上广泛应用的吸收设备。填料塔结构简单，便于用耐腐蚀材料制造，因而在气态污染物控制上被广泛选用。

5.2.1.3　填料塔的设计

填料塔主要由塔体、填料、填料支承装置、液体喷淋装置、液体再分布装置、气体进出口管等部件组成，其设计步骤如下。

(1) 收集资料、找出气液平衡关系　根据实地调查或任务书给定的气液物料系统和温度、压力条件，查阅手册或相关资料。若无合适数据可供采用时，则应通过实验找出气液平衡关系。

(2) 确定流程　吸收流程可采用单塔逆流流程，也可采用单塔吸收或部分吸收剂再循环的流程，或采用多塔串联、部分吸收剂循环（或无部分循环）的流程。部分吸收剂再循环的主要作用是提高喷淋密度，保证完全润湿填料和除去吸收热，其次是可以调节产品的浓度。当设计计算所得填料层高度过高时，应将其分为数塔，然后加以串联。有时填料层虽不太高，但因为系统容易堵塞或其他原因，为了维修方便也可采用数塔串联。

(3) 确定吸收剂用量　对于废气处理，一般气、液相浓度都较低，吸收剂的最小用量可按下式计算。

$$L_{min} = \frac{y_1 - y_2}{\dfrac{y_1}{m} - x_2} G \tag{5-27}$$

式中　y_1，y_2——气相进、出口摩尔分数，kmol 溶质/kmol 混合气；

　　　　x_2——液相进口摩尔分数，kmol 溶质/kmol 溶液；

　　　　m——气液相平衡常数；

G——气相摩尔流率，kmol/(m²·h)；

L_{min}——最小液相摩尔流率，kmol/(m²·h)。

为了保证填料表面充分润湿，必须保证一定的喷淋密度，否则操作无法进行。但如果吸收剂用量过大，不但增加能耗，操作时会出现带液现象严重，而且会增加吸收剂再生费用或者造成大量的工业污水污染环境。因此，一般取吸收剂的用量为

$$L=(1.2～2.0)L_{min} \tag{5-28}$$

（4）选择填料　填料是填料塔的核心部分，其作用是增加气液两相的接触表面和提高气相的湍流程度，促进吸收过程的进行。填料的选择，对塔的经济性有重要的影响。对于给定的设计条件，常有多种填料可供选用，因此需要对各种填料做综合比较，选择出比较理想的填料。为了使填料塔发挥良好的效能，填料应至少符合三个方面要求：一是要有较大的比表面积、良好的润湿性能以及有利于液体均匀分布的形状；二是要有较高的空隙率；三是要求单位体积填料的重量轻，造价低，坚固耐用，不易堵塞，有足够的机械强度，对于气液两相介质都有良好的化学稳定性。

填料的种类很多，大致可分为通用型填料和精密填料两大类。如图 5-25 所示，拉西环、鲍尔环、矩鞍和弧鞍填料等属于通用型填料，其特点是适用性好，但效率低，一般由金属、陶瓷、塑料、焦炭及玻璃纤维等材质制成。θ网环和波纹网填料属于精密填料，其特点是效率较高，但要求较苛刻，应用受到限制，其主要材质为金属材料。

(a) 拉西环　　(b) θ环　　(c) 十字环　　　(d) 鲍尔环　　　(e) 弧鞍　　(f) 矩鞍

(g) 阶梯环　　　(h) 金属鞍环　　　(i) θ网环　　　　　(j) 波纹网

图 5-25　填料种类

填料在填料塔内的装填方式有乱堆（散装）和整砌（规则排列）两种。乱堆填料装卸方便，压力降大，一般直径在 50mm 以下的填料多采用乱堆方式装填；整砌填料常用规整填料整齐砌成，压力降小，适用于直径在 50mm 以上的填料。

（5）计算塔径　填料塔直径应根据生产能力和空塔气速 u 确定。选择小的空塔气速，则压力降小，动力消耗少，操作弹性大，设备投资大，而生产能力低；低气速也不利于气液充分接触，使分离效率降低。若选择较高的空塔气速 u，则不仅压力降大，且操作不稳定，难于控制。

先用泛点和压力降通用关联图计算泛点空塔气速 u。空塔气速 u 常为泛点气速的 50%～80%。图 5-26 是填料塔泛点和压力降的通用关联图，此图反映出泛点与压力降、填料因子、液气比等参数的关系。当操作空塔气速 u 确定后，填料塔直径 D 由下式计算

$$D=\sqrt{\frac{4Q}{\pi u}} \tag{5-29}$$

式中　D——塔的内径，m；

Q——操作条件下混合气体的体积流量，m³/s。

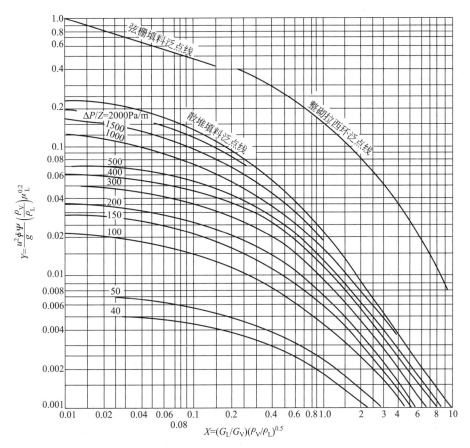

图 5-26　填料塔泛点和压力降的通用关联图

u—空塔气速，m/s；g—重力加速度，m/s^2；ϕ—填料因子，1/m；ρ_V、ρ_L—气体

和液体的密度，kg/m^3；Ψ—液体密度校正系数，等于水与液体的密度之比；

μ_L—液体的黏度，mPa·s；G_V、G_L—气、液相的质量流量，kg/h

由上式计算出来的塔径，尚需根据有关标准规定进行圆整，以便于塔设备的制造和维修。直径在 1m 以下时，间隔为 100mm；直径在 1m 以上时，间隔为 200mm。

塔径确定后，应对填料尺寸进行校核。

（6）计算填料层的总高度　填料层的高度是很重要的。填料层如果太高，塔内液流的器壁效应将很严重，这将导致填料表面利用率下降。因此，当填料层高度超过一定数值时，塔内填料要分层，层与层间加设液体再分布器，以保证塔截面上液体喷淋均匀。

从理论上讲，填料层的传质是连续进行的，气、液两相组成连续变化，因此用传质单元数计算填料层高度最为合适。因此，一般采用传质单元法计算填料层的总高度，即

$$Z = H_{OG} N_{OG} \qquad\qquad (5\text{-}30)$$

式中　H_{OG}——传质单元高度，m，H_{OG} 值多以经验数据为准；

　　　N_{OG}——传质单元数。

（7）填料层分段　为了减少放大效应，提高塔内填料的传质效率，对于较高的填料层需要进行合理分段。

（8）计算压力降　全塔压力降由填料层压力降和塔内件压力降两部分组成。如果计算出

的全塔压力降超过限定值，则需调整填料的类型、尺寸或降低操作气速，然后重复计算，直至满足条件为止。

（9）计算填料塔的高度　填料塔的高度主要取决于填料层高度，另外还要考虑塔顶空间、塔底空间及塔内的附属装置等。如图 5-27 所示，填料塔的高度计算公式为

$$H = H_d + Z + (n-1)H_f + H_b \tag{5-31}$$

式中　H——塔高（从 A 至 B，不包括封头、支座高），m；

　　　Z——填料层高度，m；

　　　H_f——装置液体再分布器的空间高，m；

　　　H_d——塔顶空间高（不包括封头部分），一般取 $H_d = 0.8 \sim 1.4$m；

　　　H_b——塔底空间高（不包括封头部分），一般取 $H_b = 1.2 \sim 1.5$m；

　　　n——填料层分层数。

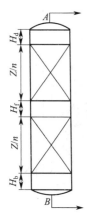

图 5-27　填料塔高计算

（10）填料塔附属结构的设计与选用　填料塔的附件包括：填料紧固装置、填料支承装置、液体分布装置及再分布装置、气液体进口及出口装置、除雾装置等。

① 填料支承装置　填料支承装置的作用是支承填料及填料上的持液量。

由于填料不同，使用的支承装置也不一样。常用的支承装置有栅板式、孔管式（图 5-28）和驼峰式三种，如图 5-28 所示。对于散装填料最简单的支承装置是栅板式支承装置。孔管式支承装置适用于散装填料和用法兰连接的小塔。驼峰式支承装置适用于直径 1.5m 以上的大塔。栅板式支承装置是由竖立的扁钢条焊接而成，扁钢条的间距应为填料外径的 0.6～0.7。

(a) 栅板式支承装置　　　(b) 孔管式填料支承装置　　　(c) 驼峰式支承装置

图 5-28　三种常见的填料支承装置

② 液体分布装置　液体分布装置，也称液体分布器，对填料塔的操作影响很大。对于液体分布装置，不仅需要使整个塔截面面积的填料表面均匀地被润湿，又不要过分地产生易被气流带走的细雾沫，且装置本身通道不易堵塞。若液体分布不均匀，则填料层内的有效润湿面积会减少，并可能出现偏流和沟流现象，影响传质效果。

常用的液体分布装置有喷洒式分布器和盘式分布器等，如图 5-29 所示。

喷洒式分布器如图 5-29（a）所示，一般用于直径小于 600mm 的塔中。其优点是结构简单。缺点是小孔易于堵塞，因而不适用于处理污浊液体，操作时液体的压头必须维持恒定，否则喷淋半径改变会影响液体分布的均匀性，此外，当气量较大时会产生并夹带较多的液沫。

盘式分布器如图 5-29（b）、（c）所示。液体加至分布盘上，盘底装有许多直径及高度均相同的溢流短管。在溢流管的上端开缺口，这些缺口位于同一水平面上，自由截面积较大，且不易堵塞。盘式分布器常用于直径较大的塔中。此类分布器制造比较麻烦，但可以基本使

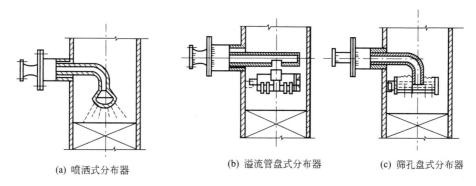

| (a) 喷洒式分布器 | (b) 溢流管盘式分布器 | (c) 筛孔盘式分布器 |

图 5-29　液体分布装置

液体均匀分布。

③ 液体再分布装置　液体沿填料层下流时，往往有逐渐靠塔壁方向集中的趋势，即壁流现象。在小塔中，此效应更为显著。任何程度的壁流都会造成的液体分布不均，降低填料塔的工作效率。液体再分布器是用来改善液体在填料层壁流效应，即在填料层中每隔一定高度应设置液体再分布器，将沿塔壁流下的液体导向填料层内。

常用的液体再分布器为截锥式再分布器（如图5-30所示），适用于直径在 600～800mm 的填料塔。

图 5-30（a）所示的截锥式再分布器结构最简单，它是将截锥筒体焊在塔壁上。截锥筒本身不占空间，其上下仍能充满填料。图 5-30（b）所示的截锥式再分布器的结构是在截锥筒的上方加设支承板，截锥下面要隔一段距离再放填料。

④ 气体进口及出口装置　气体进口装置应既能防

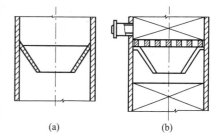

| (a) | (b) |

图 5-30　截锥式再分布器

止塔内下流的液体进入管内而淹没气体通道，又能使气体在塔截面上分布均匀，防止固体颗粒的沉积。对于塔直径小于 2.5m 的小塔，常采用简单进气及分布装置，一种是气流直接进塔装置；另一种是具有缓冲挡板的简单进料装置，当气流进入时，由于缓冲挡板的阻挡作用使气体从两个侧面环流向上，并均匀地分布到填料层中。

对于直径大于 2.5m 的塔，采用上述的气流进入装置的效果较差，这时应采用底部敞开式气体进口管（见图 5-31），管端封口作为缓冲挡板。这种形式的进气装置性能好，应用最为广泛，对于大直径、高气相负荷时更为适用，且有各种不同的变体以适应不同的需要，其中之一是具有中间缓冲挡板的进气管，如图 5-32 所示。它加大了进口管直径，同时加一中间缓冲挡板将其分割成两个进口。该挡板仅挡住下一半，进入的气体将被挡住一部分，其余部分则从上方通过，进入第二个进口，这样可使气体较均匀地分配入塔。

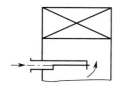

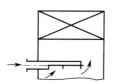

图 5-31　底部敞开式气体进口管示意图　　　　　　图 5-32　具有中间缓冲挡板的进气管示意图

气体出口装置应能保证气流的畅通，并能防止液滴的溢出和积聚。当气体夹带液滴较多时，需安装除雾装置，以分离出气体中所夹带的雾滴。常用的除雾装置有折流板除雾器、丝网除雾器、填料除雾器以及旋流除雾器。折流板除雾器是最简单的除雾装置，如图 5-33 所示。丝网除雾器（图 5-34）主要元件是针织金属或塑料丝网，由于比表面积大、空隙率大、结构简单以及除雾效率高（效率可达 90％～99％）、压力降小而广泛用于填料塔的除雾沫装置中。但是，丝网除雾器不宜用于液滴中含有固体物质的场合。

⑤ 液体进口及出口装置　液体进口管大都是直接与液体分布装置相连，其结构由液体分布装置确定。液体的出口装置既要便于排出塔内所有的液体，又要能将塔内部与外部大气隔离。对于负压操作的塔设备，必须有液封装置。常用的液体出口装置可采用水封装置，如图 5-35（a）所示。若塔的内外压差较大时，又可采用倒 U 形管密封装置，如图 5-35（b）所示，把塔的下部当做缓冲器，使其具有一定的液体，并保持液面恒定而不另设液封装置。

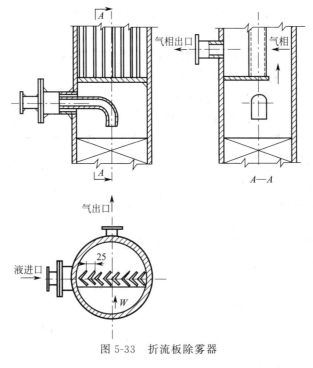

图 5-33　折流板除雾器

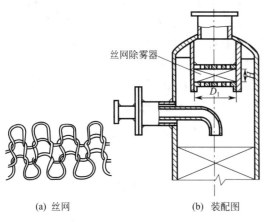

图 5-34　丝网除雾器

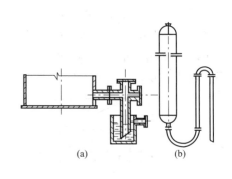

图 5-35　液体出口装置示意图

5.2.2 吸附净化设备

吸附净化是用多孔固体吸附剂将气体（或液体）混合物中的一种或数种组分聚积或凝缩在其表面，从而达到分离净化目的的过程。由于吸附作用可以进行得相当完全，因此能有效地清除用一般手段难以处理的气体或液体中的低浓度污染物。吸附净化法通常用来回收废气中的有机污染物及去除恶臭。如在人造纤维工业中回收丙酮、二硫化碳，在油漆工业中回收甲苯、二甲苯、酯类等。此外，还可用于治理烟道气中的硫氧化物、氮氧化物、汽车排出的 CO、硝酸车间尾气等。

5.2.2.1 吸附设备的类型及结构特点

在气态污染物的吸附净化过程中，根据操作的连续性，可以将吸附工艺分为间歇式流程、半连续式流程和连续式流程。根据吸附剂运动状态的不同，吸附设备可分为固定床吸附器、移动床吸附器、流化床吸附器等类型。

（1）固定床吸附器 固定床吸附器是最古老的一种吸附装置，但目前仍然是应用最广的吸附装置。

在固定床吸附器内，吸附剂颗粒均匀、固定不动地堆放在多孔支撑板上，成为固定吸附剂床层，仅是气体流经吸附床。根据气体流动方向不同，固定床吸附器形式如图 5-36 所示。

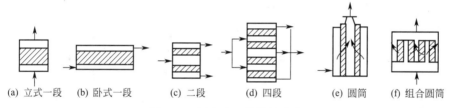

| (a) 立式一段 | (b) 卧式一段 | (c) 二段 | (d) 四段 | (e) 圆筒 | (f) 组合圆筒 |

图 5-36 固定床吸附器的形式

其中一段式固定床层厚 1m 左右，适用于浓度较高的废气净化，其他形式固定床层厚为 0.5m 左右，适用于浓度较低的废气净化。

固定床吸附器由于结构简单、工艺成熟、制作容易，所以特别适合于小型、分散、间歇性的污染源治理。固定床吸附器的缺点是间歇性操作，因此在设计流程时应根据其特点设计多台吸附器互相切换，以保证操作正常运行。

固定床吸附器按照床层吸附剂的填充方式可分为立式、卧式和环式三种。

① 立式吸附器 主要适合于小气量、高浓度的情况。该吸附器可分为圆锥形和椭圆形两种。对于圆锥形立式吸附器（图 5-37），吸附剂填充在可拆卸的栅板上，栅板安装在主梁上。为了防止吸附剂漏到栅板下面，在栅板上面放置两层不锈钢网或块状砾石层。为了使吸附剂再生，最常用的方法是从栅板

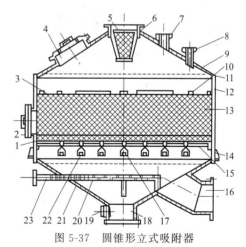

图 5-37 圆锥形立式吸附器

1—砾石；2—卸料机；3—网；4—装料孔；5—原料混合物及通过分配阀用于干燥和冷却的空气入口接管；6—挡板；7—脱附时蒸汽排出管；8—安全阀接管；9—顶盖；10—重物；11—刚性环；12—外壳；13—吸附剂；14—支撑环；15—栅板；16—净化气出口接管；17—梁；18—视孔；19—冷凝液排放及供水装置；20—扩散器；21—底锥体；22—梁的支架；23—进入扩散器的蒸汽接管

下方将饱和蒸汽通往床层，栅板下面设置的有一定孔径的环形扩散器可直接通入蒸汽。为了防止吸附剂颗粒被带出，床层上方用钢丝网覆盖，网上用铸铁固定。

② 卧式吸附器　固定床卧式吸附器主要适合处理气量大、浓度低的气体，缺点是床层截面积大，容易造成气流分布不均匀。卧式吸附器壳体为圆柱形，封头为椭圆形，壳体用不锈钢板或碳素钢板制成。吸附剂床层高度为 0.5～1.0m。在图 5-38 所示的吸附器中，待净化的气体从入口接管被送入吸附剂床层的上方空间，净化后的气体从吸附剂床层底部接管排出。用于吸附的饱和蒸汽经一定孔径的环形扩散器送入，然后从吸附器顶部接管排出。

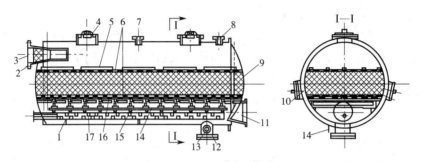

图 5-38　BTP 卧式吸附器

1—壳体；2—吸附时送入蒸汽、空气混合物及干燥和冷却时送入空气的接管；
3—分布网；4—带有防爆板的装料孔；5—重物；6—网；7—安全阀接管；
8—脱附段蒸汽出口接管；9—吸附剂层；10—卸料孔；11—吸附阶段导出
净化气体及干燥和冷却时导出废空气的接管；12—视孔；13—排出冷凝液
和供水的接管；14—梁的支架；15—梁；16—可拆卸栅板；17—扩散器

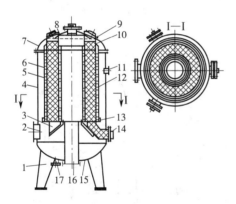

图 5-39　BTP 环式吸附器

1—支脚；2—蒸汽、空气混合物及用于干燥和冷却的
空气入口接管；3—吸附剂筒底支座；4—壳体；
5,6—多孔外筒和内筒；7—顶盖；8—视孔；
9—装料孔；10—补偿料斗；11—安全阀
接管；12—活性炭层；13—吸附剂筒底座；
14—卸料孔；15—器底；16—净化气和
废空气出口及蒸汽入口接管；17—脱
附排出蒸汽和冷凝液及供水用接管

③ 环式吸附器　环式吸附器的结构比立式和卧式吸附器要复杂。目前使用的环式固定床吸附器多使用纤维活性炭作吸附材料，用以净化有机物蒸气。环式吸附器结构如图 5-39 所示。吸附剂填充在具有多孔的两个同心圆筒构成的环隙之间，因此具有比较大的吸附面积。待净化的气体从吸附器的底部左侧接管 2 进入，沿径向通过吸附剂床层，然后从底部中心管排出。环式吸附器结构的特点是吸附器比较紧凑，吸附截面积大，产生阻力小，处理能力大，在气态污染物的净化上具有独特的优势。

（2）移动床吸附器　在移动床吸附器内固体吸附剂在吸附层中不断移动，一般固体吸附剂由上向下移动，而气体则由下向上流动，形成逆流操作。移动床吸附器吸附过程实现连续化，克服了固定床间歇操作带来的弊病，适用于稳定、连续、量大的气体净化。缺点是动力和热量消耗较大，吸附剂磨损严重。

典型的移动床吸附器的结构如图 5-40 所示。

最上段是冷却器 7，用于冷却吸附剂，下面是吸附段Ⅰ、精馏段Ⅱ、汽提段Ⅲ，它们之间由分配板 6 分开。吸附段中装有脱附器，它和冷却器一样，也是列管式换热器。在它的下部，还装有吸附剂卸料板 5、料面指示器 12，水封管（封闭装置）3、卸料闸门（卸料阀门）2。

移动床吸附器的工作原理：经脱附后的吸附剂从设备顶部进入冷却器，温度降低后，经分配板进入吸附段，借重力作用不断下降，通过整个吸附器。需净化的气体从上面第二段分配板下面引入，自下而上通过吸附段，与吸附剂逆流接触，易吸附的组分全被吸附。净化后的气体从顶部引出。吸附剂下降到汽提段时，由底部上来的脱附气（即易吸附组分），与其接触，进一步吸附，并将难吸附气体置换出来，使吸附剂上的组分更纯，最后进入脱附器，在这里用加热法使被吸附组分脱附出来，吸附剂得到再生。脱附后的吸附剂用气力输送到塔顶，进入下一个循环操作。由此可见，吸附剂在下降过程中，经历了冷却、降温、吸附、增浓、汽提、再生等阶段，在同一装置内交错完成了吸附、脱附过程。

下面对该装置的主要部件做简要介绍。

吸附剂加料装置：加料装置一般分为机械式和气动式。机械式加料器如图 5-41 所示。对于图 5-41（a）的闸板式加料器，固体颗粒的加入速度是靠闸板来调节的；对于图 5-41（b）的星形轮式加料器，固体颗粒的加入靠改变星形轮的转数来实现；对于图 5-41（c）的盘式加料器，是以改变转动圆盘的转数来调节吸附剂的加入量。脉冲气动式加料器的操作原理为用电磁阀控制的气源周期性地通气和断气，从而使置于圆盘中心上方的气嘴周期性地向存在于圆盘上的颗粒物料吹气，致使盘上的物料被周期性地排出。

分配板的作用是使气体分布均匀，气体与吸附剂分离而不带走吸附剂，其结构如图 5-42 所示。气体汇集在塔盘下面，并由塔壁周围均匀分布的几个口排出，进入环形集气管。

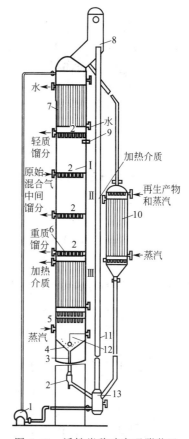

图 5-40　活性炭移动床吸附装置

Ⅰ—吸附段；Ⅱ—精馏段；Ⅲ—汽提段；
1—鼓风机；2—卸料闸门；3—水封管；
4—水封；5—卸料板；6—分配板；7—冷却器；8—料斗；9—热电偶；10—再生器；
11—气流输送管；12—料
面指示器；13—收集器

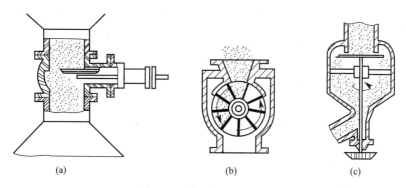

| (a) | (b) | (c) |

图 5-41　典型加料器简图

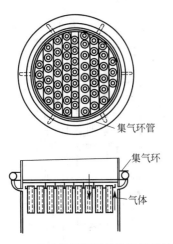

图 5-42 移动床吸附器的分配板的结构

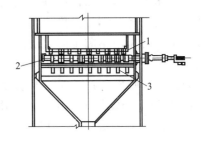

图 5-43 吸附剂卸料装置

1,3—固定板；2—移动板

移动床吸附剂的移动速度由卸料装置控制，最常见的是由两块固定板和一块移动板组成，如图 5-43 所示。移动板借助于液压机械来完成在两块固定板间的往复运动。

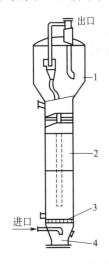

图 5-44 流化床吸附器

1—扩大段；2—吸附段；

3—筛板；4—锥体

（3）流化床吸附器 在流化床吸附器中，吸附层内的固体吸附剂呈悬浮、沸腾状态。流化床吸附器的结构如图 5-44 所示。进入锥体的待净化气体以一定速度通过筛板向上流动，进入吸附段后，将吸附剂吹起，在吸附段内完成吸附过程。净化后的气体进入扩大段后，由于气速降低，气体中夹带的固体吸附剂再回到吸附段，而气体则从出口管排出。

流化床吸附器的特点是，气固逆流操作，气体与固体接触相当充分，气流速度比固定床的气速大 3～4 倍以上，吸附速度快，处理气量大，吸附剂可循环使用。所以该工艺强化了生产能力，对于连续性、大气量的污染源治理非常适合。其缺点是，动力和热量消耗较大，吸附剂强度要求高。

（4）旋转床吸附器 旋转床吸附器的结构如图 5-45 所示。在转筒上按径向以放射状分出若干个吸附室，各室均装满吸附剂。操作时，需净化的空气从转筒外环室进入各吸附室，净化后不含溶剂的空气从鼓心引出。再生时，吹扫蒸汽自鼓心引入吸附室，将吸附的溶剂吹扫出去。经收集、冷凝、油水分离后，有机溶剂可回收利用。为了保证空气净化达到要求的程度，吸附操作在吸附剂未饱和前就应进入再生。

旋转床吸附器优点：①解决了移动床移动时吸附剂的磨损问题；②能实现连续操作，处理气量大，易于实现自动控制；③气流压力损失小；④设备紧凑。

旋转床吸附器缺点：①动力损耗大；②需要一套减速传动机构，转筒与接管的密封也比较复杂；③由于蒸汽吹扫之后吸附剂没有冷却时间，因而温度可能较高，吸附程度可能受一定影响。

5.2.2.2 吸附器的选用

选择吸附器应注意：

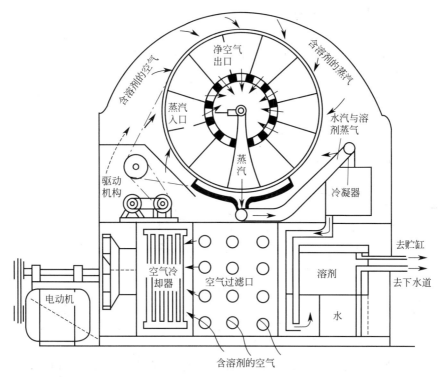

图 5-45　旋转床吸附器结构示意图

① 气体污染物连续排出时应采用连续式或半连续式的吸附流程，可选用移动床吸附器或流化床吸附器；间歇排出时采用间歇式吸附流程，可选用固定床吸附器。

② 排气连续且气量大时，可采用流化床或移动床吸附器。排气连续但气量较小时，则可考虑使用旋转床吸附器。

③ 固定床吸附器可用于各种场合，特别适合于小型、分散、间歇性的污染源治理。

④ 根据流动阻力、吸附剂利用率酌情选用不同型式的吸附器。

⑤ 处理的废气流中含有粉尘时，应先用除尘器除去粉尘。

⑥ 处理的废气流中含有水滴或水雾时，应先用除雾器除去水滴或水雾。对气体中水蒸气含量的要求随吸附系统的不同而不同。

5.2.3　气固催化反应设备

气固相接触催化反应是将反应原料的气态混合物在一定的温度、压力下通过固体催化剂的催化作用，将废气中的有害气体转化成无害物质或转化成易于进一步处理的物质。例如，将氮氧化物转化成氮气，二氧化硫转化成三氧化硫，碳氢化合物转化成二氧化碳和水。这类反应方式在工业上有广泛的应用。催化法对不同浓度的废气均有较高的转化率，但催化剂价格较高，还要消耗热能源，故适用于处理连续排放的高浓度废气。催化法净化气态污染物的主要设备是气-固相催化反应器。

5.2.3.1　气-固相催化反应器类型及结构特点

反应器分固定床反应器和流化床反应器两大类。目前，主要采用中小型固定床反应器，且多为间歇式操作，而大型设备多为流化床反应器。

（1）固定床催化反应器　固定床催化反应器特点是反应器内填充有固定不动的固体催化剂。该反应器结构简单，体积小，催化剂用量少，且在反应器内磨损少，气体与反应剂接触紧密，催化效率高，气体在反应器内的停留时间容易控制。

其缺点是催化剂层的温度不均匀，当床层较厚或气体穿过速度较高时，动力消耗大，不能采用细粒催化剂，以免被气流带走，催化剂更换或再生也不方便。

根据换热要求和方式的不同，固定床催化反应器可分为绝热式和换热式两种。用于气态污染物净化的反应器通常为绝热式反应器，该反应器又可分为单段式、多段式、列管式等类型，如图 5-46 所示。

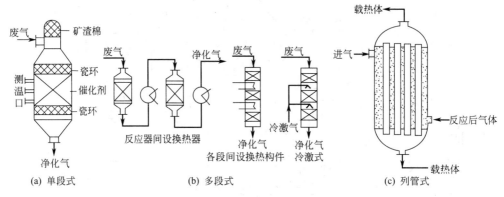

图 5-46　绝热式反应器

① 单段式绝热催化反应器　单段式绝热催化反应器的外形一般呈圆筒形，在反应器的下部装有栅板，催化剂均匀堆置其上形成床层。气体由上部进入，均匀通过催化剂床层并进行反应。整个反应器与外界无热量交换。该反应器的优点是结构简单，气体分布均匀，反应空间利用率高，造价低，适用于反应热效应较小，反应过程对温度变化不敏感、副反应较少的反应过程。

② 多段式绝热催化反应器　多段式绝热催化反应器实际上可看作是串联起来的单段式绝热反应器。它把催化剂分成数层，热量由两个相邻床层之间引出（或加入），避免了床层热量的积累，使得每段床层的温度保持在一定的范围内，并具有较高的反应速率。多段式反应器又分为反应器间设换热器、各段间设换热构件、冷激式等几种形式。这种反应器适用于中等热效应的反应。

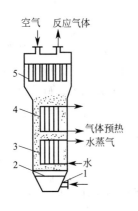

图 5-47　单层流化床反应器示意图
1—进气口；2—布气板；3—冷却器；
4—预热器；5—过滤器

③ 列管式绝热催化反应器　列管式绝热催化反应器的结构与列管式换热器相似。通常在管内装填催化剂，管间通入热载体；或者在管内通入热载体，而管间装填催化剂。列管式反应器传热效果好，适用于反应热特别大的情况。

（2）流化床催化反应器　流化床催化反应器的原理与流化床吸附器相类似，形式有多种，这里仅介绍一种单层床反应器，如图 5-47 所示。

废气由底部的进气口送入，经过布气板进入流化床的反应区。催化剂在气流的作用下悬浮起来并呈流态化，反应产生的热量由冷却器吸收并向外输出，使冷却水转化成水蒸气。在反应器上部设有预热器，使被处理的气体通过预热器吸收反应热，同时将反应后的气体冷却。最后，反应后的气体经过多孔陶瓷过滤器排出。为了防止催化剂微粒堵塞过滤器，将压缩空气由顶部吹入进行反吹清灰。

流化床反应器的主要优点：采用细颗粒催化剂有利于反应气体在催化剂微孔中的内扩散，催化剂表面的利用率高；加强床层的传热，床层温度均匀，可控制在 $1\sim3℃$ 的温度差范围内；便于催化剂的再生和更换；制造费用比列管式固定床反应器低得多。流化床反应器广泛用于空气氧化、催化裂化等反应过程。

流化床的主要缺点是，由于返混作用，对于某些反应转化率和选择性不如固定床；由于操作过程中催化剂在激烈运动中相互碰撞，所以催化剂容易磨损流失；不能使用表面型颗粒状催化剂。

5.2.3.2　气-固相催化反应器的选用

在选择气-固相催化反应器的类型时，可按照如下原则进行。

① 根据催化反应器的大小，以及催化剂的活性温度范围，选择合适的结构类型，并保证催化剂床层的温度控制在允许范围内；

② 在净化气态污染物时，要使催化剂床层的阻力尽量减小，降低能耗；

③ 在满足温度条件的前提下，尽量提高催化剂的装填率，以提高反应设备的利用率；

④ 反应器结构简单、操作方便、安全可靠，投资省，运行费用低。

由于废气中的污染物含量低，反应热比较低，而废气量又很大，因此需要反应设备具有很高的催化效果才能达到排放标准。目前，NO_x 催化、有机废气催化燃烧及汽车尾气净化大多采用单段式绝热反应器。

5.3　脱硫脱硝设备

脱硫就是脱去烟气中的 SO_2，脱硝主要是脱去烟气中的 NO_x，这两种物质排入大气会产生污染形成酸雨。火电厂、水泥厂、玻璃厂等企业生产过程中会产生大量的含 SO_2 和 NO_x 废气。脱硫脱硝设备是用来处理这种废气的装置。

5.3.1　脱硫设备

烟气脱硫就是应用化学或物理方法将烟气中的 SO_2 予以固定和脱除。目前，世界各国对烟气脱硫都非常重视，已开发了数十种行之有效的脱硫技术。烟气脱硫方法通常有两种分类方法：一是根据脱硫剂的形态分为干法、半干法和湿法三类；二是根据在脱硫过程中生成物的处置分为抛弃法和回收法。其中，抛弃法在我国大多指钙法，回收法大多指氨法。

5.3.1.1　湿式钙法脱硫设备

钙法，也称为石灰/石灰石-石膏法，在湿式石灰石-石膏法中，石灰石被磨成极细的粉末，并制成浆液。烟气被引入吸收塔，烟气中的二氧化硫气体被石灰石浆液吸收并发生化学反应，生成亚硫酸钙。

湿式石灰石-石膏工艺在实际使用中流程形式较多，吸收塔形态也各异。目前最常用的是喷雾塔工艺流程（如图 5-48 所示）。锅炉的烟气从除尘器出来经热交换器降温后，从塔的下部进入吸收塔，经过气/气热交换器后烟气温度下降到 $100℃$ 左右。吸收剂石灰石浆液（pH 值为 $7\sim8$）由石灰石浆液槽进入吸收塔的底部，并由循环泵从塔底打入到喷雾管中，与烟气逆向接触，吸收烟气中的二氧化硫生成亚硫酸钙。反应后含有亚硫酸钙的浆液沉到塔的下部，这时从塔的底部通入空气氧化浆液，使

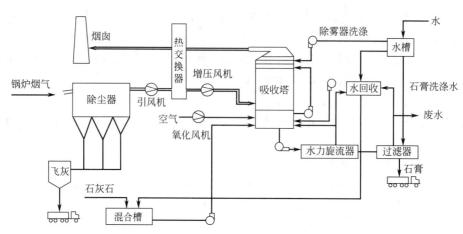

图 5-48　湿式石灰石-石膏脱硫工艺图

之生成硫酸钙（此时浆液 pH 值控制在 5 左右）。将氧化后的浆液从底部抽出，经脱水后得到含水量小于 10％的二水硫酸钙（石膏）。净化后的烟再经热交换器升温，并进入烟囱排出。

按工艺流程，可以将湿式石灰石-石膏工艺设备分成石灰石浆液制备系统、SO_2 吸收系统、烟气再加热系统、石膏脱水与储存系统以及废水处理系统。

（1）石灰石浆液制备系统　石灰石浆液制备系统主要由石灰石料仓、石灰石磨机、浆液泵等组成。浆液制备有两种方式：一是用干式磨机将石灰石磨成所要求细度的干粉，石灰石粉被送到制浆池中加水，搅拌形成 20％～30％（质量分数）的石灰石浆液；二是用湿式磨机将石灰石磨成粉末，同时加入水，形成石灰石浆液，然后再加水稀释至 20％～30％（质量分数）的石灰石浆液。

（2）SO_2 吸收系统　通常由吸收塔、喷嘴、强制氧化系统、浆液再循环与循环泵、除雾器五部分组成。

① 吸收塔　吸收塔是烟气脱硫系统的核心装置，是化学反应的发生容器。常用的吸收塔有喷雾塔、湍球塔、筛板塔等。进入吸收塔的烟气和吸收液有腐蚀性，所以对于吸收塔的材质有较高的要求。通常，吸收塔塔体的材料常采用高镍基合金钢、碳钢衬胶或碳钢加耐腐蚀衬里。

② 喷嘴　按形状可分为空心锥体喷嘴和全锥形喷嘴。喷嘴必须承受强烈的磨损和腐蚀。一般选用碳化硅（SiC），制成切向喷嘴。选择喷嘴时，应在达到雾化要求的前提下，选择尽可能低的压力，以减少能耗；选择尽可能大的孔径，以防止堵塞。喷嘴可以在塔内周向布置，也可以随塔高布置，应保证喷出的锥形水雾有足够的覆盖面，并保证液体均匀分布，靠壁面的喷嘴应向塔中心偏一点以防止浆液强烈冲刷壁面。喷嘴前分配管的直径逐渐缩小，以保证各个喷嘴前流量均匀。

③ 强制氧化系统　为了便于处理脱硫产物，常采用罗茨风机或离心风机向浆池内鼓入空气对浆液进行强制氧化，使脱硫产物完全氧化成石膏。同时，脱硫石膏有可能作为天然石膏的替代物。

④ 浆液再循环与循环泵　通过浆液再循环可达到一定的脱硫率。浆液再循环部分的最主要设备是循环泵。湿式脱硫一般采用离心泵。由于浆液流量大，同时氯离子浓度高，循环

泵的选用要考虑防腐和耐磨。脱硫系统中的循环泵常采用高镍基合金钢叶轮，泵壳常采用衬胶防腐。循环泵的流量计算方法：根据脱硫要达到的效率求得液气比，由液气比求出所需浆液流量。

⑤ 除雾器　在湿式烟气脱硫系统中，烟气经过洗涤，带有大量的液滴，考虑到烟气扩散和烟道、烟囱防腐的要求，必须除去烟气中的液滴，这种执行气液分离功能的装置就是除雾器。除雾器通常布置在吸收塔内部，喷嘴层上面。通常，除雾器以粗分和细分两级布置，经过两级除雾器，对于大于 $17\mu m$ 的液滴分离率可达到 99.9%。除雾器一般要求带有喷淋冲洗装置，定时清洗除雾器，以除去沉积在除雾器上的石灰石浆液。除雾器也可布置在水平烟道内，也可在垂直、水平烟道内都布置除雾单元，成为组合布置。

（3）烟气再加热系统　经过洗涤的烟气温度已低于露点，是否需进行再加热，取决于各国的环保要求。常规做法是利用烟气再加热器对洗涤后的烟气进行再加热，达到一定温度后通过烟囱排放。德国把净化烟气引入自然通风冷却塔排放，借烟气动量和携带热量的提高，使烟气扩散得更好。美国一般不采用烟气再加热系统，而对烟囱采取防腐措施。

烟气再加热系统一般由增压风机、热交换器和烟道等设备组成。

（4）石膏脱水与储存系统　吸收塔底部沉淀池的反应浆液在通入空气氧化后，用泵将其抽出放入一个浆液储槽。反应浆液从储槽中被引入水力分离器（或采用浆液浓缩沉淀池）浓缩至含水量为 40%~50%，然后用真空带式过滤器或离心机过滤，得到含水量小于 10% 的脱硫石膏。在欧洲，石膏的储存通常采用一种圆筒形的石膏储仓，储仓的上部为进料口，下部为出料口。

（5）废水处理系统　湿式石灰石-石膏工艺除产生石膏外，还会产生废水。这些废水含有氯化物、亚硫酸盐、硫酸盐以及重金属离子，必须通过废水处理将这些物质去掉，符合排放标准后才能排放。

（6）设备材质　湿式石灰石-石膏工艺的管道、设备需要使用防腐材料或涂层，应采用表 5-10 中的材料。

表 5-10　湿式石灰石-石膏工艺中装置材料

设备	温度/℃	酸露点/℃	材料	设备	温度/℃	酸露点/℃	材料
未净化烟气通道	100	<100	非合金钢	吸收塔	40~60		软橡胶衬里
	>85	>85	鳞片状玻璃涂层				聚丙烯(PP)
	<85	>85	软橡胶衬里				玻璃钢管(GFK)
吸收塔进口区域	>85		鳞片状玻璃涂层	净化后烟气管道	40~85		碳化硅喷嘴
	>160		铬镍铁合金板		>100		软橡胶衬里
	>180		耐盐酸镍合金板		<85	<100	非合金钢
	>85		软橡胶衬里			<85	鳞片状玻璃涂层

表 5-11 列举了某电厂 2×200MW 机组石灰石-石膏湿法烟气脱硫系统的主要设备。

5.3.1.2　半干钙法脱硫设备

半干法的工艺特点是：反应在气、固、液三相中进行，利用烟气余热蒸发吸收液中的水分，使最终产物为干粉状，若与袋式除尘器配合使用，可提高 10% 的脱硫效率。

表 5-11 某电厂 2×200MW 机组石灰石-石膏湿法烟气脱硫系统的主要设备清单

编号	名　称	规　格	单位	数量
1	石灰石给料机	8t/h，电机 5.5kW	台	1
2	刮板式输送机		台	1
3	斗式提升机		台	1
4	破碎机	8t/h，电机 75kW	台	1
5	石灰石仓	$\phi 9760mm \times 11000mm$	个	1
6	湿式球磨机	8t/h，电机 300kW	台	2
7	浆液泵		台	2
8	水力旋流器		台	2
9	石灰石浆液箱	5000mm×5000mm×3000mm	个	1
10	石灰石浆液泵	$Q35m^3/h$，$H30m$	台	2
11	FGD 升压风机	$Q2040000m^3/h$，$340mmH_2O$	台	1
12	烟气换热器	16000mm×16000mm×28000mm	台	1
13	吸收塔	$\phi 16000mm \times 41000mm$	座	1
14	浆液循环泵	$Q5800m^3/h$，$H23m$	台	4
15	氧化风机	$Q6400m^3/h$，$H23m$	台	2
16	事故浆液排放箱		个	1
17	石膏浆液排放泵	$Q90m^3/h$，$H25m$	台	3
18	回浆泵		台	1
19	旋流器组件		个	2
20	真空皮带过滤机	6t/h，电机 75kW	台	2
21	工艺水箱		个	1
22	工艺水泵		台	2
23	废水处理池	4300mm×4300mm×3000mm	座	1

　　半干法脱硫代表性工艺为半干法喷雾干燥脱硫工艺。喷雾干燥脱硫工艺主要由浆液制备系统、SO_2 吸收系统、除尘净化系统、控制系统等组成。烟气经静电除尘器除尘后进入喷雾吸收塔，在吸收塔中烟气与喷嘴中喷出的雾状吸收液接触，由于烟温较高（约 140℃），在气相向液相传质的同时，雾状液滴中极大部分水分被蒸发，反应产物以干灰的形式通过吸收塔下部排出。净烟气从吸收塔旁侧烟道排出，进入袋式除尘器，发生二次脱硫反应。为了提高脱硫率，在有的流程中脱硫产物被循环使用。烟气通过除尘器除尘，再经加热后排入烟囱。

　　主要设备如下。

　　（1）石灰浆液制备系统　石灰浆液制备系统作用：生石灰从料仓经输送装置（叶轮给料机和绞笼）送入消化池，在其中加水消化，冒出的蒸汽由风机抽出。消化池与料池中间连通，通过溢流形式将石灰浆送入料池，料池中再加水，配成所需浓度的石灰浆液。消化池和料池均设有搅拌器。制备石灰浆液装置主要有滞流式、球磨式和打浆式三种，如图 5-49～图 5-51 所示。

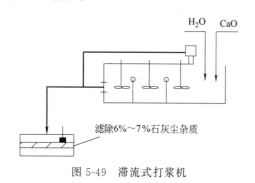

图 5-49　滞流式打浆机

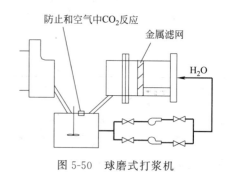

图 5-50　球磨式打浆机

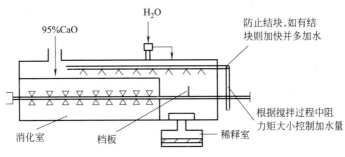

图 5-51　打浆式打浆机

其中，滞流式、打浆式打浆机只用鹅卵石状石灰。CaO 加水后生成 $Ca(OH)_2$，要求水的质量好，否则水化不彻底。高质量水意味着含 Mg、S、C 等杂质少。

1 份磨得很细的石灰（200 目左右）与 2 份常温下的水混合进入搅拌器中，水质和石灰质量均较好者，经混合后大约 8min 温度上升到 95℃。而水与质量较差的石灰混合后，很长时间才能达到 90℃ 或根本达不到。$Ca(OH)_2$ 水化程度以温度衡量，在 20min 内达不到 95℃ 则表示水化不彻底，没有完全变成 $Ca(OH)_2$。质量好的水及石灰进入滞流式打浆机中约 15min 即可变成 $Ca(OH)_2$。另外不论采用何种打浆机，均不要装得太满，应有 10% 余量避免溢出。

当脱硫装置出现故障时，应继续搅拌浆液以免其沉降。但不能超过 32h，超过 32h 石灰浆液必须排空，并用清水冲洗打浆机及管路。

（2）喷雾吸收塔　喷雾吸收塔是脱硫的主要场所。喷雾吸收塔内温度的降低，主要靠水蒸发引起。为了使其他地方温度降低，喷雾吸收塔必须是绝热的。物质转化靠石灰浆液雾滴与烟气直接混合，同时水分蒸发（接近沸点）。当水蒸发时增加了烟气中的相对湿度，反应后的干燥物质落入塔的底部。产生雾滴的雾化器有两种：旋转式和喷嘴式。产生的雾滴最好在 $50\sim70\mu m$，雾滴过小则很快干燥，不能很好地和 SO_2 反应，脱硫效率低；若雾滴过大则水分蒸发不好，在塔壁烟管壁上结露产生腐蚀，而且蒸发不彻底的雾滴将来除尘时也会造成清灰的困难而影响除尘器的运行。吸收塔直径与旋转式雾化器直径之比 D/D_1 的最佳值为 35。

根据烟气量决定烟气在塔内的停留时间，从顶部烟气扩散器进入塔内的烟气旋转方向与雾化器旋转方向相同，烟气速度 20m/s，这样可保证烟尘不沉降。由于石灰浆高速喷出对喷嘴磨损严重，通常喷嘴一年更换一次而且要成对更换，否则平衡性能差，振动厉害，甚至雾化轮飞出。

喷嘴式雾化器一般喷雾量为 4～20L/min，旋转式雾化器约 260L/min（按 35%，相对密度 1.25 的浆液计），所以需要 13～15 个喷嘴式雾化器才能和一个旋转式雾化器喷雾量相接近，而且喷嘴的数量必须为单数。

选择时应综合平衡，但不论用喷嘴式雾化器还是旋转式雾化器，体积是相同的，只是高径比（H/D）不同，消耗的浆液、雾滴的大小等都是相同的。旋转式：$H/D=0.2\sim0.9$；喷嘴式：$H/D=2\sim4$。

从经济上看，烟气量小于或等于 $20\times10^4 m^3/h$ 时使用喷嘴式雾化器比旋转式雾化器经济，大于 $20\times10^4 m^3/h$ 时使用旋转式雾化器比喷嘴式雾化器经济。

喷雾吸收塔的结构布置有多种形式。水平布置：雾化室与反应室中间用隔墙隔开，隔墙上开有通道，通道中架设喷嘴，喷嘴周围有旋转片，使烟气通过时发生旋流，增加烟气与反应浆液的接触时间。垂直布置：垂直布置的吸收塔上部为圆柱形，下部为圆锥形。在吸收塔的顶部装有浆液雾化装置。

（3）风机　为克服脱硫系统的阻力损失，一般在袋式除尘器后和再加热器前增设一台风机，负压运行有利于除尘器密封，同时能耗小。

5.3.1.3　氨法脱硫设备

虽然目前世界上普遍使用的商业化技术是钙法（所占比例达 90％以上），但是与美国、欧洲各国及日本不同的是，在能源结构上，我国 70％左右依靠煤炭，这意味着燃煤烟气治理的任务异常繁重，如果在我国一味发展抛弃式钙法，肯定是没有前途的。相反，在我国发展回收法，特别是氨法，既有相当坚实的基础，又有极为光明的前途。不但 SO_2 吸收剂的供应很丰富，而且氨法的产品本身是化肥，具有很好的应用价值。

氨法烟气脱硫工艺，顾名思义是利用氨做吸收剂除去烟气中 SO_2 的工艺。脱硫工艺是采用一定浓度的氨水做吸收剂，在一结构紧凑的吸收塔内洗涤烟气中的 SO_2，达到烟气净化的目的。形成的脱硫副产物是可做农用肥的硫酸铵，不产生废水和其他废物，浓度保持在90％～99％，能严格地保证出口 SO_2 浓度在 $200mg/m^3$ 以下。

（1）NKK 氨法脱硫技术及设备　NKK 氨法的工艺主要由以下两部分反应组成。

① SO_2 吸收：烟气经过吸收塔，其中的 SO_2 被吸收液吸收，并生成亚硫酸铵与硫酸氢铵。

② 亚硫酸铵氧化：由吸收产生的高浓度亚酸酸铵与硫酸氢铵吸收液，先经灰渣过滤器滤去烟尘，再在结晶反应器中与氨起中和反应，同时用水间接搅拌冷却，使亚硫酸铵结晶析出。

从原引风机出口引出热烟气（约 150℃），经脱硫风机增压后进入吸收塔。该吸收塔从下往上分为三段，下段的作用是预洗涤除尘和冷却降温，在这一段没有吸收剂 NH_3 的加入；中段是第一吸收段，吸收剂 NH_3 从此段加入；上段作为第二吸收段，但是不加 NH_3，只加工艺水，吸收处理后的烟气经过加热器升温后排入烟囱。

NKK 氨法脱硫设备主要包括：烟气预除尘及冷却系统；烟气 SO_2 吸收系统；硫酸铵结晶分离系统；排气再热系统；液氨储存及氨水制备系统；工业水及软化水系统；压缩空气系统。

表 5-12 为某电厂 NKK 氨法脱硫工艺所需的主要设备。

表 5-12　某电厂采用 NKK 氨法脱硫工艺所需的主要设备清单

编号	名称	规格	单位	数量	备注
1	吸收塔	$\phi 12000mm \times 40000mm$	座	2	填料塔
2	氧化塔	$\phi 2600mm \times 11400mm$	座	2	填料塔
3	液氨储罐	$\phi 3000mm \times 7000mm$	个	2	卧式
4	氨水储罐	$\phi 3300mm \times 3000mm$	个	1	
5	吸收液循环槽	$\phi 4800mm \times 4500mm$	个	2	
6	气液分离槽		个	1	
7	硫酸铵母液槽	$\phi 8000mm \times 14000mm$	个	1	
8	蒸发罐	$\phi 6000mm \times 11000mm$	个	1	
9	结晶罐	$\phi 8500mm \times 9100mm$	个	1	
10	结晶罐加热器	$92.11 \times 10^6 kJ/h$	个	2	
11	结晶罐冷凝器	$83.74 \times 10^6 kJ/h$	个	2	

续表

编号	名称	规格	单位	数量	备注
12	旋风分离器		台	2	
13	硫酸铵料斗		个	1	
14	抽气冷却器		台	2	
15	热风发生器		台	1	电热加热器
16	冷却塔		座	1	
17	后冷却器		台	1	
18	排气鼓风机		台	2	
19	热风鼓风机		台	1	涡轮鼓风机
20	空压机		台	2	
21	硫酸铵母液泵		台	1	
22	温水泵		台	1	
23	冷却排水泵		台	1	
24	硫酸铵分离机		台	2	
25	热风干燥机		台	1	气流干燥器
26	硫酸铵传送机		台	1	皮带输送机
27	气/气换热器	$39.78 \times 10^5 \, kJ/h$	台	2	

（2）NADS 氨法脱硫技术及设备　20 世纪 90 年代我国华东理工大学在借鉴 NKK 氨法的基础上，成功研发出了 NADS 氨法。这种新的脱硫方法是结合化肥生产，将烟气中的 SO_2 回收生成硫酸铵，并生产高浓度的工业浓硫酸。

工艺流程如图 5-52 所示。整个工艺流程分为两个大的部分，一个是 SO_2 吸收部分，另一个是硫酸-硫酸铵部分。

（1）SO_2 吸收装置　SO_2 吸收部分主要设备包括 SO_2 吸收塔和烟气再热器。在 SO_2 吸收塔中，烟气中的 SO_2 被 NH_3 和 H_2O 吸收后结合生成含有亚硫酸铵、亚硫酸氢铵和少量硫酸铵的混合水溶液。

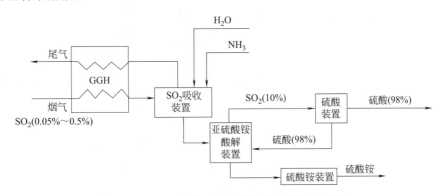

图 5-52　NADS 法的工艺流程框图（硫酸铵-硫酸）

NADS 技术采用筛板塔。它是一种大孔径、高开孔率的筛板塔，阻力低，通量大。在 $2.5 \times 10^4 \, kW$ 机组的装置上，每块塔板的阻力为 $0.15 \sim 0.3 kPa$（相当于 $15 \sim 30 mmH_2O$），是传统塔板的 50%；空塔气速达到 4m/s，是传统塔板的 2 倍。它采用整体玻璃钢拼装技术，容易大型化，防腐性能高，使用寿命长，可确保大于 25 年。在筛板塔上，气、液接触的方式是喷雾方式，而不是鼓泡或泡沫方式，因此具有较高的 SO_2 吸收效率。与喷淋塔和填料塔相比，筛板塔更易实现一塔多级的操作，如图 5-53 所示。

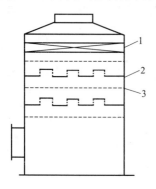

图 5-53　SO_2 吸收塔结构

1—除沫构件；2—隔板；3—筛板

NADS 技术中，SO_2 吸收塔采用整体玻璃钢制造，因此具有相当好的防止稀酸和湿 SO_2 烟腐蚀的性能。此塔使用寿命可达 50 年，一般可大于 25 年，且运行维护工作量很小。烟气再热器功能是再利用烟气的热量，将温度为 45～60℃ 的吸收尾气加热到 70～90℃，有利于尾气从烟囱排放。

（2）硫酸-硫酸铵装置　包括亚硫酸铵溶液酸解装置、硫酸生产装置、硫酸铵生产装置三套装置。

① 亚硫酸铵溶液酸解装置　在该装置中，亚硫酸铵和亚硫酸氢铵与硫酸（或磷酸、硝酸）反应，生成对应的硫酸铵（或磷酸二氢铵、硝酸铵）溶液和 SO_2 气体。同时在酸解装置中鼓入空气。

② 硫酸生产装置　由于该装置的 SO_2 气体非常干净（不像其他硫酸生产装置中含有砷、氟、尘等杂质），所以生产的硫酸品质是很高的。在设备上，其成套装置包括将 SO_2 催化氧化（催化剂为 V_2O_5/SiO_2）为 SO_3 的转化器和换热器、SO_2 气体干燥塔和 SO_3 气体吸收塔，以及酸循环槽等。

③ 硫酸铵生产装置　在该装置中，硫酸铵溶液经过蒸发结晶、离心分离、干燥、包装得到硫酸铵产品。具体的工艺流程如图 5-54 所示。

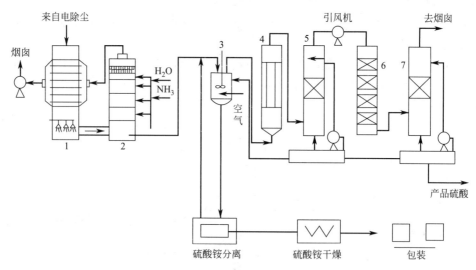

图 5-54　NADS 技术的工艺流程简图（硫酸铵-硫酸方案）

1—再热冷却塔；2—吸收塔；3—中和釜；4—冷凝器；

5—干燥塔；6—SO_2 转化器；7—吸收塔

由电除尘器来的 SO_2 烟气（温度 140～160℃）经过再热器回收热量后，温度降为 100～120℃，再经水喷淋冷却到 <80℃，进入 SO_2 吸收塔。吸收塔的吸收温度在 50℃ 左右，SO_2 吸收率 >95%，烟气出口氨含量 <20mL/m³。吸收后的烟气进入再热器，升温到 >70℃，进入烟囱排放。吸收塔为多级循环吸收，一般为 3～5 级。

从吸收塔出来的亚硫酸铵溶液经过离心分离除去灰尘后，进入中和釜，得到硫酸铵溶液和高浓度的 SO_2 气体。硫酸铵溶液经过蒸发结晶、干燥、包装得到商品硫酸铵化肥。SO_2 气体进入硫酸生产装置生产 98%（质量分数）的硫酸。硫酸 70%～80% 返回中和釜，20%～30% 作为商品出售。

5.3.2　脱硝设备

现有的烟气脱硝技术有选择性催化还原（SCR）、选择性非催化还原（SNCR）、SNCR-SCR 联合法三种。三种方法各有千秋，在世界范围内都得到较快的发展，目前 SCR 工艺技术在工业上应用最广。SCR 工艺是利用还原剂（NH_3）对 NO_x 的还原功能，在催化剂的作用下将 NO_x 还原为 N_2 和水。"选择性"指氨有选择性地将 NO_x 还原。SCR 装置一般布置在锅炉省煤器出口与空气预热器入口之间，催化反应温度 300～400℃。

如图 5-55 所示，SCR 法烟气脱硝系统一般由氨的储存系统、氨与空气混合系统、氨气喷入系统、反应器系统、省煤器旁路、SCR 旁路、检测控制系统等组成。液氨从液氨槽车由卸料压缩机送入液氨罐，再经过蒸发器蒸发为氨气后通过氨缓冲槽和输送管道进入锅炉区，与空气均匀混合后由分布导阀进入 SCR 反应器内部反应。SCR 反应器设置于空气预热器前，氨气在 SCR 反应器的上方，

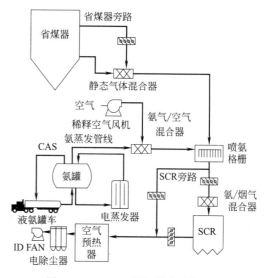

图 5-55　SCR 法烟气脱硝系统组成

通过一种特殊的喷雾装置和烟气均匀混合，混合后烟气通过反应器内催化剂层进行还原反应。

思考题与习题

1. 袋式除尘器的除尘机理是什么？它对滤料有哪些要求？

2. 袋式除尘器有几种清灰方式？各有什么特点？

3. 对比几种典型的袋式除尘器，试说明各自的优缺点。

4. 电除尘器性能的主要影响因素是什么？试就其进行分析。

5. 电晕线有哪几种形式？各有何特点？电晕线的固定方式又如何？

6. 试说明电除尘器的结构组成。

7. 简述催化转化器的结构及工作原理。

8. 湿式石灰石-石膏工艺设备有哪些？

9. 对比说明几种氨法脱硫技术的特点。

10. 简述 NADS 氨法的主要设备及其特点。

11. 某板式电除尘器的平均电场强度 $E_0 = 3 \times 10^6$ V/m，离子质量为 5×10^{-26} kg，粉尘在相对介电常数为 $\varepsilon = 1.5$，粉尘在电场中的停留时间为 5s，试计算：

　　(1) 粒径为 0.2μm 的粉尘荷电量；

　　(2) 粒径为 5μm 的粉尘饱和荷电量；

　　(3) 上述两种粒径粉尘的驱进速度。

12. 应用一管式电除尘器捕集气体流量为 $0.075m^3/s$ 的烟气中的粉尘，若该除尘器的集尘极直径 $0.3m$，筒长 $L=3.66m$，粉尘粒子的驱进速度为 $12.2cm/s$，试确定烟气均匀分布时的除尘效率。

13. 设计电除尘器用来处理石膏粉尘，处理风量为 $129600m^3/h$，入口含尘浓度为 $3×10^{-2}kg/m^3$，要求出口含尘浓度降至 $1.5×10^{-5}kg/m^3$。试计算该除尘器所需极板面积、电场断面积、通道数和电场长度。

14. 某水泥厂预热器窑层需设置一台电除尘器，经增湿调质后的烟气量为 $10×10^4m^3/h$。除尘器烟气进口浓度最高为 $60g/m^3$，要求出口浓度低于 $130mg/m^3$，试设计电除尘器。

第6章 污水处理设备

6.1 分离设备

6.1.1 格栅除污机

格栅除污机是给排水处理中不可缺少的设备，供水厂、污水及雨水提升泵站、污水处理厂等的进水口处都设有格栅除污机，清除各种垃圾和悬浮物，以达到保护其他机电设备正常运行和减轻后续工序处理负荷的目的。

常用的机械格栅除污机的类型有链条式、移动式伸缩臂、钢丝绳牵引式、回转式等，其适用范围及优缺点列于表 6-1。

表 6-1　不同类型格栅除污机的比较

类型	适用范围	优　点	缺　点
链条式格栅除污机	深度不大的中小型格栅，主要清除长纤维及条状杂物	(1)构造简单,制造方便 (2)占地面积小	(1)杂物有时会卡住链条和链轮； (2)套筒滚子链造价高,耐腐蚀性差
移动式伸缩臂除污机	中等深度的宽大格栅,现有耙斗适于污水除污	(1)不清渣时设备全部在水面上,维护检修方便 (2)钢丝绳在水面上运行,寿命长	(1)需三套电机、减速器,构造较复杂 (2)移动时耙齿与栅条间隙的对位较困难
圆周回转式格栅除污机	深度较浅的中小型格栅	(1)构造简单,制造方便 (2)动作可靠,容易检修	(1)配置圆弧形格栅,制造较难 (2)占地面积大
钢丝绳牵引式格栅除污机	固定式适用于中小型格栅,深度范围广,移动式适用于宽大格栅	(1)适用范围广泛 (2)无水下固定部件的设备,维护检修方便	(1)绳易腐蚀,宜采用不锈钢丝绳 (2)有水下固定部件的设备,维护、检修需停水
回转式固液分离机	深度较浅的中小型格栅,适用于二道格栅	(1)安装方便,占地小 (2)动作可靠,容易检修	不能承受大污物冲击

水泵前格栅间隙应根据水泵要求确定，当不分设粗、细格栅时，可选用较小的栅条间隙，见表 6-2。栅条间隙不宜过小，否则耙齿易被卡住。

表 6-2　栅条的间隙

水泵口径/mm	栅条间隙/mm	水泵口径/mm	栅条间隙/mm
<200	15～20	500～900	40～50
200～450	20～40	1000～3500	50～75

格栅除污机的格栅一般与水平面成 $60°\sim75°$，有时成 $90°$ 安置。设计面积一般应不小于进水管渠有效面积的 1.2 倍。使用机械格栅时，一般应不少于 2 台。如设置一台，则应同时设置一台人工清理的格栅，以保证在机械格栅发生故障时泵站能正常工作。在给水工程中有时还将格栅除污机和滤网串联使用，前者去除大的杂质，后者去除较小的杂质。

格栅除污机传动系统有电力传动、液压传动及水力传动三种，我国多采用电力传动系统。机械格栅的动力装置（除水力传动外）一般应设在室内，或采用其他保护设施加以防护。

6.1.2 沉砂池及除砂设备

6.1.2.1 沉砂池

作为废水处理中的预处理设备，沉砂池（grit chamber）通常设置在泵站、倒虹管、沉淀池之前，将进入沉砂池的污水流速控制在只能使密度大的无机颗粒（如泥砂、煤渣等）下沉，而有机悬浮物则随水流带走，以缩小污泥处理构筑物的容积，降低水泵和管道的磨损，提高污泥有机组分的含量。沉砂池的结构材料常用钢筋混凝土或钢板。考虑到污水的腐蚀性及设备的经济性，以钢筋混凝土材料居多。常用的沉砂池有平流式沉砂池、竖流式沉砂池、曝气沉砂池、多尔沉砂池及钟式沉砂池等类型。

6.1.2.2 除砂设备

除砂设备采用两种集砂方式，即刮砂型和吸砂型，相应的除砂设备有刮砂机和吸砂机。吸砂机的工作原理是，用砂泵将池底层的砂水混合液抽至池外，经脱水后的砂粒输送至盛砂容器内待外运处置。常见吸砂机类型有行车泵吸式除砂机、旋流式除砂机等。刮砂机的工作原理是，将沉积在池底的砂粒刮到池心，再清洗提升，脱水后输送到池外盛砂容器内待外运处置。常见刮砂机类型有链板式刮砂机、链斗式刮砂机、旋转式刮砂机、行车式刮砂机、提耙式刮砂机、悬挂式中心传动刮砂机。为了进一步提高除砂效果，有的沉砂池配套了砂水分离器、旋流器、旋流叶轮等专用设备。下面介绍几种典型的除砂机。

（1）行车泵吸式除砂机　行车泵吸式除砂机常用两种类型，即 PXS 型和 SXS 型。

PXS 型行车泵吸式除砂机用于平流式沉砂池沉砂的排除。该机由行走装置、行车大梁、疏砂泵、砂水分离器、动力线及信号线的收放装置等组成。

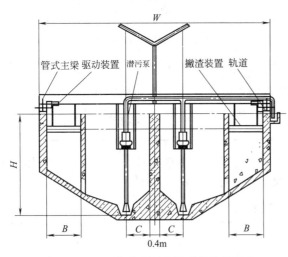

图 6-1　SXS 型行车泵吸式除砂机结构示意

SXS 型行车泵吸式除砂机用于曝气沉砂池，将沉淀在池底上的砂子、煤渣等密度较大的颗粒和污水的混合液提升并输送至与砂水分离器连接的渠道。如图 6-1 所示，SXS 型行车泵吸式除砂机由主梁、驱动装置、潜污泵（液下污水泵）、撇渣装置、轨道和控制箱等组成。其工作原理是，吸砂机在置于池顶的钢轨上根据设定的周期自动往返运行，将池底部砂水混合液提升并排至池边的集水渠。当顺水流行驶时，撇渣耙下降刮集浮渣并送至池末端的池槽；逆水流行驶时，撇渣耙提升，离开液面以防浮渣逆行。该设备采用潜水无堵塞泵提升和输送砂水混合液，比气提泵简单并可避免空压机运行时产生的噪声。

（2）链板式刮砂机　该机具有刮砂、提升和砂水分离功能。如图 6-2 所示，链板式刮砂机由机座、减速机、主从链轮、驱动轴、传动链轮、刮板等组成。减速机经主从链轮和套筒滚子链带动驱动轴，轴上装有链轮，经传动轴、传动链轮带动刮板运行，刮集沉于池底的泥砂。链板式刮砂机有 SG 型、PGS 型两种系列。

（3）链斗式刮砂机　如图 6-3 所示，链斗式刮砂机由传动系统、传动轴、托架、刮斗、导向架、牵引链等组成，且由链条拖动砂斗实现平流式沉砂池的排砂和提升。

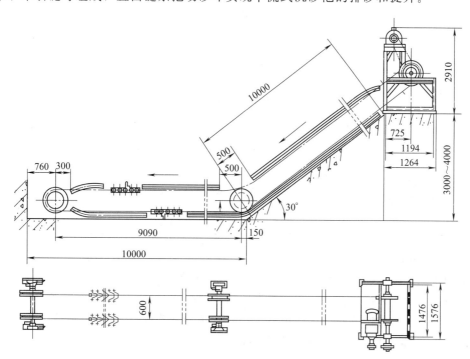

图 6-2　SG 型链板式刮砂机的结构示意图

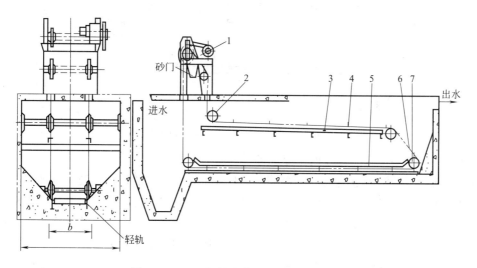

图 6-3　LDGS 型链斗式刮砂机结构示意图

1—传动系统；2—传动轴；3—托架；4—刮斗；5—导向架；6—牵引链；7—从动轴

6.1.3　沉淀池

沉淀池（sedimentation tank）是分离悬浮物的一种主要处理构筑物，用于水及废水的处理、生物处理及最终处理。根据水流方向，沉淀池可分为平流式、辐流式和竖流式三种。其特点及适用条件见表 6-3。

表 6-3　三种沉淀池的特点及适用条件

池型	优　　点	缺　　点	适 用 场 合
平流式	(1)沉淀效果好 (2)对水量和温度的变化有较强的适应能力 (3)处理流量大小不限 (4)平面布置紧凑 (5)施工简单,造价较低	(1)占地面积大 (2)配水不易均匀 (3)采用多斗排泥时,每个泥斗需单独设排泥管,操作工作量大、管理复杂;采用链带式刮泥机刮泥时,机件浸入水中,易锈蚀	(1)适用于地下水位高和地质条件差的地区 (2)适用于大、中、小型水处理厂
辐流式	(1)多为机械排泥,运行较好,管理较简单 (2)排泥设备已定型,运行效果好	(1)水流不易均匀,沉淀效果较差 (2)机械排泥设备复杂,对施工质量要求较高	(1)适用于地下水位较高地区 (2)适用于大、中型水处理厂
竖流式	(1)排泥方便,管理简单 (2)占地面积较小	(1)池子深度大,施工困难 (2)造价较高 (3)对冲击负荷和温度变化的适应能力较差 (4)池径不宜过大,否则布水不均匀	适用于中、小型水处理厂,给水厂多不用

6.1.3.1　平流式沉淀池

　　常用的平流式沉淀池的结构如图 6-4 所示。污水从池的一端流入,从另一端流出,按水平方向在池内流动。池呈长方形。在池的进口端或沿池长方向,设有一个或多个贮泥斗,贮存沉积下来的污泥。为使池底污泥能滑入贮泥斗,池底应有 $1\% \sim 2\%$ 的坡度。采用机械排泥的平流式沉淀池,其池宽应与排泥机械相配套。

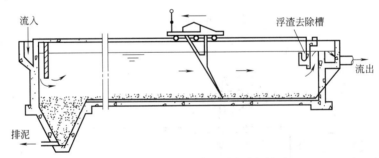

图 6-4　配行车刮泥机的平流式沉淀池

　　下面简要介绍平流式沉淀池的主要部件。

　　(1)入流装置　沉淀池的入流装置、出流装置是影响水流的均匀性及沉降效果的主要因素。入流装置由设有侧向或槽底潜孔的配水槽、挡流板组成,起均匀布水与消能作用,以保证设备的沉降效率及确保已沉淀污泥不被搅动。在给水处理厂中,沉淀池入流装置可设计成图 6-5 中的 (a)、(b)、(c) 所示的三种形式。其中,一般采用图 6-5 (c) 所示的穿孔墙布水形式,穿孔墙上的开孔面积为池断面面积的 $6\% \sim 20\%$,孔口应均匀分布在整个穿孔墙宽度上,为防止絮体破坏,孔口流速不宜大于 $0.15 \sim 0.2 m/s$,孔口的断面形状沿水流方向逐渐扩散,以减少进口的射流。

　　在污水处理中也可采用图 6-5 中的 (d)、(e)、(f)、(g) 的形式,这些形式与给水处理中沉淀池进水装置的差别是增设了消能、稳流的设备挡板,使污水均匀分布。挡板上端应高出水面 $0.15 \sim 0.2 m$,下端伸入水面下不小于 $0.2 m$,距进水口 $0.15 \sim 1.0 m$。

　　(2)出流装置　出流装置也称出水堰,由流出槽与挡板组成,是沉淀池的重要组成部分，不仅控制池内水面的高度，而且对池内水流的均匀分布有直接影响。它要求沿整个出水堰的单位长度溢流量相等，且要求堰口下游应有一定的自由落差。

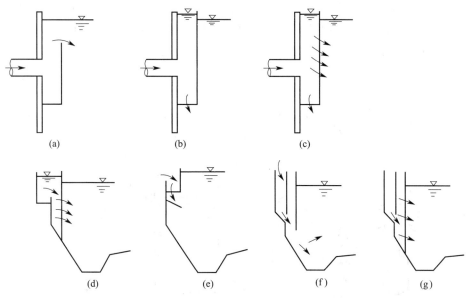

图 6-5　沉淀池进水口布置形式

出流区装置一般采用自由堰形式，如图 6-6 所示。给水处理常采用图 6-6（a）、（b）两种形式。图 6-6（b）、（c）为淹没式孔口出水，孔口流速宜取 0.6～0.7m/s，孔径取 20～30mm。孔口应设在水面下 0.12～0.15m，水流应自由跌落到出水渠中，这种形式的出水堰可以阻挡浮渣随水流走。目前图 6-6（d）所示的锯齿形溢流堰也较普遍。这种溢流堰易于加工，并能保证均匀出水，水面应位于齿高度的 1/2 处。为阻拦浮渣，堰前应设置挡板，挡板下沿应插入水面下 0.3～0.4m，挡板距出水口 0.25～0.5m。

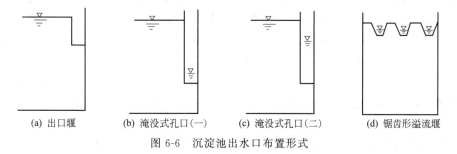

(a) 出口堰　　　(b) 淹没式孔口(一)　　　(c) 淹没式孔口(二)　　　(d) 锯齿形溢流堰

图 6-6　沉淀池出水口布置形式

为缓和流出区附近的流线过于集中，应尽量增加出水堰的长度，以降低堰口流量的负荷。通常设计成图 6-7 所示的形式，目前采用图 6-7（b）、（c）形式的较多。

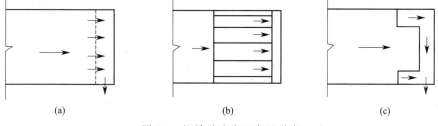

(a)　　　　　　　　　　(b)　　　　　　　　　　(c)

图 6-7　沉淀池流出区布置形式

（3）排泥装置　及时排出沉淀池的污泥是保证沉淀池正常工作、出水水质的一项重要措施。常用的排泥方法有静水压力法和机械排泥法。由于可沉悬浮颗粒多沉于沉淀池的前部，因此，在池的前部设置斗形贮泥装置。贮泥斗底部装排泥管，利用静水压头将污泥排出池外。池底一般设1％～2％的坡度，坡向贮泥斗，配机械刮泥设备，使沉入池底的污泥进入泥斗内。平流式沉淀池常配有的机械排泥装置有行车式刮泥机、链板式刮泥机、行车式吸泥机（虹吸式、泵吸式）。

6.1.3.2　竖流式沉淀池

如图6-8所示，竖流式沉淀池多为圆形，但也有呈方形或多角形的。沉淀池上部为圆筒形的沉淀区，下部为截头圆锥状的贮泥斗，之间为缓冲层，约0.3m。

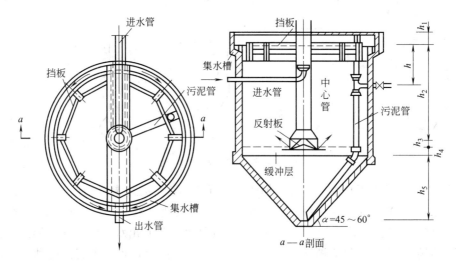

图6-8　圆形竖流式沉淀池

废水从中心管自上而下流入，经反射板的阻拦向四周均匀分布，然后沿沉淀区的整个断面上升。出流区设于池周，澄清后的出水经自由堰或三角堰从池面四周溢出，由池四周的集水槽收集。为了防止漂浮物外溢，在水面距池壁0.4～0.5m处安设挡板，挡板伸入水中部分的深度为0.25～0.30m，伸出水面高度为0.1～0.2m。

竖流式沉淀池直径或边长为4～7m，一般不大于10m。为了保证水流自下而上垂直流动，要求池直径D与沉淀区有效水深的比值不大于3，否则池内水流就有可能变成辐射流而使絮凝作用减少，发挥不了竖流式沉淀池的优点。

竖流式沉淀池水流方向与颗粒沉淀方向相反。当颗粒发生自由沉淀时，其沉淀效果比平流式沉淀池差得多。当颗粒具有絮凝性时，则上升的小颗粒和下沉的大颗粒之间相互接触、碰撞而絮凝，使粒径增大，沉速加快。另一方面，沉速等于水流上升速度的颗粒将在池中形成一悬浮层，对上升的小颗粒起拦截和过滤作用，因而沉淀效率比平流式沉淀池更高。

6.1.3.3　辐流式沉淀池

按水流方向及进出水方式的不同，辐流式沉淀池可分为普通辐流式沉淀池和向心辐流式沉淀池两种。与辐流式沉淀池配套的排泥机械有辐流式吸泥机和辐流式刮泥机两大类。前者包括中心传动吸泥机（虹吸式、泵吸式、水位差式）和周边传动吸泥机（虹吸式、泵吸式、水位差式）；后者包括中心传动刮泥机、周边传动刮泥机。

6.1.4　气浮装置

气浮装置是一类向水中加入空气，使空气以高度分散的微小气泡形式作为载体将废水中的悬浮颗粒载浮于水面，从而实现固-液和液-液分离的水处理设备。在水处理中，气浮法不宜用于高浊度原水的处理，主要应用于处理含有细小悬浮物、藻类及微絮体的废水、造纸废水和含油废水等场合。按水中产生气泡的方式不同，气浮装置可分为溶气气浮装置、布气气浮装置和电解气浮装置。

6.1.4.1　溶气气浮装置

溶气气浮是使空气在一定压力作用下溶解于水中，并达到过饱和的状态；然后设法使溶解在水中的空气以微小气泡的形式从水中析出，并带着黏附在一起的固体杂质粒子上浮。根据气泡从水中析出时所处压力的不同，溶气气浮又可分为加压溶气气浮和溶气真空气浮两种类型，相应的溶气气浮设备可分为加压溶气气浮设备和溶气真空气浮设备两种。

溶气真空气浮设备是使空气在常压或加压条件下溶入水中，而在负压条件下析出的气浮设备。该设备能得到的空气量因运行真空度（一般 40kPa）的影响，析出的气泡数量很有限，只适用于污染物浓度不高的污水，且设备构造复杂，运行维修管理不便，目前已逐步淘汰。

加压溶气气浮设备是将原水加压，同时加入空气，使空气溶解于水，然后骤然减至常压，溶解于水的空气以微小气泡（气泡直径为 $20\sim100\mu m$）从水中析出，使水中的悬浮颗粒浮于水面，从而实现污染物的气浮分离。加压溶气气浮设备是目前国内外最常用的一种气浮设备。该设备适用于污水处理（尤其是含油污水的处理）、污泥浓缩以及给水处理。

目前使用最广的部分回流溶气式压力溶气气浮工艺如图 6-9 所示。该法将部分澄清液（10%～30%）经过泵加压，由泵出水管段引入空气后，送往压力溶气罐，使空气充分溶于水中，然后经过释放器后与絮凝后的原水混合进入气浮池进行气浮分离。该法处理效果稳定，并能大量减少能耗，在污水处理工艺中应用最广泛。

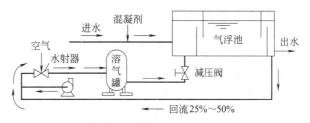

图 6-9　部分回流溶气式压力溶气气浮工艺

压力溶气气浮装置主要包括压力溶气系统、溶气释放系统及气浮池三部分。

(1) 压力溶气系统　包括水泵、空压机（或射流器）、压力溶气罐、液位自动控制设备等。加压水泵的作用是提供一定压力的水，一般采用离心泵。选择离心泵时，除考虑溶气水的压力外，还应考虑管道系统的水头损失。

压力溶气罐是影响溶气效果的关键设备，其作用是在一定压力下，保证空气充分地溶解于废水中，并使水、气充分混合。压力溶气罐有多种形式，推荐采用能耗低、溶气效率高的空气压缩机供气的喷淋式填料罐。其构造如图 6-10 所示。该种压力溶气罐具有如下特点：

① 用普通钢板卷焊而成，其设计制造按一类压力容器考虑。

② 该压力溶气罐的溶气效率与无填料的溶气罐相比约高出 30%。在水温 20～30℃范围内，释气量约为理论饱和溶气量的 90%～99%。

③ 可应用的填料种类很多，如瓷质拉西环、塑料斜交错淋水板、不锈钢圈填料、塑料阶梯环等。阶梯环具有较高的溶气效率，可优先考虑。不同直径的溶气罐需配置不同尺寸的

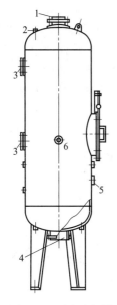

图 6-10　压力溶气罐

1—进水管；2—进气管；3—观察窗；

4—出水管；5—液位传感器；

6—放气管

填料，填充高度一般取 1m 左右。当溶气罐直径超过 500mm 时，考虑到布水的均匀性，可适当增加填料高度。

④ 由于布气方式、气流流向等因素对填料罐溶气效率几乎没有影响，因此，进气的位置及形式一般无需多加考虑。

⑤ 为了自动控制罐内最佳液位，采用了浮球液位传感器，当液位达到了浮球传感器下限时，即指令关闭进气管上的电磁阀；反之，当液位达到上限时，指令开启电磁阀。

（2）溶气释放系统　溶气释放系统是产生微细气泡的重要器件，一般由释放器（或穿孔管、减压阀）及溶气水管路组成。溶气释放器的功能是将压力溶气水通过消能、减压，使溶入水中的气体以微气泡的形式释放出来，并能迅速而均匀地与水中杂质相黏附。释放器的性能往往因结构不同而有很大差异，目前国内所使用的溶气释放器可分为常规型和高效型两种，前者使用的是以截止阀为主的阀门类释放器，后者使用的是 TS、TJ、TV 等新型释放器。

（3）气浮池　气浮池的作用是使微气泡群与水中絮凝体充分混合、接触、黏附，以保证带气絮凝体与清水分离；若不投加药剂与原水反应，则取消反应池。气浮池按流态分有平流式和竖流式两种，按平面形状分为矩形和圆形两种。平流式气浮池在目前气浮净水工艺中使用最为广泛，常采用反应池与气浮池合建的形式，如图 6-11 所示。污水进入反应池（可用机械搅拌、折板、孔室旋流等形式）完成反应后，将水流导向底部，以便从下部进入气浮接触室，延长絮体与气泡的接触时间，池面浮渣刮入集渣槽，清水由底部集水管集取。该形式的优点是池身浅、造价低、构造简单、管理方便；缺点是与反应池较难衔接，容积利

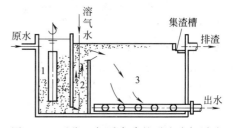

图 6-11　反应、气浮合建的平流式气浮池

1—反应池；2—接触池；3—气浮池

用率低等。目前根据污水水质特点及整个处理系统的工艺要求还出现了气浮-沉淀、气浮-过滤等工艺一体化的组合形式。

6.1.4.2　布气气浮装置

布气气浮装置是利用机械剪切力，将溶于水中的空气粉碎成微细气泡，从而进行气浮的设备。按空气气泡粉碎方法的不同，布气气浮又可分为水泵吸水管吸气气浮、射流气浮、叶轮气浮和扩散板曝气气浮四种。其中，射流气浮设备、叶轮气浮设备常被采用。

（1）叶轮气浮设备　叶轮气浮设备结构如图 6-12 所示。在气浮池底部设有叶轮，由池上部的电机驱动，叶轮上部装设带有导向叶片的固定盖板，盖板上有孔洞。当叶轮在电机驱动下高速旋转时，在盖板下形成负压，从进气管吸入空气，废水由盖板上的小孔进入。在叶轮的搅动下，空气被粉碎成细小的气泡，并与水充分混合形成水气混合体甩出导向叶片之外。导向叶片使水流阻力减小，水流经整流板稳流后，在池体内平稳地垂直上升，进行气

浮。污物不断地被刮渣板刮出池外。

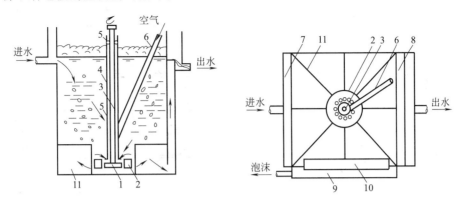

图 6-12　叶轮气浮设备结构示意图

1—叶轮；2—盖板；3—转轴；4—轴套；5—轴承；6—进气管；7—进水槽；

8—出水槽；9—浮渣槽；10—刮渣板；11—整流板

叶轮气浮装置中，叶轮直径一般为 200～400mm，最大不超过 700mm，叶轮转速为 900～1500r/min。气浮池充水深度与吸入的空气量有关，一般为 1.5～2.0m，最大不超过 3.0m。

叶轮气浮设备不易阻塞，适用于处理水量不大，污染物浓度较高的污水，如洗煤废水及含油脂、羊毛废水，除油效率可达 80% 左右。叶轮气浮设备缺点是产生的气泡较大，气浮效果较低。

（2）射流气浮设备　射流器结构如图 6-13 所示。由喷嘴射出的高速污水使吸入室形成负压，并从吸气管吸入空气，在水气混合体进入喉管段后进行激烈的能量交换，空气被粉碎成微小气泡，然后进入扩压段（扩散段），动能转化为势能，进一步压缩气泡，增大了空气在水中的溶解度，然后进入气浮池中进行分离，即气浮过程。射流气浮法的优点：设备比较简单，投资少。缺点：动力损耗较大、效率低、喷嘴及喉管处较易被油污堵塞。

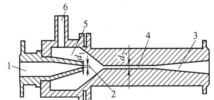

图 6-13　射流器的结构示意图

1—喷嘴；2—渐缩段；3—扩散段；

4—喉管段；5—吸入室；6—吸气管

6.1.4.3　电解气浮装置

电解气浮（electrolytic flotation）是在直流电的作用下，采用不溶性的阳极和阴极直接电解废水，两极产生氢和氧的微细气泡，将废水中颗粒状污染物带至水面进行分离的一种技术。此外，电解气浮还具有降低 BOD、氧化、脱色和杀菌作用，对废水负荷变化适应性强，生成污泥量少，占地少，无噪声。处理水量一般为 $10～20m^3/h$。由于电耗及操作运行管理、电极结垢等问题，其较难适应处理水量大的场合。

电解气浮装置可分为竖流式和平流式两种，如图 6-14 和图 6-15 所示。

6.1.5　过滤装置

过滤在给水处理中是重要的一个单元；在废水处理过程中，既可用于活性炭吸附和离子交换等深度处理过程之前的预处理，也可用于化学混凝和生物处理后的最终处理。通常，过滤装置包括快滤池和慢滤池，两者的过滤机理是不同的。

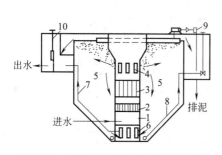

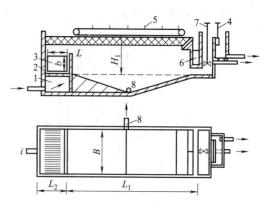

图 6-14　竖流式电解气浮装置示意图

1—入流室；2—整流栅；3—电极组；4—出流孔；

5—分离室；6—集水孔；7—出水管；8—排泥管；

9—刮泥机；10—水位调节器

图 6-15　双室平流式电解气浮装置

1—入流室；2—整流栅；3—电极组；

4—出口水位调节器；5—刮渣机；6—浮渣室；

7—排渣室；8—污泥口

慢滤也称表层过滤，主要利用顶部的滤膜截留悬浮固体，同时发挥微生物对水质的净化作用。慢滤池生产水量少、滤速慢、占地大、污泥产量大。目前慢滤池方式在水处理中应用较少。

快滤也称深层过滤，滤速较快。快滤池常用于污水的预处理和最终处理，是一种通过具有一定孔隙率的粒状滤料床层，进行机械筛滤、沉淀、接触絮凝，从而分离水中污物的水处理设备。

6.1.5.1　普通快滤池

滤池本身包括滤料层、承托层、配水系统、集水渠和洗砂排水槽五个部分。快滤池管廊内有原水进水、清水出水、冲洗排水等主要管道和与其相配的控制闸阀等附件。排水系统用以收集滤后水，更重要的是用于均匀分配反冲洗水。快滤池的运行过程主要是"过滤和反冲洗"两个过程的交替进行。

在水处理中常用的滤料有石英砂、无烟煤粒、矿石粒，以及人工生产的陶粒滤料、瓷料、纤维球、塑料颗粒、聚苯乙烯泡沫颗粒等，目前应用最为广泛的是石英砂和无烟煤。

快滤池按所采用滤床层数分为单层滤料滤池、双层滤料滤池和三层滤料滤池。

承托层也称为垫料层，一般配合大阻力配水系统使用。其作用：一是防止过滤时滤料从配水系统上的孔眼随水流失，二是在反冲洗时起一定的均匀布水作用。承托层一般采用天然鹅卵石铺垫而成。

配水均匀性对冲洗效果影响很大。配水系统可分为大阻力配水系统和小阻力配水系统两种。大阻力配水系统由一条干管和多条带孔支管构成。干管设在池底中心，支管埋于承托层中间，距池底有一定高度，支管下开两排小孔，与中心线成 45°角交错排列。孔的口径小，出流阻力大，使管内扬程水头损失的差别与孔口水头损失相比非常小，从而使整个孔口的水头损失趋于一致，以达到均匀布水的目的。另外，若使集水渠中的水头损失与配水系统本身相比很小，也可达到均匀布水的目的。若采用多孔滤板、滤砖、格栅、滤头等方式配水，则均属小阻力配水系统。

6.1.5.2　压力过滤器

过滤装置按过滤驱动力可分为重力过滤器和压力过滤器等。普通快滤池靠水层本身的重力克服滤层阻力进行过滤，作用水头为 $40\sim50\mathrm{kPa}$，而压力过滤器则是将滤料填于密闭的压力容器内，利用外加压力克服滤池阻力进行过滤，作用水头达 $0.15\sim0.25\mathrm{MPa}$。压力过滤器在较高的最终水头损失下操作，过滤周期短，反冲洗次数少，运行管理较方便，可以移动位置，临时给水也很方便，并可省去清水泵房。压力过滤器常用于中小型工业给水处理，与离子交换树脂串联使用，过滤后的水往往可以直接送到用水装置。缺点是耗用钢材较多，投资较大，而且滤料进出不方便。压力滤池分竖式和卧式两种，竖式滤池见图 6-16，直径一般不超过 3m。池内常设无烟煤和石英砂双层滤料，粒径一般采用 $0.6\sim1.0\mathrm{mm}$，厚度一般用 $1.1\sim1.2\mathrm{m}$，滤速为 $8\sim10\mathrm{m/s}$ 或更大。配水系统通常用小阻力的缝隙式滤头、支管开缝或孔等。反冲洗污水通过顶部的漏斗或设有挡板的进水管收集并排出。为提高反冲洗效果，常考虑用压缩空气辅助冲洗。压力滤池外部安

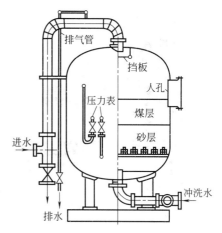

图 6-16 竖式压力滤池构造示意图

装有压力表、取样管，及时监控水头损失和水质变化。滤池顶部还设有排气阀，以排出池内和水中析出的空气。

6.1.6 膜分离设备

膜分离最常用的是反渗透、超滤法、电渗析，其次是微滤和扩散渗析。限于篇幅，本书只介绍一些常用的反渗透设备、超滤设备、电渗析设备。

6.1.6.1 反渗透设备

反渗透（reverse osmosis）是用足够的压力使溶液中的溶剂（一般指水）通过反渗透膜（或称半透膜）而分离出来，因为它和自然渗透的方向相反，故称反渗透。反渗透用于处理溶解性有机物如葡萄糖、蔗糖、染料、可溶性淀粉、蛋白质、细菌与病毒等，可获得 100% 的分离效率，从而达到净化水与回收有用物质的双重目的。近年来，其已开始用于废水的三级处理和废水中有用物质的回收，离子去除率可达 96% 以上。反渗透法由于分离过程不需加热，没有相的变化，具有耗能较少、设备体积小、操作简单、适应性强、应用范围广等优点。其主要缺点：设备费用较高，膜清洗效果较差。

膜组件是指将膜以某种形状和一定的面积置于一容器中，组成单元设备，在外压下实现溶质与溶剂的分离。反渗透设备根据膜组件的形式不同可分为板框式、管式、螺旋卷式和中空纤维式四种结构形式。板框式反渗透装置（见图 6-17）是将膜贴在多孔透水板的单侧或两侧，再紧粘在不锈钢或环氧玻璃钢承压板的两侧，构成一个反渗透元件。然后将几块或几十块元件层层叠合，用长螺栓固定后装入密封耐压容器内。管式反渗透装置是把反渗透膜装在承压管的内侧或外侧，制成管状膜的元件，然后将很多管束装配在筒形耐压容器内，如图 6-18、图 6-19 所示。螺旋卷式反渗透装置是在两层反渗透膜中间夹一层多孔的柔性格网，再在下面铺一层供废水通过的多孔透水格网，然后将它们的一端粘贴在多孔集水管上，绕管卷成螺旋卷筒，并将另一端密封，就成为一个反渗透元件，如图 6-20 所示。

中空纤维式反渗透装置是将制造反渗透膜的原料空心纺丝制成中空纤维管。纤维管的外径为 $50\sim100\mu m$，壁厚 $12\sim25\mu m$。将几十万根中空纤维弯成 U 形装在耐压容器内，即组成反渗透器，如图 6-21 所示。

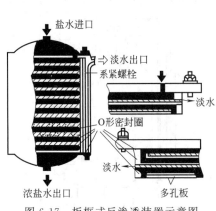

图 6-17 板框式反渗透装置示意图

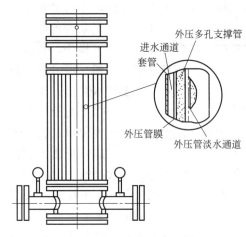

图 6-18 外压管式反渗透装置

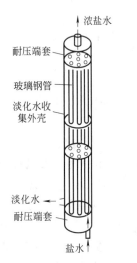

图 6-19 内压管式反渗透装置

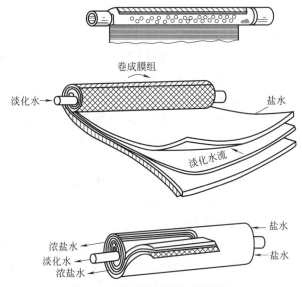

图 6-20 螺旋卷式反渗透膜组件

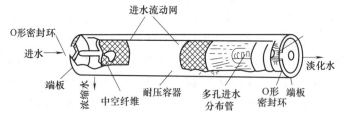

图 6-21 中空纤维式反渗透装置

上述四种膜组件的特点见表 6-4。

6.1.6.2 超滤设备

超滤法（UF）与反渗透法相似，也是依靠膜和压力来完成分离任务的。但是，作用的实质与反渗透法并不相同，超滤法是利用机械过滤的原理，比孔隙粗的分子或粒子就不能透过薄膜。在废水处理中，其目前主要用于分离有机物，如淀粉、蛋白质、树胶、油漆等。

表 6-4 四种膜组件的特点列表

膜组件类型	主 要 优 点	主 要 缺 点	适 用 范 围
板框式	结构紧凑,密封牢固,能承受高压,成膜工艺简单,膜更换方便,较易清洗,有一张膜损坏不影响整个组件	装置成本高,水流状态不好,易堵塞,支撑体结构复杂	适用于中小处理规模,要求进水水质较好
管式	膜的更换方便,进水预处理要求低,适用于悬浮物和黏度较高的溶液。内压管式水力条件好,很容易清洗	膜装填密度小,装置成本高,占地面积大,外压管式不易清洗	适用于中小规模的水处理,尤其适用于废水处理
螺旋卷式	膜的装填密度大,单位体积产水量高,结构紧凑,运行稳定,价格低廉	制造膜组件的工艺较复杂,组件易堵塞且不易清洗,预处理要求高	适用于大规模的水处理,进水水质较高
中空纤维式	膜的装填密度最大,单位体积产水量高,不要支撑体,浓差极化可以忽略,价格低廉	成膜工艺复杂,预处理要求最高,很易堵塞,且很难清洗	适用于大规模水处理,且进水水质需很好

超滤所用的膜为非对称性膜,膜孔径为 $1\sim20nm$,能够截留相对分子质量 500 以上的大分子和胶体微粒,操作压力一般为 $0.1\sim0.5MPa$。目前,常用的膜材料有醋酸纤维、聚丙烯腈、聚酰胺、聚偏氟乙烯等。

超滤系统装置一般可分为间歇式和连续式两类,见图 6-22 和图 6-23。

超滤的膜组件同反渗透膜组件类似,可分为板式组件、管式组件、卷式组件和中空纤维式组件。板式超滤器基本上与板框式反渗透器相同,但新型的板式超滤器的板框较薄,超滤膜的间隔仅 0.8cm,将几十块隔板平整叠放起来,用螺栓夹紧后即可进行超滤分离。中空纤维超滤膜的孔径要比中空纤维反渗透膜的孔径大得多。

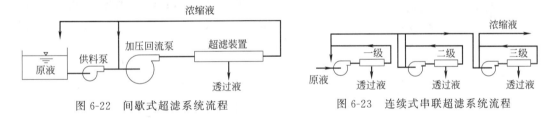

图 6-22 间歇式超滤系统流程　　　　图 6-23 连续式串联超滤系统流程

6.1.6.3 电渗析设备

电渗析设备是利用在直流电场作用下,阴、阳离子交换膜对溶液中阴、阳离子的选择透过性,使溶液中的阴、阳离子在隔室中发生离子迁移,分别通过阴、阳离子交换膜而达到除盐或浓缩的目的。在水处理工程中,电渗析器主要用于水的除盐、淡化、纯化,亦已用于饮用水除氟和工业废水处理。

如图 6-24 所示,电渗析装置主要由膜堆、极区(离子交换膜)和夹紧装置三大部分构成。

膜结构单元包括阳膜、隔板、阴膜,一个结构单元也叫一个膜对。一台电渗析器由许多膜对组成,这些膜对总称为膜堆。隔板的作用是使两层膜间形成水室,构成流水通道,并起配水和集水的作用。隔板材料常用 $1\sim2mm$ 的硬聚氯乙烯(或聚丙烯)板制成,板上开有配水孔、布水槽、流水道、集水槽和集水孔。

极区的主要作用是给电渗析器供给直流电,将原水导入膜堆的配水孔,将淡水和浓水排出电渗析器,并通入和排出极水。极区由托板、电极、极框和弹性垫板组成。电极托板的作用是加固极板和安装进出水接管,常用厚的硬聚氯乙烯板制成。电极的作用是接通内外电

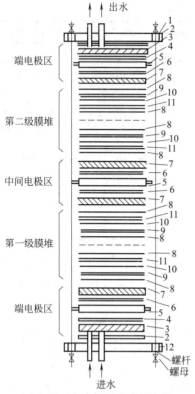

图 6-24　电渗析器组成示意图

1—上压板；2—垫板甲；3—电极托板；
4—垫板乙；5—石墨电极；6—垫板丙；
7—极框；8—阳膜；9—淡水隔板；
10—阴膜；11—浓水隔板；12—下压板

路，在电渗析器内造成均匀的直流电场。阳极常用石墨、铅等材料制成；阴极可用不锈钢等材料制成。极框用来使极板和膜堆之间保持一定的距离，构成极室，也是极水的通道。极框常用厚 5～7mm 的粗网多水道式塑料板制成。垫板起防止漏水和调整厚度不均的作用，常用橡胶或软聚氯乙烯板制成。

夹紧装置用于把极区和膜堆组成不漏水的电渗析器整体，可采用压板和螺栓，也可采用液压压紧。

电渗析器的基本组装形式如图 6-25 所示。通常用"级"、"段"和"系列"等术语来区别各种组装形式。电渗析器内电极对的数目称为"级"，凡是设置一对电极的叫做一级，两对电极的叫二级，依次类推。电渗析器内，进水和出水方向一致的膜堆部分称为"一段"，水流方向每改变一次，"段"的数目就增加 1。电渗析器组装应根据进水水质、产水量和除盐率等因素确定，有的还需依经验确定其级数、段数和膜对数。

电渗析法除盐、淡化时，进入电渗析器的水质一般应满足下列要求：①浊度＜3 度，游离氯＜0.2mg/L；②总铁＜0.3mg/L，锰＜0.1mg/L；③水温：5～40℃。

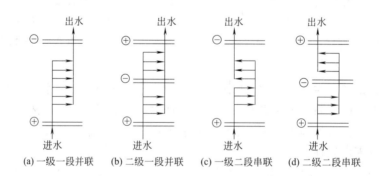

(a) 一级一段并联　　(b) 二级一段并联　　(c) 一级二段串联　　(d) 二级二段串联

图 6-25　电渗析器的基本组装形式

6.2　曝气设备

曝气是将空气中的氧用强制方法溶解到废水与活性污泥混合液中去的过程。曝气设备是好氧生物处理的关键性设备，其主要作用是充氧、搅拌、混合。曝气设备的选型不仅影响污水生化处理效果，而且影响到污水处理厂占地、投资及运行费用。

6.2.1 曝气方式与技术性能指标

曝气方式主要分为鼓风曝气、表面曝气、水下曝气、氧气曝气四大类。反映曝气设备充氧性能好坏的技术指标有以下几项。

① 动力效率（E_p） 每消耗 1kW 电能转移到混合液中的氧量，$kgO_2/(kW \cdot h)$。

② 氧的利用率（E_A） 通过鼓风曝气转移到混合液中的氧量占总供氧量的百分比，%。

③ 氧转移效率（E_L） 也称充氧能力，通过机械曝气装置，在单位时间内转移到混合液中的氧量，$kg O_2/h$。

对于鼓风曝气设备的性能一般按①、②项指标评定，对表面曝气设备则按①、③项指标评定。

6.2.2 鼓风曝气设备

鼓风曝气设备由空气加压设备、空气扩散装置和空气输配管系统组成。

空气加压设备包括空气净化器、鼓风机或空气压缩机，其风量要满足生化反应所需的氧量和能保持混合液悬浮物呈悬浮状态。

空气扩散装置是好氧生物处理中与鼓风机配套的关键设备，它使空气形成不同尺寸的气泡，增大空气与混合液之间的接触界面，把空气中的氧溶解于水中。扩散性能的好坏直接影响好氧生物处理的处理效果以及氧利用效率和动力效率等关键参数。

常见的空气扩散装置有穿孔管、竖管曝气装置、水力剪切扩散装置及微孔曝气器等。

6.2.2.1 穿孔管

如图 6-26 所示，穿孔管是穿有小孔的钢管或塑料管，常设于曝气池一侧高于池底 100～200mm 处，也有以编织物的形式安装遍布池底。

主要技术性能及参数：穿孔管的直径为 25～50mm，管上小孔直径一般为 2～3mm，孔开于管下侧与垂直面成 45°夹角处，间距为 10～15mm。为避免孔眼的堵塞，穿孔管孔眼处空气出口流速 ≥10m/s；布置排数由曝气池的宽度及空气用量而定，一般可用 2～3 排。穿孔管这种扩散装置构造简单，不易阻塞，阻力小，氧转移效率在 4%～6%之间，动力效率为 2.3～3kgO₂/kW·h。穿孔管在国内采用较多。

近年来，为了降低空气压力，用穿孔管时也有采用如图 6-27 所示的布置方式，即将穿孔管布置成栅状，悬挂在池子一侧距水面 0.6～0.8m 处。这种曝气方式通常称浅层曝气。浅层曝气与一般曝气相比，空气量增大，但风压为一般曝气的 1/4～1/3，故电耗并不增加而略有下降。

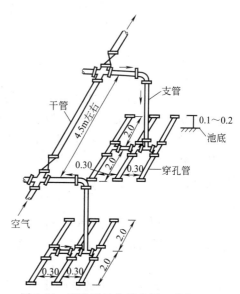

图 6-26 穿孔管结构示意图（单位：m）

6.2.2.2 竖管曝气装置

竖管曝气装置属大气泡扩散器，该装置是在曝气池一侧布置竖管，竖管直径一般在 15mm 以上，距离池底 15cm 左右。由于大气泡在上升时形成较强的紊流并能够剧烈地翻动水面，从而加强了气泡液膜层的更新和从大气中吸氧的过程。虽然大气泡气液接触面积比小气泡和中气泡要小，但该设备构造简单，无堵塞问题，管理也简单。氧转移效率在 6%～

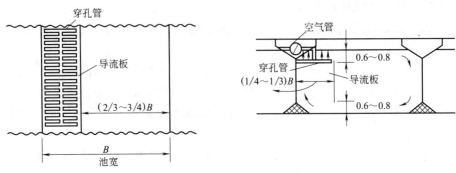

图 6-27　带穿孔管的浅层曝气池（单位：m）

7％之间，动力效率为 $2\sim2.6\mathrm{kgO_2/kW \cdot h}$，较穿孔管稍低。近年来国内一些城市污水厂将扩散板改为竖管曝气装置，一部分处理工业污水的曝气池也用这种形式。图 6-28 为一种竖管曝气装置及其布置的示意图。

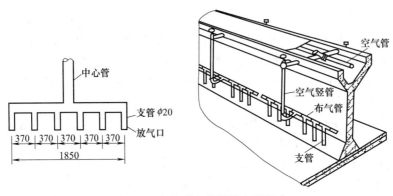

图 6-28　竖管曝气装置及布置形式

6.2.2.3　水力剪切扩散装置

该装置利用本身构造能产生水力剪切作用的特征，在空气从装置吹出之前，将大气泡切割成小气泡。属于此类的空气扩散装置有以下几种。

（1）倒盆式水力剪切扩散器　该装置由盆形塑料壳体、橡胶板、塑料螺杆及压盖等组成，其结构如图 6-29 所示。空气由上部进入，由壳体和橡胶板之间的缝隙向四周喷出，呈一股喷流旋转上升，由于旋流造成的剪切作用和紊流作用，使气泡尺寸变得较小（2mm 以下），液膜更新较快，传质效果较好。当水深为 5m 时氧转移效率可达 10％，4m 时为 8.5％；阻力较大，动力效率并不高 $[1.75\sim2.88\mathrm{kgO_2/kW \cdot h}]$，氧利用率 4％～10％；由于停气时橡胶板与倒盆紧密贴合，无堵塞问题，近年来国内也开始使用。

（2）固定螺旋空气扩散器　该装置是国外在 20 世纪 70 年代发展起来的，由圆柱形外壳和固定在圆柱形外壳内部的螺旋叶片组成。一般每台由三节组成，水深较浅（3m 左右）时也可采用两节。目前生产的类型有：固定单螺旋、固定双螺旋和固定三螺旋三种。双螺旋空气扩散器每节有两个圆柱形通道（简称两通道），三螺旋空气扩散器则有三个圆柱形通道（简称三通道）。在如图 6-30 所示的固定双螺旋空气扩散器中，每个通道内均有螺旋叶片，在同一节中螺旋叶片的旋转方向相同，两个相邻叶片的旋转方向相反。

固定螺旋空气扩散装置安装在水中，无转动部件。空气由布气管从底部进入装置内，向上流动，由于壳体内外混合液的密度差产生提升作用，使混合液在壳体内不断循环流动，空气泡在上升过程中被螺旋叶片反复切割，气泡直径不断变小，气液不断激烈掺混，接触面积不断增加，有利于氧的转移。

固定双螺旋空气扩散器与穿孔管相比，在水深为 3m 时，处理效果可提高 15%～20% 或空气量节省 20%；当水深为 5.2m 时，两者达到同样的处理效果，但前者可节省空气量 50% 左右。由此可见，该曝气装置的特点是：结构简单；氧气转移率和动力效率较高，电耗较少；阻力小，提升和搅拌作用好，曝气均匀。

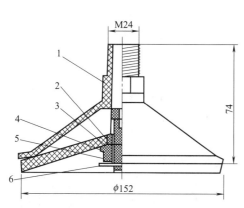

图 6-29　倒盆式水力剪切扩散装置

1—盆形塑料壳体；2—橡胶板；3—密封圈；4—塑料螺杆；

5—塑料螺母；6—不锈钢开口销

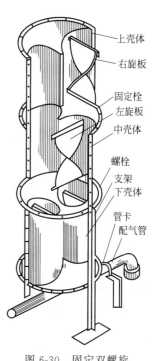

图 6-30　固定双螺旋
空气扩散器结构示意图

（3）金山 I 型空气扩散器　如图 6-31 所示，该扩散装置在外形上呈圆锥形倒莲花状，由高压聚乙烯注塑成型。该装置构造简单，便于管理，但氧利用率低，适用于中小型污水处理厂。

（4）动力散流型曝气器　如图 6-32 所示，散流型曝气器由锯齿形布气头、带孔散流罩、导流板、进气管及锁紧螺母等组成。锯齿形布气头的构造类似金山 I 型；散流罩设计成倒伞形，周边布有向下微倾的锯齿。

气体由管道输送至曝气器，经过内孔通过锯齿形布气头，第一次切割分散。散流罩将集中一束出来的气体扩散成圆柱状，周边锯齿再次将气泡破碎扩散；由于气泡带动周围静止水体上升，密度差强化了气泡破碎和掺混作用，形成均匀的较小直径气泡，增加了气液接触面积；散流罩有曝气孔，起到补气的作用，可减少能耗并将水气混合均匀分流。此外，由于曝气器分布在池底，曝气后上升的气泡与下降的水流发生对流，又增加了气液的掺混，加速了气液界面处水膜的更新。气泡经过两次锯齿切割及气液掺混作用后，直径变小，从而增加了气液接触面积，有利于氧的转移。

与金山 I 型空气扩散器的不同之处是，动力散流型曝气器两次切割与分散气流，从而加大了布气范围，改变了池内流态。

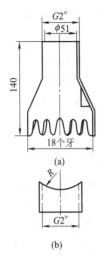

图 6-31　金山Ⅰ型空气扩散器示意图

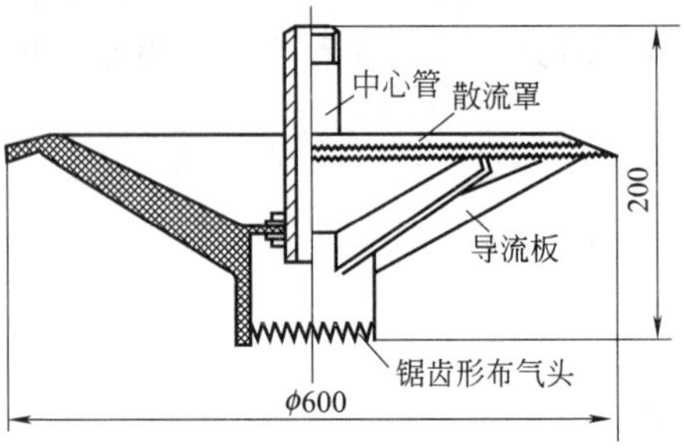

图 6-32　动力散流型曝气器结构示意图

6.2.2.4　微孔曝气器

微孔曝气器是近年来发展起来的新型高效曝气器。微孔曝气器常用材料有：陶瓷（刚玉）、橡胶膜片和聚乙烯。其按结构形式可分为：盘式、板式和管式。目前，在我国主要使用盘式和管式曝气器。

（1）膜片盘式微孔曝气器　该装置曝气气泡直径小，气液接触面积大，气泡扩散均匀，不会产生孔眼堵塞，耐腐蚀性强，比常规产品固定螺旋曝气器、散流型曝气器和穿孔管曝气器能耗降低 40%。

曝气管道的连接方式和安装（图 6-33）：曝气装置由曝气器、布气管道、三通、四通、弯头、调节器、连接件、清除装置等组成。布气管道按通常的环形布置，曝气器按供气量和池形布置，每组进气管应设置阀门，便于调节空气量。空气管设计流速：干管为 10～15m/s；支管为 5m/s。曝气器表面距池底 270mm 或 250mm，推板式为 200mm。曝气器和布气管道的连接采用螺纹连接，安装时先把调节器按所需尺寸用膨胀螺栓固定在池底，然后用抱箍把布气管道固定在调节器上，为防止其他作业，如电焊的火花和土建时混凝土等重物损坏曝气装置，必须等土建工程结束后在放水前把曝气器装上。为防止管道和连接部分漏气，应放水超过曝气器 10cm 左右，然后通气，如发现有管道连接部分漏气应及时排除，然后正式投运。

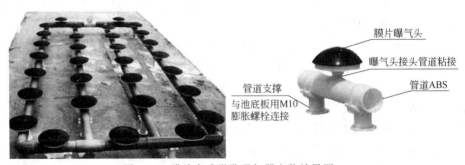

图 6-33　膜片盘式微孔曝气器安装效果图

（2）管式曝气器　微孔管式曝气器（图 6-34）的扩散胶采用进口三元乙丙橡胶制成，空气管道是采用工程塑料 ABS 材质，橡胶膜片扩散出来的气泡直径小，气液接触面积大；

开有大量的自闭孔眼，随着充氧和停止运行，孔眼能自动张开和闭合。因此，不产生孔眼堵塞、沾污等弊病。

图 6-34　微孔管式曝气器安装效果图

（3）软管式曝气器　软管式曝气器（图 6-35）采用了新的构思——可变孔、壁薄、直通道和狭缝原理。其气孔可随气量的增减而变化大小，从而使曝气更加均匀，也防止了堵塞，是一种高效节能型的曝气设备。软管在曝气时鼓胀，而在不曝气时受静水压力作用被压扁，在一定程度上避免了污泥倒灌，布气均匀、氧利用率高。该产品已广泛应用于石化、炼油、焦化、印染、制药、酿造、工业废水和城市污水等领域，备受用户赞誉。

图 6-35　软管式曝气器

（4）旋切式曝气器　旋切式曝气器是一种新型曝气装置，是在螺旋曝气器、散流型曝气器、金山型曝气器的基础上改进而来的一种新型曝气装置。该曝气器采用多层螺旋切割的形式进行充氧曝气，当气流进入曝气器时，气流首先通过两道螺旋切割系统，切割后进入下层的多层锯齿形布气头，进行多层切割，使气泡切割成微气泡，这样大大提高了氧的利用率，具有布气均匀、充氧效率高、不易堵塞、耐腐蚀和安装方便等特点。

（5）膜管悬挂式（链式）曝气器　该种曝气器具有管式曝气器的优点，设置简单，并且维修简便，可以在不影响正常运行（不停水、不停止供气）的情况下进行检修、更换，实用可靠。该种曝气器常用于氧化塘。

6.2.3　机械曝气设备

常见的机械曝气设备可分为两大类型，即机械表面曝气机和水下曝气机。

6.2.3.1　机械表面曝气机

机械表面曝气机一般由电机、机械传动部分和曝气部分组成。与鼓风曝气相比，机械表面曝气机不需要修建鼓风机房及设置大量布气管道和曝气器，设施简单、集中。实践表明，表面曝气机适用于中、小规模的污水处理厂；此外它不太适用于曝气过程中产生大量泡沫的污水，其原因是产生的泡沫会阻碍曝气池液面吸氧，使溶氧效率急剧下降，处理效率降低。

表面曝气机按传动轴的安装方向可以分为水平推流型和垂直提升型两大类。水平推流型表面曝气机包括转刷曝气机、转盘曝气机，两种设备主要用于氧化沟工艺系统。垂直提升型表面曝气机又有多种形式，主要区别在于曝气叶轮的结构形式。常用泵（E）型、倒伞型、K 型、平板型等几种叶轮，其中泵型叶轮效果更好，应用广泛。叶轮的技术指标有充氧能力和充氧动力效率。

（1）泵型叶轮曝气机　泵型叶轮曝气机结构见图 6-36。该设备是利用叶轮的提升和输水作用，使曝气池内液体不断循环流动，更新气液接触面，不断从大气中吸氧。泵型叶轮由平板、叶片、上压罩、下压罩、导流锥和进水口等构成。泵型叶轮充氧量及动力效率较高，提升能力强，但制造较复杂，且易被堵塞。泵型叶轮表面曝气机用于曝气池的表面曝气，叶轮直径 760～1000mm。

目前泵型叶轮曝气机有 PE 型、BE 型、FS 浮筒式三种类型。PE 型泵型叶轮表面曝气机适用于大中型污水处理厂的曝气；BE 型泵型叶轮表面曝气机采用立式恒速传动，适用于中小型污水处理厂的曝气池，也可用于预曝气、曝气沉砂。

泵型叶轮曝气机选型和使用时应注意三点：①叶轮在水中浸没深度应不大于 40mm，过深会影响充氧量，过浅则容易引起叶轮脱水，使运转不稳定，一般浸没 40mm 为宜；②叶轮不能反转，反转会使充氧量下降；③叶轮外缘最佳线速度应在 4.5～5.0m/s 的范围内。

（2）倒伞型叶轮曝气机　该设备结构如图 6-37 所示。当叶轮旋转转时，在离心力作用下，水体沿直立叶片被提升，然后呈低抛射线状向外甩出，在周边形成水跃，使液面激烈搅动，从而将空气中的氧卷入水中。有些倒伞型叶轮上钻有吸气孔，可以提高叶轮的充氧量。叶轮转速一般在 27～84r/min 之间，叶轮线速度一般在 5.25m/s 左右，动力效率一般为 1.8～2.44kgO$_2$/kW·h。

这种曝气机叶轮一般采用低碳钢制作，表面涂防腐涂料，但应用于腐蚀性较强的污水中时，可采用耐腐蚀金属制造。

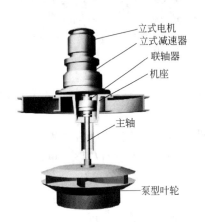

图 6-36　泵型叶轮曝气机

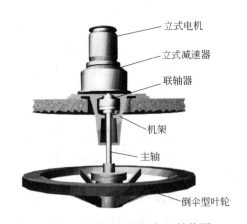

图 6-37　倒伞型叶轮曝气机结构图

（3）K 型叶轮曝气机　K 型叶轮曝气机结构如图 6-38 所示。最佳运行线速度在 4.0 m/s 左右，浸没深度为 0～10mm，叶轮直径与曝气池直径（或正方形边长）之比大致为 (1:6)～(1:10)。

（4）平板型叶轮曝气机　该设备结构如图 6-39 所示，由叶片与平板组成。该设备叶轮旋转时，叶轮中心及叶片背水侧出现背压，可通过小孔吸入空气。平板型叶轮曝气机构造简单，加工方便，线速度一般在 4.05～4.85m/s 之间。

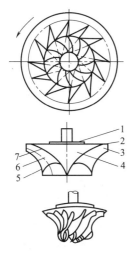

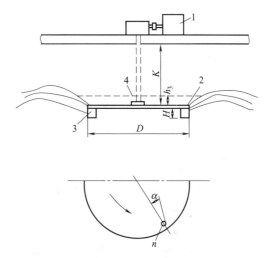

图 6-38　K 型叶轮曝气机结构示意图
1—法兰；2—盖板；3—叶片；4—后轮盖；
5—后流线；6—中流线；7—前流线

图 6-39　平板型叶轮曝气机
1—驱动装置；2—进气孔；3—叶片；
4—停转时水位线

（5）转刷曝气机　转刷曝气机为水平推流式表面曝气机，适用于城市生活污水和工业废水处理的氧化沟工艺（如图 6-40），可进行充氧、混合及推进，具有推流能力强、充氧负荷调节方便、动力效率高、管理维修方便等特点。

如图 6-41 所示，转刷曝气机由电机、减速传动装置和转刷等主要部件组成。转刷曝气机的螺旋圆锥-圆柱齿轮减速器用来驱动曝气转盘。其作用是向污水中充氧，推动污水在氧化沟中循环流动以及防止活性污泥沉淀，使有机物和氧充分混合接触，净化水质。

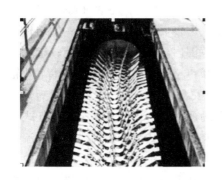

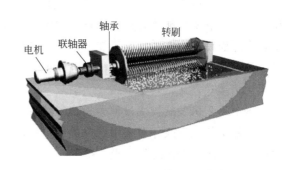

图 6-40　氧化沟转刷曝气

图 6-41　转刷曝气机

转刷是由一些冲压成形的叶片用螺栓连接组合而成，叶片多采用不锈钢或镀锌碳素钢板制作。叶片形状多样，有矩形、三角形、T 形、W 形、齿形等。目前设计应用最多的为矩形窄条状，叶宽一般在 50～76mm 之间。

转刷曝气机主要技术参数：电机功率为 18.5～45kW；转刷直径为 $\phi500～\phi1000mm$；转刷长度为 3～9m；充氧能力为 6～8kgO_2/min；动力效率 1.8～2.5kgO_2/kW·h。

（6）转盘（或转碟）曝气机　该曝气机是利用安装于水平转轴上的转盘或转碟转动，对水体产生切向水跃推动力，促进污水和活性污泥的混合液在渠道中连续循环流动，进行充氧与混合。与同类曝气设备相比，转盘曝气机不仅具有工作水深大、充氧能力强、动力效率高、混合搅拌能力强等特点，还具有动力消耗低、结构简单、占地少、组装灵活、使用寿命长、安装维修方便等优点。转盘（或转碟）曝气机适用于各种类型的氧化沟进行曝气充氧、混合推流作用。

如图 6-42 所示，转盘曝气机由电机、减速传动装置、传动轴及曝气转盘等主要部件组成，整机横跨沟渠，以池壁为支撑固定安装。转盘是曝气机的核心部件，由抗腐蚀玻璃钢或高强度工程塑料压铸成形。水平转轴采用厚壁热轧无缝钢管或不锈钢管加工而成，经调质处理后外表镀锌或用沥青清漆做防腐处理。

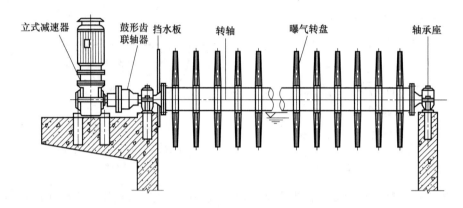

图 6-42   转盘曝气机安装结构示意图

曝气转盘的充氧能力通过下列四种方式来调节：①改变转盘电机的转速；②调节出水堰的高度来改变转盘的浸没深度；③增加或减少转盘的盘数；④改变转盘的旋转方向。

6.2.3.2   水下曝气机

水下曝气机由潜污泵、混合室、底座、进气管以及消声器等组成。与表面曝气方式相比，水下曝气机性能具有如下特点：①吸入空气多，产生气泡多而细，溶氧率高；②结构紧凑、占地面积小、安装方便；③由于底边流速快，在较大范围内可以防止污泥沉淀；④除吸气口外，其余部分潜在水中运行，因此无泡沫飞溅，产生噪声小；⑤采用潜污泵技术，叶轮采用无堵塞式，运行安全可靠。

水下曝气机发展较快，种类颇多。其按进气方式可分为压缩空气供气式与自吸空气式两类。压缩空气供气式一般采用鼓风机或空气压缩机送气。自吸空气式靠叶轮离心力或射流技术产生负压区，外接进气管吸入空气。

（1）潜水离心式曝气机   如图 6-43 和图 6-44 所示，QXB 型潜水离心式曝气机采用电机和叶轮直接传动，叶轮转动时产生的离心力使叶轮进水区产生负压，空气通过进气管进入，与进入叶轮的水混合后由导流孔口增压排出，水流中的小气泡沿着池底高速流动，在池内形成对流和循环，达到曝气充氧效果。机体浸入水中运转，减少了噪声。

型号表示方式：

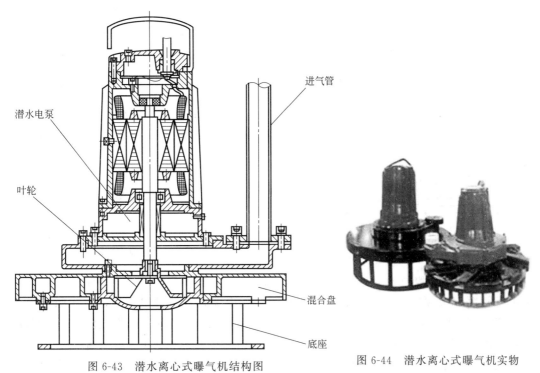

图 6-43　潜水离心式曝气机结构图

图 6-44　潜水离心式曝气机实物

　　QXB 型潜水离心式自吸曝气机用于各种污水处理工程中生化处理工艺的曝气池、曝气沉砂池、预曝气池，它作为曝气兼搅拌的专用设备得到了广泛应用。

　　(2) 自吸式射流曝气机　自吸式射流曝气机由潜水泵和射流器组成，如图 6-45 所示。在进气管上一般装有消声器与调节阀。当潜水泵工作时，高压喷出的水流通过射流器喷嘴产生射流，通过扩散管进口处的喉管时，在气水混合室内产生负压，将液面以上的空气由通向大气的导管吸入，经与水充分混合后，空气与水的混合液从射流器喷出，对池中的水进行充氧，并在池内形成环流。

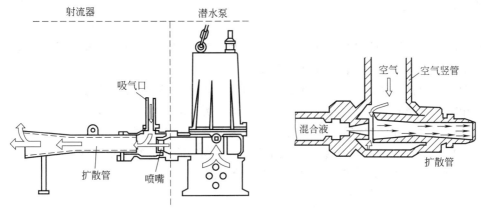

图 6-45　自吸式水下射流曝气机示意图

　　自吸式射流曝气机适用于建筑的中水处理以及工业废水处理的预曝气，通常处理水量不大。在进气管上一般装有消声器与调节阀，用于降低噪声与调节进气量。

　　(3) 供气式射流曝气机　如图 6-46 所示，供气式射流曝气机一般由单一的射流器构成，设置在曝气池或氧化沟底部，外接加压水管、压缩空气管与射流器构成曝气系统。送入的压缩空气与加压水充分混合后向水平方向喷射，形成射流和混合搅拌区，对水体充氧曝气。由于射流带在水平及垂直两个方向的混合作用，因而氧转移率较高，但需要外设加压水管及压缩空气系统，系统较复杂。

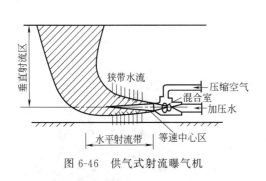

图 6-46　供气式射流曝气机　　　　　　图 6-47　自吸式螺旋曝气机

（4）自吸式螺旋曝气机　自吸式螺旋曝气机是一种小型曝气设备，其结构与工作原理见图 6-47。该曝气机倾斜安装于氧化沟（池）中，利用螺旋桨转动时产生的负压吸入空气，并将空气剪切成微气泡扩散，进而对水体充氧。由于螺旋桨的作用，该曝气机同时具有混合推流的功能，使得气泡扩散得较远，从而与水接触时间很长，氧利用率非常高。

该装置一般用于小型曝气系统，或者作为大中型氧化沟增强推流与曝气效果而增添的附加设施。其动力效率为 $1.9 kgO_2/kW \cdot h$ 左右。这种类型曝气机的优点是安装容易、运行费用低、噪声小，操作也较简单。

6.3　活性污泥法污水处理设备

活性污泥法是处理城市污水和低浓度有机工业污水的有效生物处理法，其装置是一种应用广泛的废水好氧生物处理装置。活性污泥法处理系统的设备主要包括曝气池、曝气设备、污泥回流设备、二次沉淀池等。

6.3.1　曝气池

曝气池是一个生化反应器，是活性污泥系统的核心构筑物，其池型与所需的反应器水力特征密切相关。曝气池有如下四种分类方式。

① 根据混合液流型，可分为推流式、完全混合式和循环混合式三种。

② 根据平面形状，可分为长方廊道形、圆形、方形和环状跑道形四种。

③ 根据曝气池和二次沉淀池的关系，可分为分建式和合建式两种。

④ 根据运行方式，可分为传统式、阶段式、生物吸附式、曝气沉淀式、延时式等多种。

曝气池的设计包括设计参数计算和构造设计两部分。

6.3.1.1　曝气池设计参数计算

（1）曝气池处理效率

$$E=\frac{L_a-L_e}{L_a}\times100\%\tag{6-1}$$

式中　E——有机物（BOD）去除效率，%；

　　　L_a——进水的有机物（BOD）浓度，mg/L；

L_e——出水的有机物（BOD）浓度，mg/L。

（2）曝气池容积 曝气池容积（单位：m³）可以按污泥负荷率 F_w、容积负荷 F_τ 和水力停留时间 t 三种方法计算。

① 按污泥负荷率 F_w 计算曝气池容积的计算公式为

$$V = \frac{QL_a}{F_w N_w} \tag{6-2}$$

式中 Q——进水流量，m³/d；

L_a——进水有机物（BOD）浓度，mg/L；

F_w——污泥负荷率，kgBOD/(kgMLSS·d)；

N_w——混合液污泥浓度（MLSS），mg/L。

污泥负荷必须结合处理效果或出水 BOD 浓度 L_e 来考虑。在污泥的减速增长期，完全混合式的污泥负荷率与出水 BOD 浓度之间有如下关系

$$F_w = \frac{L_a Q}{N_w V} = \frac{K_2 L_e f}{E} \tag{6-3}$$

式中 K_2——减数增长期常数，见表 6-5；

L_e——出水有机物（BOD）浓度，mg/L；

f——混合液中挥发性悬浮固体浓度（MLVSS）与悬浮固体浓度（MLSS）之比，对于生活污水，f 取 0.75；

E——有机物去除率。

污泥负荷率的确定，除考虑处理效率和出水水质外，还必须结合污泥的凝聚沉淀性能来考虑，即根据所需要的出水水质计算出的 F_w 值，再进一步复核相应的污泥容积指数（SVI）值是否在正常运行的允许范围内。一般来讲，污泥负荷率 F_w 在 0.3～0.5kgBOD/(kgMLSS·d) 的范围时，BOD 的去除率可达 90% 以上，SVI 在 80～150 范围内，污泥的吸附性能和沉淀性能都好。对于剩余污泥不便处理的小型污水处理厂，污泥负荷率应低于 0.2kgBOD/(kgMLSS·d)，使污泥自身氧化。

表 6-5　完全混合系统的 K_2 值

污水性质	K_2	污水性质	K_2
城市生活污水	0.0168～0.0281	脂肪精制废水	0.036
橡胶废水	0.0672	石油化工废水	0.00672
化学废水	0.00144		

式（6-3）中，N_w 为混合液污泥浓度，它是指曝气池内的平均污泥浓度。例如，生物吸附法的污泥浓度应是吸附池和再生池二者污泥浓度的平均值。设计时采用较高的污泥浓度，可缩小曝气池容积，但也不能过高。因此，选用混合液浓度 N_w 时，除了考虑活性污泥的凝聚沉淀性能，还需考虑如下因素。

a. 供氧的经济性与可能性 由于非常高的污泥浓度会改变混合液的黏滞性，增加扩散阻力，供氧的利用率下降，因此在动能作用方面是不经济的。另外，需氧量是随污泥浓度提高而增加的，污泥浓度越高，供氧量越大。

b. 沉淀池与回流设备的造价 由于混合液中的污泥来自回流污泥，混合液污泥浓度（N_w）不可能高于回流污泥浓度（N_R）。污泥浓度高会增加二沉池的负荷，从而使污泥回流

设备的造价和动能都增加。

按照物料平衡可得，曝气池混合液污泥浓度（N_w）和回流污泥浓度（N_R）及污泥回流比（R）三者之间的关系式

$$N_w = \frac{N_0 + RN_R}{1 + R}$$ （6-4）

式中　N_0——曝气池进水悬浮物浓度，mg/L；

　　　R——污泥回流比；

　　　N_R——回流污泥浓度，mg/L。

② 按容积负荷计算曝气池容积的计算公式为

$$V = \frac{QL_a}{F_\tau}$$ （6-5）

式中　Q——进水流量，m^3/d；

　　　L_a——进水 BOD_5 值，mg/L；

　　　F_τ——污泥容积负荷，$kgBOD_5/(m^3 \cdot d)$。

③ 按水力停留时间计算曝气池容积的计算公式为

$$V = Qt$$ （6-6）

式中　Q——进水流量，m^3/d；

　　　t——污水在曝气池中的停留时间，h。

6.3.1.2　推流式曝气池的构造设计

（1）平面设计　推流式曝气池为长方形池子，水从池的一端进入，从另一端推流而出。推流池多用鼓风曝气。为防止短流，推流池池长和池宽之比（L/B）一般为 5～10，视场地情况而定。当场地有限制时，长池可以两折或多折。推流式曝气池进水方式不限，出水多采用溢流堰。

（2）横断面设计　池宽和池深之比（B/H）一般取 1～2，有效水深最小为 3m，最大为 9m。池深与造价和动力费有密切关系。在一般设计中，常根据土建结构和池子的功能要求，在 3～5m 的范围内选定有效池深。曝气池的超高一般取 0.5m，为了防风和防冻等需要，可适当加高。采用表面曝气机时，机械平台宜高出水面 1m 左右。

（3）曝气方式　多采用鼓风曝气，根据曝气池断面上的水流状态，又分为平移推流式和旋转推流式两种类型。

采用池底铺满扩散器，曝气池中水流只沿池长方向流动的为平移推流式（见图6-48）。这种池型的横断面宽深之比可以大些。

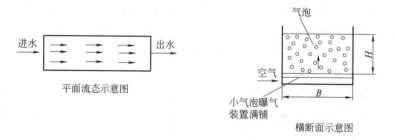

图 6-48　平移推流式

为了增加气泡与混合液的接触时间，将鼓风曝气装置装于池横断面的一侧，由于气泡造

成密度差，池水产生旋转流，因此曝气池中除水流沿池长方向流动外，还有侧向的旋转流，此为旋转推流式（见图 6-49）。

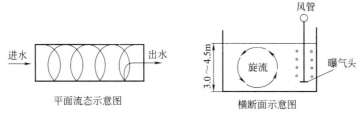

图 6-49　旋转推流式

由于鼓风曝气装置竖向位置的不同，旋转推流式又可分为底层曝气、浅层曝气和中层曝气三种。

① 底层曝气　鼓风曝气装置装于曝气池底部。池深决定于鼓风机提供的风压。根据目前的产品规格，有效水深常为 3～4.5m。

② 浅层曝气　鼓风曝气装置装于水面以下 0.8～0.9m 的浅层，常采用 1.2m 以下风压的鼓风机，虽然风压较小，但风量较大，故仍能造成足够的密度差产生旋转推流，池的有效水深3～4m（见图 6-50）。

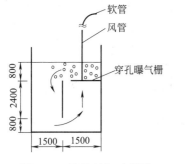

图 6-50　浅层曝气示意图

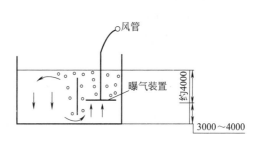

图 6-51　中层曝气示意图

③ 中层曝气　鼓风曝气装置装于池深中部，这是近年来发展起来的新布置方法。与底层曝气相比，在相同鼓风条件和处理效果下，该方法池深一般可以加大到 7～8m，最大的可达 9m，可以节省曝气池的用地（见图 6-51）。

中层曝气的扩散管也可以设于池的中央，形成两侧旋流。这种池型设计可采用较大的宽深比，适用于大型曝气池（见图 6-52）。

6.3.1.3　完全混合式曝气池构造设计

完全混合式曝气池的平面结构可以设计为圆形，也可以设计为矩形或方形。曝气装置多采用表曝机，置于池中心，污水进入池的底部中心，立即和全池水混合，水质没有推流式那样明显的上下游区别。完全混合式曝气池可以与沉淀池分建或合建，因此可以分为分建式和合建式。

（1）分建式　曝气池和沉淀池分别设置，如图 6-53所示，既可用表面曝气机，也可用鼓风曝气装置。

表面曝气机的选用应与池型构造设计相配合。当

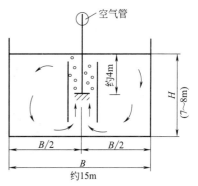

图 6-52　双侧旋流中层曝气示意图

采用泵型叶轮，线速度在 4～5m/s 时，曝气池的直径和叶轮的直径之比宜采用 4.5～7.5；水深与叶轮的直径之比宜采用 2.5～4.5。若采用倒伞型和平板型叶轮，叶轮直径和曝气池的直径比宜为 1/3～1/5。在圆形池中，要在水面处设置挡流板，一般用四块，板宽为池径的 1/15～1/20，高度为深度的 1/4～1/5，在方形池中可不设挡流板。分建式曝气池需专门设置污泥回流设备，运行中便于控制、调节。

（2）合建式　合建式完全混合式曝气池也称曝气沉淀池或加速曝气池，由曝气区、导流区、回流区、沉淀区几部分组成，池形多设计为圆形，沉淀池与曝气池合建，沉淀池设于外环，与曝气池底部有污泥回流缝连通，靠表面曝气机造成水位差使回流污泥循环，如图6-54所示。

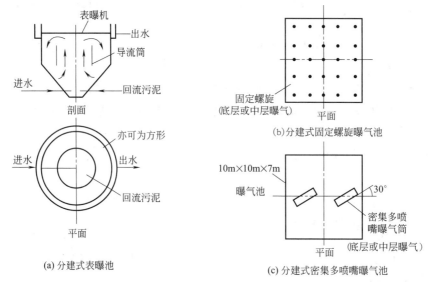

图 6-53　分建式完全混合池结构示意图

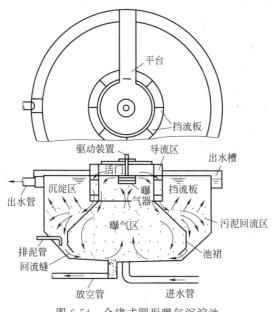

图 6-54　合建式圆形曝气沉淀池

合建式曝气池结构紧凑，耐冲击负荷，但存在曝气池与二次沉淀池相互干扰的问题，出水水质不如分建式曝气池好。

6.3.1.4　循环混合式曝气池

循环混合式曝气池，又名氧化沟，多采用转刷供氧，其平面形状常设计成椭圆形，如环状跑道，池宽度与转刷长度相适应。断面形状可采用矩形或梯形（为梯形时，底角坡度多取45°），有效水深取 1~2m。

6.3.2　曝气系统设备

曝气系统设备的任务是将空气中的氧有效地转移到混合液中去，其设计包括曝气方法的选择、需氧量和供气量的计算、曝气设备的设计等。

6.3.2.1　需氧量计算

需氧量是指活性污泥微生物在曝气池中进行新陈代谢所需要的氧量。在微生物的代谢过程中，需要将污水中一部分有机物氧化分解，并自身氧化一部分细胞物质，为新细胞的合成以及维持其生命活动提供能源，这两部分氧化所需要的氧量可用下式表示

$$R = a'Q(L_a - L_e) + b'VX_V \tag{6-7}$$

式中　R——曝气池混合液需氧量，kg/d；

　　　a'——每千克 BOD 的需氧量，kg/kgBOD；

　　　b'——污泥自身氧化需氧率，即每千克污泥每天所需氧气的质量，kg/(kg·d)；

　　　Q——污水日流量，m^3/d；

　　　L_a——进水有机物浓度，mg/m^3；

　　　L_e——出水有机物浓度，mg/m^3；

　　　V——曝气池容积；

　　　X_V——挥发性悬浮固体浓度（MLVSS），kg/m^3。

生活污水和几种工业废水的 a'、b' 值可参照表 6-6 选用，也可通过试验方法确定。

表 6-6　生活污水和几种工业废水的 a'、b' 值

废水名称	a'/(kg/kgBOD)	b'/[kg/(kg·d)]	废水名称	a'/(kg/kgBOD)	b'/[kg/(kg·d)]
生活污水	0.42~0.53	0.11~0.188	炼油废水	0.5	0.12
石油化工污水	0.75	0.16	酿造废水	0.44	—
含酚废水	0.56	—	制药废水	0.35	0.354
合成纤维废水	0.55	0.142	亚硫酸浆粕废水	0.40	0.185
漂染废水	0.5~0.6	0.065	制浆造纸废水	0.38	0.092

6.3.2.2　供气量计算

曝气系统将空气送入曝气池，强制将空气中的氧扩散到混合液中，成为溶解氧，这一转换过程受水质、水温、曝气方式以及扩散装置等因素影响。

鼓风曝气所需的供气量 G_s 用下式计算

$$G_s = \frac{R_0}{0.3E_A} \times 100\% \tag{6-8}$$

式中　E_A——氧的转移系数；

　　　R_0——标准状态下的脱氧清水的充氧量。

由于氧的转移系数 E_A 是根据不同的扩散器在标准状态下脱氧清水中测定出的，因此，需要供给曝气池混合液的充氧量（R）必须换成相应于标准状态的脱氧清水的充氧量（R_0）

$$R_0 = \frac{RC_{s(20)}}{\alpha[\beta\rho C_{s(T)} - C_L] \times 1.024^{(T-20)}} \tag{6-9}$$

式中 $C_{s(20)}$、$C_{s(T)}$——20℃和实际温度 T℃时氧饱和浓度，mg/L；

$\quad\quad C_L$——水中实际溶解氧浓度，mg/L；

$\quad\quad T$——水温，℃；

$\quad\quad \alpha$、β、ρ——修正系数，其值分别如下。

$$\alpha = \frac{污水中的\ K_L\alpha_w}{清水中的\ K_L\alpha}$$

式中 $K_L\alpha_w$——污水中氧的总转移系数；

$\quad\quad K_{L\alpha}$——清水中氧的总转移系数。

$$\beta = \frac{污水中的\ C_{sw}}{清水中的\ C_s};$$

式中 C_{sw}——污水中溶解氧浓度；

$\quad\quad C_s$——清水中溶解氧浓度。

$$\rho = \frac{实际气压(Pa)}{1.013 \times 10^5 (Pa)}$$

对于鼓风曝气池，C_s 值应取扩散器出口和曝气池混合液表面两处溶解氧饱和浓度的平均值 C_{sm}

$$C_{sm} = C_s \left(\frac{P_b}{2.02 \times 10^5} + \frac{O_t}{42} \right) \tag{6-10}$$

式中 C_s——大气压力下水中氧饱和浓度，mg/L；

$\quad\quad P_b$——扩散器出口处绝对压力，Pa；

$\quad\quad O_t$——气泡离开池面时氧的百分比，%，$O_t = \dfrac{21(1-E_A)}{79+21(1-E_A)} \times 100\%$。

对于机械曝气，可直接根据 R_0 查有关叶轮的性能图表，选择所需叶轮。当采用空气扩散曝气时，一般去除 1kgBOD$_5$ 的供气量可采用 40～80m³，处理每立方米污水的供气量不应小于 3m³。

6.3.2.3 鼓风曝气设备设计

（1）扩散装置的选择及其布置 目前我国采用较多的是穿孔管和竖管曝气设备。

（2）空气管道管径确定及管道布置 鼓风机房的鼓风机将压缩空气输送至曝气池，需要不同长度、不同管径的空气管，空气管的经济流速可采用 10～15m/s；通向扩散装置支管的经济流速可取 4～5m/s；根据上述经济流速和通过的空气量即可按空气管路计算图确定空气管道管径。空气通过空气管道和扩散装置时，压力损失一般控制在 15kPa 以内。其中空气管道总损失控制在 5kPa 以内。扩散装置在使用过程中容易堵塞，故在设计中一般规定空气通过扩散装置阻力损失为 4.9～9.8kPa，根据所选扩散装置的不同可以酌情减少。计算时，可根据流量和流速选定管径，然后核算压力损失，调整管径。

选择鼓风机必须要对风管系统进行风压损失计算，风压损失由沿程损失与局部损失两部分组成。

（3）鼓风机的选择 在好氧生物处理过程中，鼓风设备是非常重要的设备，它是关系到污水处理厂运行好坏的关键设备之一。几种常用的鼓风设备的比较见表 6-7。

表 6-7　几种鼓风设备对比

名称	性能参数	特　　点	适 用 场 合
罗茨鼓风机	单机风量 80m³/min 左右；风压 0.5MPa 的最稳定，采用较多	压力在允许范围内加以调节时，流量变动较小；压力的选择范围很宽，且输送气体基本不含油质。但是，罗茨鼓风机噪声大，需采取消音、隔音措施	所有鼓风曝气的好氧生物处理装置中
离心式鼓风机		空气性能稳定、振动小、噪声低；离心式鼓风机分多级低速、多级高速和单级高速等形式 在结构上，多级高速和多级低速离心式鼓风机采用电机直接驱动，通过多级叶轮串联的方式逐级增压；单级高速离心式鼓风机需通过增速机构传动的方式提高风压	广泛应用于大中型污水处理厂
空气压缩机	送风量为 1000～125000m³/h	在恒速运转下，可变空气流量，能够连续地向下调节至 45%；效率高，运行成本低；低噪声；结构紧凑，重量轻；输出空气不含油	用作鼓风设备，在国外有广泛应用

在选择鼓风机时，以空气量和风压为依据，并要求有一定的储备能力，以保证空气供应的可靠性和运转上的灵活性。一般来说，鼓风机房至少需配两台鼓风机，其中一台备用。为了适应负荷的变化，使运行具有灵活性，工作鼓风机的台数不宜少于 2 台，因此总台数一般不少于 3 台。

6.3.2.4　机械曝气设备设计

机械曝气设备设计的主要内容是选择叶轮的形式和确定叶轮的直径。选择叶轮的形式时应考虑叶轮的充氧能力和动力效率以及加工条件等因素。叶轮直径的选择主要依据曝气池混合液的需氧量和曝气池的结构。

6.3.3　二次沉淀池

二次沉淀池是活性污泥处理系统的重要组成部分，其作用是澄清流入的混合液，并且回收污泥，其效果直接影响出水的水质和回流污泥的浓度。二次沉淀池与曝气池有分建和合建两类。分建的二沉池仍然是平流式、竖流式和辐流式三种，也可采用斜板（管）沉淀池。合建式的完全混合式曝气池的沉淀区可以看成是竖流式沉淀池的一种变形。

二沉池与初沉池相比有如下特点。

① 二沉池除了进行泥水分离外，还要进行污泥的浓缩，由于沉淀的活性污泥质量轻、颗粒细，要求表面负荷要比初沉池小，表面积要大。

② 二沉池中的絮体较轻，容易被流出水带走，因此，在构造设计中应限制出流堰处的流速，使单位堰长的出流量不超过 10m³/(m·h)。

③ 由于进入二沉池的混合液是泥、水、气三相混合体，采用竖流式沉淀池时中心管下降流速和曝气沉淀池导流区的下降流速都要小些，以利于气、水分离，提高澄清区的分离效果。

二沉池主要工艺参数的确定如下。

① 设计流量 Q　二沉池的设计流量为污水最大时流量，不包括回流污泥量。

② 水力表面负荷 q　由于沉淀区的水力表面负荷 q 对沉淀效果的影响比沉淀时间更为重要，故设计二沉池容积时，常以表面负荷 q 为主要设计参数，并以沉淀时间进行校核。一般

来说，二沉池的表面负荷为 $1\sim2m^3/(m^2\cdot h)$；上升流速应取正常活性污泥成层沉降速度，一般为 $0.2\sim0.5mm/s$。

③ 二沉池有效深度 h　沉淀区（澄清区）要保持一定水深，以维持水流的稳定，一般可按沉淀时间计算

$$h=qt \tag{6-11}$$

式中　q——表面负荷，$m^3/(m^2\cdot h)$；

　　　　t——沉淀时间（水力停留时间），h，通常采用 $1.5\sim2.5h$。

④ 污泥区设计　对于分建式二沉池，由于活性污泥含水率高，为提高回流污泥的浓度，减少回流量，二沉池的污泥斗应有一定的容积。但活性污泥贮存时间过长，会因缺氧而失去活性，以致腐化。因此，对分建式沉淀池，污泥停留时间一般取 2h。污泥斗的容积计算公式为

$$V=\frac{4(1+R)QN_w}{N_w+N_R} \tag{6-12}$$

式中　N_w——混合液污泥浓度（MLSS），mg/L；

　　R——污泥回流比；

　　N_R——回流污泥浓度，mg/L；

　　Q——进水流量，m^3/d。

合建式曝气沉淀池的污泥区容积，实际上决定于池子的构造设计，当池深和沉淀区面积决定后，污泥区的容积也决定了。污泥斗底坡度与水平面夹角一般不小于 $60°$，以保证污泥较快地滑入斗中，使排泥畅通。

⑤ 出流区　出水堰单位长度的溢流量为 $5\sim8m^3/(m^2\cdot d)$。

6.3.4　污泥回流设备

在曝气池和二沉池分建的活性污泥系统中，需将活性污泥从二次沉淀池回流到曝气池。污泥回流系统设计包括回流污泥量计算、提升设备和管渠设计。

（1）回流污泥量的计算　回流污泥量 Q_R 量可按下式计算：

$$Q_R=RQ \tag{6-13}$$

$$R=\frac{N_w}{N_R-N_w} \tag{6-14}$$

（2）污泥提升设备的选择与设计　在污泥回流系统中，常用的污泥提升设备是叶片泵，最好选用螺旋泵或污泥泵；对于鼓风曝气池，也可选用空气提升器。空气提升器常附设在二沉池的排泥井中或曝气池的进水口处。空气提升器结构简单、管理方便，且所消耗的空气可向活性污泥补充溶解氧，但空气提升器的效率不如叶片泵。采用污泥泵时，常把二次沉淀池流来的回流污泥集中抽送到一个或数个回流污泥井，然后分配给各个曝气池。泵的台数视污水厂的大小而定，中小型厂一般采用 2～3 台。

（3）污泥回流系统管道设计　污泥回流系统的管径大小取决于回流污泥流量和污泥流速，由于活性污泥密度小，含水率高达 $99.2\%\sim99.7\%$，故流速可 $\geqslant0.7m/s$，最小管径不得小于 200mm。

6.3.5　SBR 工艺的滗水器设备

间歇式活性污泥法处理污水工艺（SBR 工艺）流程简单、操作管理方便、处理效果良好，越来越受到国内外重视。滗水器（water decanter），又称滗析器、移动式出水堰、撇水

机，是 SBR 及其变型工艺中最常用的关键设备，用于在沉淀阶段排除与活性污泥分离后的上清液。国内目前已开发研究出多种形式的滗水器，常见的有旋转式滗水器、套筒式滗水器、虹吸式滗水器、自力（浮力）式滗水器四种。

6.3.5.1　旋转式滗水器

旋转式滗水器具有滗水范围大、运行平稳、可靠、适用范围广等特点，目前在国内较大规模 SBR 水处理工程中应用较为广泛。

旋转式滗水器由电机、减速装置、四连杆机构（或推杆机构）、集水管、支管、主管、支座、浮子箱（拦渣器）、出流堰口、回转接头、控制系统等组成。工作时，通过电机带动减速装置和四连杆机构，使堰口绕出水管做旋转运动，滗出上清液，液面也随之同步下降。浮子箱（拦渣器）可在堰口上方和前后端之间形成一个无浮渣或泡沫的出流区域，并可调节和堰口之间的距离，以适应堰口淹没深度的微小变化。旋转式滗水器外形如图 6-55 所示。旋转式滗水器滗水深度一般可达 3m 左右。

6.3.5.2　套筒式滗水器

套筒式滗水器（见图 6-56）总体结构由可升降的集水堰槽和套筒等部件组成，按照传动方式有丝杠式和钢丝绳式两种，其基本原理都是在一个固定的池内平台上，通过电机带动丝杠或滚筒上的钢丝绳，牵引集水堰槽上下移动。集水堰槽下的排水管插在有橡胶密封的套筒中，可以随出水堰上下移动，套筒连接在出水总管上，将上清液滗出池外。在堰口上也有一个拦浮渣和泡沫用的浮箱，采用剪刀式铰链和堰口连接，以适应堰口淹没深度的微小变化。

套筒式滗水器的滗水负荷为 $10\sim12L/(m \cdot s)$，滗水高度 $0.8\sim1.2m$。

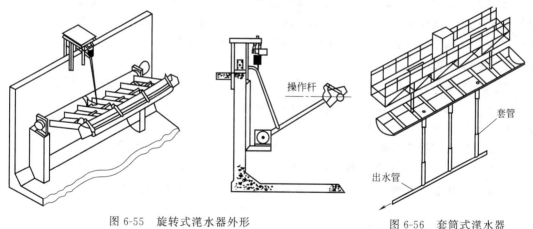

图 6-55　旋转式滗水器外形　　　　　　　　图 6-56　套筒式滗水器

6.3.5.3　虹吸式滗水器

如图 6-57 所示，虹吸式滗水器实际是一组淹没出流堰，由一组垂直的短管以及阀构成，短管吸口向下，上端用总管连接，总管与 U 形管相通。U 形管一端高出水面，另一端低于反应池的最低水位，高端设自动阀与大气相通，低端接出水管以排出上清液。虹吸式滗水器是利用电磁阀排掉 U 形管与虹吸口之间的空气，通过 U 形管将水引至池外。具体说，虹吸式滗水器是通过电磁阀控制进、排气阀的开闭，采用 U 形管水封封气，来形成滗水器中循环间断的真空和充气空间，达到开关滗水器和防止混合液流入的目的。滗水的最低水面限制在短管吸口以上，以防浮渣或泡沫进入。

虹吸式滗水器的滗水负荷为 1.5～2.0L/(m·s)，滗水高度 0.4～0.6m。

6.3.5.4 自力（浮力）式滗水器

如图 6-58 所示，自力（浮力）式滗水器是依靠堰口上方的浮箱本身的浮力，使堰口随液面上下运动而不需外加机械动力。按堰口形状可分为条形堰式、圆盘堰式和管道式等。堰口下采用柔性软管或肘式接头来适应堰口的位移变化，将上清液滗出池外。浮箱本身也起拦渣作用。为了防止混合液进入管道，在每次滗水结束后，采用电磁阀或自力式阀关闭堰口，或采用气水置换浮箱，将堰口抬出水面。

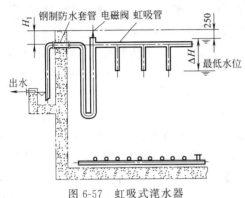

图 6-57 虹吸式滗水器

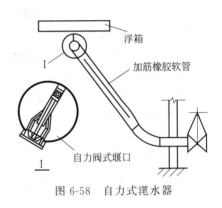

图 6-58 自力式滗水器

6.4 生物膜法处理设备

生物膜法是指废水流过生长在固定支撑物表面上的生物膜，利用生物氧化作用和各相间的物质交换，降解废水中有机污染物的方法。生物膜法废水处理设备分为生物滤池、生物转盘、生物接触氧化装置、曝气生物滤池和生物流化床等几大类。

6.4.1 生物滤池

生物滤池的主要特征是池内滤料是固定的，废水自上而下流过滤料层，利用滤料表面的生物膜的生物氧化作用和各相间的物质交换，降解废水中有机污染物。生物滤池运行简易，依靠自然通风供氧，运行费用低。

生物滤池按其构造特征和净化功能可分为普通生物滤池（又称低负荷生物滤池）、高负荷生物滤池和塔式生物滤池（塔滤）三种类型。普通生物滤池是第一代生物滤池，其由池体、滤床、布水装置和排水系统组成，高负荷生物滤池和塔式生物滤池是在普通生物滤池的基础上开发出来的。

6.4.1.1 高负荷生物滤池

高负荷生物滤池是通过限制进水 BOD_5 值和在运行上采取处理水回流等技术，来提高有机负荷率和水力负荷率。

高负荷生物滤池由滤床、布水设备和排水系统三部分组成，滤池平面形状多设计为圆形，其构造如图 6-59 所示。

（1）滤床 滤床由滤料和池壁组成。滤料是滤池的核心，选择合适的滤料是生

图 6-59 高负荷生物滤池构造

物滤池设计的关键。要求滤料不仅表面积和空隙率都大，而且质坚、高强度、耐腐蚀以及价廉易得。滤料粒径一般为 40～100mm，滤料层厚度多控制在 2m 以内，分上下两层充填，上层为工作层，用粒径 40～70mm 的滤料，层厚为 1.8m；下层为承托层，采用粒径为 70～100mm 的滤料，层厚为 0.2m。常用的滤料有卵石、石英石、花岗石及人工塑料滤料等。

池壁常用砖、石或混凝土砌筑而成，以围护滤料，减少污水飞溅。为了防止风力对池表面均匀布水的影响，池壁一般应高出滤料表面 0.5～0.9m。

高负荷生物滤池进水 BOD_5 值必须小于 200mg/L，否则应采取处理水回流措施。

（2）旋转布水器　旋转布水器是一种连续式喷淋装置，这种布水装置布水均匀，使生物膜表面形成一层流动的水膜，能保证生物膜得到连续的冲刷。

如图 6-60 所示，旋转布水器主要由固定不动的进水竖管和可旋转的布水横管组成。竖管通过轴承和外部配水短管相连，配水短管连接布水横管。布水横管一般为钢管或塑料管，每根管布水孔口开在横管的同一侧，两根对称的布水横管其开口方向相反，可利用污水从孔口喷出所产生的反作用力使布水器按与喷水相反的方向旋转，亦可以利用电力驱动。布水横管的安装高度约高出滤料层表面 0.15～0.25m。

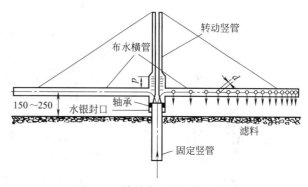

图 6-60　旋转布水器结构示意图

旋转布水的设计内容主要包括确定每根支管上的小孔数，各小孔距中心距离、布水所需要的工作水头、布水器的旋转速度等。布水横管一般为 2～4 根，横管中心高出滤层表面 0.15～0.25m，横管沿一侧的水平方向开设直径 10～15mm 的布水孔。为了满足布水均匀，孔间距靠近池中心处较大，靠近池边处较小，一般从 300mm 缩小到 40mm。

每根布水横管上的小孔数

$$m=\frac{1}{1-(1-4d^2/D_1)^2} \tag{6-15}$$

式中　d——布水小孔直径，mm，通常取 10～15mm；

　　　D_1——布水器直径，mm，且 $D_1=D-200$mm（D 为滤池内径）。

布水小孔与布水器中心的距离

$$r_i=R_1\sqrt{\frac{i}{m}} \quad (i=1,2,3,\cdots,m) \tag{6-16}$$

式中　R_1——布水器的半径，$R_1=D_1/2$；

　　　i——布水管上的布水小孔从布水器中心开始的序列号。

（3）排水系统　滤池的排水系统通常设置在滤床的底部，其作用为：排除处理后的污水；保证滤池通风良好；支撑滤料。排水系统包括渗水装置、汇水沟和总排水沟等。

渗水装置形式很多，比较普遍的是混凝土板式的渗水装置。为了保证滤池通风良好，渗水装置上排水孔的总面积不得小于滤池表面积的 20%，与池底距离不得小于 0.4m。

池底以 1%～2% 的坡度坡向汇水沟。汇水沟宽 0.15m，间距 2.5～4.0m，并以 0.5%～1.0% 的坡度坡向总排水沟。总排水沟的坡度不应小于 0.5%，同样为了通风良好，总排水沟的过水断面积应小于其总断面积的50%，沟内流速应大于0.7m/s，以免发生沉积和堵塞现象。在滤池底部四周设通风孔，其总面积不得小于滤池表面积的1%。

6.4.1.2 塔式生物滤池

塔式生物滤池对冲击负荷有较强的适应能力，其容积负荷一般可达 $1000\sim2000\mathrm{gBOD_5}/(\mathrm{m^3 \cdot d})$，多用于高浓度工业废水的前段处理。

（1）塔式生物滤池构造　图 6-61 是塔式生物滤池示意图，它由塔身、滤料、布水系统以及通风排风装置等所组成。塔式生物滤池滤料层的总高度一般为8~24m，直径1~3.5m，直径与高度比介于（1∶6）~（1∶8）之间。这种结构，使滤池内部能形成较强的拔风状态。污水自上而下滴流，水流紊动剧烈，通风良好；污水、空气、生物膜三者可获得充分接触，加快了物质的传质速度和生物膜的更新速度。大、中型滤塔多采用电机驱动的旋转布水器，也可采用水力驱动的旋转布水器，小型滤塔则多采用固定喷嘴式布水系统、多孔管和溅水筛板布水器。

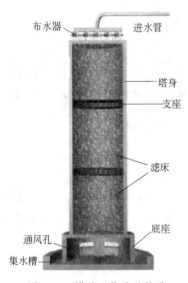

图 6-61　塔式生物滤池构造

（2）塔式生物滤池的优缺点　生物滤塔的主要优点：①容积负荷高，占地面积小，运转费用低；②由于塔内微生物存在着分层的特点，所以能承受较大的有机物和有毒物质的冲击；③由于塔身较高，自然通风良好，空气供给充足，电耗较活性污泥法低，产泥量较普通活性污泥法少。主要缺点：①当进水 BOD 浓度较高时，生物膜生长迅速，易引起滤料堵塞，所以进水 BOD 浓度应控制在200mg/L 以下，否则必须采用处理后的水回流稀释措施；②基建投资大，BOD 去除率低，因此入流水中的悬浮物以及油等含量不能太高。塔式生物滤池仅适合小型污水处理厂或少量污水的处理。

（3）塔式生物滤池设计注意事项　为了充分发挥塔式生物滤池的净化功能，设计时应注意以下几个方面。

①　当用塔式生物滤池处理含有有毒物质的工业废水，且入流水质不均匀时，应设置均质池，以免入流浓度太低时滤池填料体积不能充分利用，同时又能防止浓度过高，超过微生物的分解能力和对有毒物质的忍受能力，致使出流有毒物质浓度过高，或微生物因有毒物质浓度太高而被毒死。

②　在塔式生物滤池后设置二次沉淀池，分离生物膜和水。

③　当单级塔滤处理尚不能达到排放要求时，可考虑塔滤与其他生物处理构筑物串联或多级塔滤串联的方案，以保证一定的处理效果。

④　选择适当的填料。选择比表面积大、空隙率大、不易堵塞的填料。目前可供选择的填料有：a. 粒状的，如焦炭、陶粒等；b. 片状的，如波纹板等；c. 立体状的，如纸蜂窝、玻璃布蜂窝、塑料蜂窝。

⑤　控制入流水质。对入流水质，一般要求悬浮物的含量不能太高。

⑥　入流方式。塔式生物滤池的入流方式为在顶部一次进水或分级进水。分级进水有利于滤料充分利用，使生物膜生长均匀。顶部一次进水，塔上层微生物膜厚，中、下层较薄，但进水管路比分级进水简单。

⑦　选择适宜的入流负荷。入流的负荷有有机负荷及水量负荷，有机负荷（或有毒物质

负荷）指单位体积滤料每日所能承担入流的有机物量；水量负荷指单位体积滤料每日所能承担的处理水量。水量负荷与有机负荷相对应，根据水量负荷及入流浓度所算出的有机负荷不应大于设计所选用的有机负荷。

⑧ 挥发物的净化。当用于处理含有易挥发的有毒物质的工业废水时，应考虑挥发物的净化，以免有毒物质挥发造成二次污染。挥发物的净化方法有两种：一是在塔顶加一段填料，以清水或处理后的水淋洒吸收挥发的有毒物质，此法在采用任何通风的塔滤中均可应用；二是设一台气体净化器，用引风机或反装的鼓风机从塔体抽风送入净化器，使有毒物质与水逆流接触。

⑨ 通风条件。既可采用自然通风，也可采用人工通风。

⑩ 布水方式。布水的均匀程度将会影响填料的利用。不均匀的布水会使某些填料局部负荷过高，不利于提高处理效果。布水方式有两种：固定布水器布水和旋转式布水器布水，其中后者效果比较好。

（4）塔式生物滤池的设计计算

① 填料体积的确定

a. 根据水量负荷计算

$$V = \frac{Q}{N_水} \tag{6-17}$$

式中　$N_水$——水量负荷，$m^3/(m^3 \cdot d)$；

　　　　Q——平均日流量，m^3/d，当有气体净化器时，此流量应包括气体净化器的淋水量，即 $Q = Q_1 + Q_2$。

b. 按有机负荷复核

$$V' = \frac{Q L_a}{N_{有机}} \tag{6-18}$$

式中　V'——按有机负荷计算的填料体积，m^3；

　　　　Q——日平均流量，m^3/d；

　　　　L_a——进水 BOD_5（或 BOD_{20}），g/m^3；

　　　$N_{有机}$——有机负荷，$kg/(m^3 \cdot d)$。

按水量负荷与按有机负荷计算出的滤料体积应当相等或接近相等，否则需重新计算。

② 塔体总高确定　塔体总高包括：填料高度 h_1、格栅高度 h_2、布水器高度 h_3、有毒气体净化器部分高度 h_4 和塔底通风口高度 h_5。

a. 填料高度 h_1　填料的高度（m）与进水有机浓度（BOD_{20}）呈线性关系，可用下式表示

$$h_1 = 0.04 BOD_{20} - 2 \tag{6-19}$$

b. 格栅高度 h_2　h_2 是根据填料高、分层数以及格栅的具体形式而定的，一般取 0.25～0.4m；

c. 布水器高度 h_3　布水器的高度是根据所选用布水器的形式而定，一般可取 0.5m；

d. 有毒气体净化器部分高度 h_4　净化器内填料体积可按塔体本身填料体积的 5% 计算，则 h_4 为

$$h_4 = \frac{0.05V}{\dfrac{\pi D^2}{4}} \tag{6-20}$$

式中　V——填料体积，m^3；

　　　D——塔径，m。

e. 塔底通风口高度 h_5　为了减少空气进塔阻力，通风口风速不宜过大，可与塔内风速相同，因而设计时取通风口总面积 $A \geqslant \dfrac{\pi D^2}{4}$，即

$$h_5 = \frac{\pi D^2}{4nB} \tag{6-21}$$

③ 塔径 D 的确定

$$D = \sqrt{\frac{4V}{\pi h_1}} \tag{6-22}$$

式中　V——填料体积，m^3；

　　　h_1——填料高度，m。

当塔高与塔径确定后，再按 $H : D \geqslant 6 \sim 8$ 复核。

6.4.1.3　曝气生物滤池

曝气生物滤池（biological aerated filter，BAF）也叫淹没式曝气生物滤池，是在污水接触氧化法和给水快滤池的基础上发展起来的。根据污水过滤方向的不同可分为上向流和下向流滤池，这两种滤池的池型结构基本相同，实际工程中绝大多数采用上向流。

曝气生物滤池主要由滤池池体、滤料层、承托层、布水系统、布气系统、反冲洗系统、出水系统、管道和自控系统等组成，如图 6-62 所示。同时由如下三个区域构成：① 缓冲配水区 1；② 承托层 2 及滤料层 3；③ 出水区 4 及出水槽 5。待处理废水由进水管 13 流入缓冲配水区 1，污水在向上流过滤料层时，经滤料上附着生长的微生物膜净化处理后，从出水区 4 和出水槽 5 由管道 7 排出。缓冲配水区的作用是，使污水均匀流过滤池，由鼓风机鼓风并通过曝气管 10 向池内供给空气（氧源）。当运行到一定程度时，出水中会有部分脱落的微生物膜而使出水水质变差，这时必须关闭进水管阀门，启动反冲洗水泵，利用储备在清水池中的处理出水对滤池进行气、水联合反冲洗。为保证布水布气均匀，在滤料支撑板 14 上均匀布置有曝气生物滤池专用的配水、配气长柄滤头 15。在滤池反冲洗时，较轻的滤料有可能被水流带至出水口处，并在斜板沉

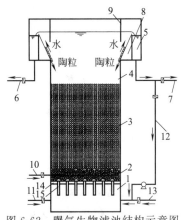

图 6-62　曝气生物滤池结构示意图

1—缓冲配水区；2—承托层；3—滤料层；4—出水区；
5—出水槽；6—反冲洗排水管；7—净化水排出管；
8—斜板沉淀区；9—栅型整流板；10—曝气管；
11—反冲洗供气管；12—反冲洗供水管；
13—滤池进水管；14—滤料支撑板；15—长柄滤头

淀区 8 处沉降，而回流至滤池内，以保证滤池内的微生物浓度。

6.4.2　生物转盘

生物转盘（biological rotating contactor）是 20 世纪 60 年代在生物滤池基础上开发出的一种高效、经济的生物膜法处理设备，具有结构简单、运行稳定安全、能源消耗低、净化功能

好、抗冲击效果好、不易堵塞等优点。我国从 20 世纪 70 年代进行研究，其现已在化纤、石化、印染、制革、造纸等工业废水处理、医院污水和生活污水处理中得到应用，取得了较好的效果。

6.4.2.1　生物转盘构造

生物转盘主要由转盘、转轴和驱动装置、接触反应槽等部分所组成，其构造如图 6-63 所示。生物转盘区别于其他生物膜法处理设备的特征是生物膜在水中回转。

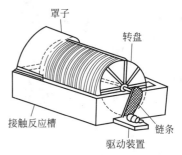

图 6-63　生物转盘构造

生物转盘由固定在一根轴上的许多间距很小的圆盘或多角形盘片组成。盘片是生物转盘的主体，作为生物膜的载体，其材料选择对使用寿命、维修和投资影响最大。盘片材料要求质轻、价廉、强度高、耐腐蚀、防老化和不易变形。目前多采用聚乙烯硬质塑料或玻璃钢形状可以是平板或波纹板，直径一般为 2～3.6m，最大直径达 5m，厚度 2～10mm，盘片净间距为 20～30mm。盘片平行安装在转轴上。为防止盘片挠曲变形，需支撑加固。轴长通常小于 7.6m，当系统要求的盘片面积较大时，可分组安装，一组称为一级，串联运行。

接触反应槽（或称氧化槽）位于转盘的正下方，一般采用钢板或钢筋混凝土制成，是与盘片外形基本吻合的半圆形，断面直径比转盘约大 20～50mm，使转盘既可以在槽内转动，脱落的残膜又不至留在槽内。在氧化槽的两端设有进出水设备，槽内水位应在转轴以下约 15cm。槽底设有放空管。驱动装置通常采用附有减速装置的电机。根据具体情况，也可采用水力驱动或空气驱动。

6.4.2.2　生物转盘的净化原理

生物转盘在旋转过程中，当盘面某部分浸没在污水中时，盘上的生物膜便对污水中的有机物进行吸附；当盘片离开液面暴露在空气中时，盘上的生物膜从空气中吸收氧气对有机物进行氧化。通过上述过程，氧化槽内污水中的有机物减少，污水得到净化。转盘上的生物膜也同样经历挂膜、生长、增厚和老化脱落的过程，脱落的生物膜可在二次沉淀池中去除。生物转盘系统除可有效地去除有机污染物外，如果运行得当还可具有硝化、脱氮与除磷的功能。

6.4.2.3　生物转盘的布置形式

生物转盘的布置形式分为单轴单级、单轴多级和多轴多级三种，如图 6-64 所示。究竟选用何种布置形式，需根据废水的水质、水量、净化要求、圆盘数量及平面位置等因素来选择。实践证明，对同一污水，如盘片面积不变，将转盘分为多级串联运行，可延长处理时间，提高出水水质和水中溶解氧含量。由于受到有机物浓度的限制，转盘级数不宜过多，一般不超过四级。对于高浓度废水，扩大第一级的盘数或者一、二级串联后与第三级串联，可提高水力负荷和耐冲击负荷，保证第一级有最大的工作面积和足够的溶解氧。

单轴四级生物转盘　　　　多轴四级生物转盘

图 6-64　生物转盘的布置

为了降低生物转盘的动力消耗、节省工程投资和提高处理设施的效率，近年来出现了空气驱动的生物转盘（见图 6-65）、与沉淀池合建的生物转盘（见图 6-66）、与曝气池组合的生物转盘、藻类生物转盘等新形式。

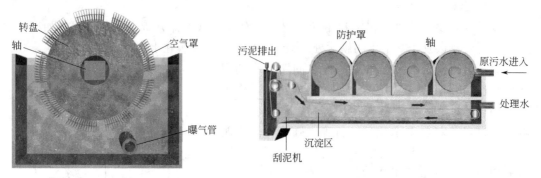

图 6-65　空气驱动的生物转盘　　　　　　　图 6-66　与平流沉淀池相结合的生物转盘

6.4.2.4　生物转盘的优缺点

与其他生物处理法相比，生物转盘具有如下优点：①微生物浓度高，因而处理效率高；②由于生物转盘缓慢均匀地在水中转动，水和盘片之间产生的剪力可连续均匀地将老化的生物膜除去，可控制污泥生长；③抗冲击负荷能力强，工作稳定；④运转灵活，维护简单，动力消耗低；⑤混合液具有高密度和低浓度的特点，因此可按高负荷来设计二次沉淀池。

生物转盘具有如下缺点：①盘材较贵，投资大，若从造价角度考虑，生物转盘仅适用于小水量、低浓度的废水处理；②生物转盘的性能受环境气温及其他因素影响较大，所以在北方寒冷地区生物转盘需设在室内，并采取一定的保温措施，这限制了在寒冷地区建设大规模生物转盘污水处理厂；③转盘的供氧依靠盘面的生物膜接触大气，废水中挥发性物质易产生污染。采用从氧化槽的底部进水可以减少挥发物的散失，比从氧化槽表面进水好，但是挥发性物质的污染仍然存在。因此，生物转盘最好作为第二级生物处理装置。

6.4.3　生物接触氧化处理装置

生物接触氧化处理装置（biological contact oxidation installation）又称为淹没式生物滤池，实际上是一个充满废水的生物滤池，是一种介于曝气池与生物滤池之间的生物膜法工艺。接触池内设有填料，部分微生物以生物膜的形式固着生长于填料表面，废水与附着在填料上的生物膜接触，在微生物的作用下使废水得到净化。

生物接触氧化池前一般要设初次沉淀池，以去除悬浮物，减轻生物接触氧化池的负荷；生物接触氧化池后则设二次沉淀池，以去除水中挟带的悬浮固体，保证系统出水水质。

6.4.3.1　生物接触氧化处理装置的构造

生物接触氧化池是生物接触氧化装置的核心设备，主要由池体、填料及支架、曝气装置、进出水装置以及排泥管道等组成。

池体多呈圆形或方形，用钢板焊接制成或用钢筋混凝土建造。池体用于容纳处理水量和设置填料、布水布气装置、支撑填料的栅板和格栅。由于池中水流的速度低，从填料上脱落的残膜总有一部分沉积在池底，池底一般做成多斗式或设置集泥设备，以便排泥。

曝气装置是接触氧化池的重要组成部分，有充氧、充分搅拌以形成紊流、防止填料堵塞、促进生物膜更新。接触氧化池按曝气方式可分为两种形式，即表面曝气生物接触氧化池和鼓风曝气生物接触氧化池，如图 6-67 所示。按曝气装置位置的不同，又可分为分流式和直流式两种。

① 分流式　如图 6-67（b）所示。分流式的曝气装置与填料分别在池的不同侧，废水在接触氧化池内不断循环。其优点是污水流过填料速度慢，有利于微生物的生长，其缺点是冲刷力太小，生物膜更新慢且易堵塞。

② 直流式　如图 6-67（c）所示。曝气装置在填料底部，直接向填料鼓风曝气使填料区的水流上升。其优点是，生物膜更新快，能经常保持较高的活性，并避免产生堵塞现象。在我国多采用直流式。

另外，接触氧化池按水流循环方式有内循环式和外循环式两种，如图 6-67（c）和（d）所示。

填料是生物膜的载体，兼有截留悬浮物质的作用。填料是接触氧化池的关键，直接影响着生物接触氧化法的效能，同时，载体填料的费用在生物接触氧化处理系统的基建费用中又占较大比重，所以填料关系到接触氧化池的技术与经济的合理性。目前常采用的填料是聚氯乙烯塑料、聚丙烯塑料、环氧玻璃钢等做成的波纹板状和蜂窝状填料。近年来国内外都在进行纤维状填料（cellulose packing）的研究。纤维状填料是用尼龙、维纶、涤纶等化学纤维编结成束，呈绳状连接。为安装检修方便，填料常以料框组装，带框放入池中。当需要清洗检修时，可逐框轮换取出，池子无需停止工作。

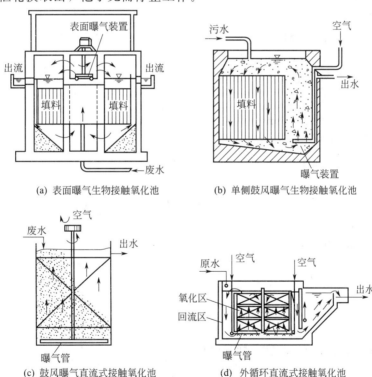

(a) 表面曝气生物接触氧化池　　　(b) 单侧鼓风曝气生物接触氧化池

(c) 鼓风曝气直流式接触氧化池　　(d) 外循环直流式接触氧化池

图 6-67　生物接触氧化池基本构造图

布水管采用多孔管，其上均匀布置直径 5mm 左右的布水孔，间距 20cm 左右，水流喷出孔口流速为 2m/s 左右，以保证污水、空气、生物膜三者之间相互均匀接触，并提高滤床的工作效率，同时防止氧化池发生堵塞。

6.4.3.2　生物接触氧化装置的主要优缺点

优点：① 生物接触氧化池具有较高的容积负荷；②不需要设污泥回流系统，也不存在污泥膨胀问题，运行管理简便（理由：相当一部分微生物固着生长在填料表面）；③生物接触氧化池污泥产量可相当于或低于活性污泥法；④不产生滤池蝇，也不散发臭气，并具有脱氮除磷功能，可用于三级处理。

缺点：如果设计或运行不当，则会出现填料堵塞，布水、布气不易均匀。

6.4.3.3 生物接触氧化装置的设计计算

（1）主要设计参数的确定

① 生物接触氧化池一般按平均日污水量设计；填料体积按填料容积负荷计算，填料的容积负荷则应通过实验确定。

② 生物接触氧化池应不少于 2 座，并按同时工作考虑。

③ 污水在生物接触氧化池内的有效接触时间不得小于 2h。

④ 进水 BOD_5 浓度应控制在 $100 \sim 300mg/L$ 范围内，当大于 $300mg/L$ 时，可考虑采用处理水回流稀释。

⑤ 填料层总高度一般取 3m，当采用蜂窝填料时，应分层装填，每层高 1m。

⑥ 生物接触氧化池中的溶解氧含量一般应维持在 $2.5 \sim 3.5mg/L$ 之间，气水比为（$15 \sim 20$）:1。

⑦ 为了保证布水、布气均匀，每个生物接触氧化池的面积一般应在 $25m^2$ 以内。

（2）设计计算

① 生物接触氧化池的容积

$$V = Q(L_0 - L_e)/F_w \tag{6-23}$$

式中 V——生物接触氧化池有效容积，m^3；

Q——平均日污水流量，m^3/d；

L_0——进水 BOD_5 值，g/m^3；

L_e——处理水 BOD_5 值，g/m^3；

F_w——容积负荷，$gBOD_5/(m^3 \cdot d)$。

② 氧化池的总面积

$$A = V/H \tag{6-24}$$

式中 A——氧化池总面积，m^2；

H——填料层高度，m。

③ 氧化池格数

$$n = A/F \tag{6-25}$$

式中 n——氧化池的格数，一般 $n \geq 2$；

F——每格氧化池面积，m^2，一般 $F \leq 25m^2$。

④ 污水在氧化池内的有效接触时间（单位：h）

$$t = V/Q \tag{6-26}$$

⑤ 氧化池总高度

$$H_0 = H + h_1 + h_2 + (m-1)h_3 + h_4 \tag{6-27}$$

式中 H_0——氧化池总高度，m；

h_1——超高，m，一般为 $0.5 \sim 0.6m$；

h_2——填料层上部水深，m，一般为 $0.4 \sim 0.5m$；

h_3——填料层间隙高，m，一般为 $0.2 \sim 0.3m$；

　　m——填料层数；

　　h_4——配水区高度，m（当不考虑检修时，$h_4 = 0.5m$；当考虑进入检修时，$h_4 = 1.5m$）。

6.4.4　流动床生物膜反应器

　　流动床生物膜反应器也称为悬浮载体生物膜反应器，是指生物膜载体在高速水流、气流或机械搅拌的作用下而不断发生搅动、膨胀、流化、紊流或循环等运动的生物膜反应器，主要包括生物流化床反应器（FBBR）、移动床生物膜反应器（MBBR）、循环床生物膜反应器（CBBR）等多种类型。

6.4.4.1　生物流化床反应器

　　生物流化床是使废水通过流化接触的颗粒床，流化的颗粒床表面生长有生物膜，废水在流化床内同分散十分均匀的生物膜相接触而获得净化的装置。生物流化床兼备活性污泥法均匀接触条件所形成的高效率和生物膜法能承受负荷变动冲击的优点，愈来愈受到人们的重视。该设备不仅能用于好氧生物处理，还能用于生物脱氮和厌氧生物处理。

　　（1）生物流化床构造及工作原理　如图 6-68 所示，生物流化床由床体、填料、布水装置、充氧装置和脱膜装置等部分组成。床体一般呈圆形或方形，由钢板焊接而成，有时也可由钢筋混凝土浇灌而成。填料填充于床体之中，多采用粒径为 0.6～1.0mm 的砂、活性炭、焦炭、陶粒、无烟煤、聚丙乙烯球和细石英砂等细颗粒材料。流化床中的填料因液体流速的不同一般呈现固定、流化、流态三种状态。布水装置一般位于滤床底部，起均匀布水和衬托载体颗粒的作用，常用的布水设备如图 6-69 所示。流化床体内充氧设备一般采用射流充氧或扩散曝气装置。充氧的污水自下而上流动，使载体流态化。脱膜装置用于及时脱出老化的生物膜，使生物膜经常保持一定的活性。对于液体动力流化床需要的脱膜装置，常用振动筛、叶轮脱膜装置、刷式栅膜装置等。生物流化床的废水净化机理综合了流化机理、吸附机理和生物化学机理，过程十分复杂。

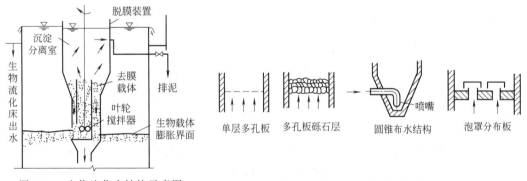

　　　　图 6-68　生物流化床结构示意图　　　　　　　　图 6-69　常用布水设备

　　（2）生物流化床的类型　按流化床载体流化动力来源、脱膜方式及床体结构等的不同，好氧生物流化床可分为三类，即两相生物流化床、三相生物流化床和机械搅动流化床。

　　① 两相生物流化床　又称液流动流化床，是在生物流化床外设置充氧设备和脱膜设备，为微生物充氧并脱除载体表面的生物膜，在床体内存在液、固两相，如图 6-70 所示。进入反应器之前，充空气后的废水 DO 可达 8～9mg/L，充纯氧后的废水 DO 可达 30～40mg/L。如果一次充氧不能满足微生物生命活动所需，可将处理水回流。脱膜设备主要有振动筛、叶轮脱膜装置、刷式脱膜装置等几种形式。

②三相生物流化床 三相生物流化床又称气流动流化床，是直接向反应器内充氧，不另设充氧设备和脱膜设备，床体内有气、固、液三相共存，气体剧烈搅动，填料颗粒间相互摩擦而使生物膜脱落。常用的充氧方式有减压释放式和射流曝气式两种，设计时应注意防止小气泡合并成大气泡而影响充氧效果。将填料（含污泥）回流是因为有时会有少量载体流失。三相生物流化床设备简单，管理方便，能耗低，应用较为广泛。

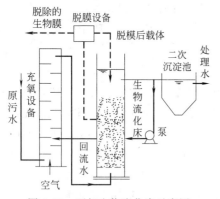

图 6-70 两相生物流化床示意图

如图 6-71 所示，内循环式三相生物流化床由反应区、脱气区和沉淀区组成。反应区由内筒和外筒两个同心圆柱体组成，反应区内填充生物填料，曝气装置设在内筒的底部。压缩空气由曝气装置释放进入内筒，使水与载体混合液密度减小而向上流动，达到载体分离区顶部后大气泡逸出，而含有小气泡的水与载体混合液则流入外筒。由于外筒含气量相对减少导致密度增大，因此混合液在内筒向上流、外筒向下流构成内循环。

③机械搅动流化床 如图 6-72 所示，机械搅动流化床为反应、沉淀一体化，且是采用一般的空气扩散装置充氧。其具有如下特点：a. 降解速度高，反应室内单位容积载体的比表面积较大，可达 8000～9000m²/m³；b. 用机械搅动的方式使载体流化、悬浮，生化反应均一且效率高；c. MLVSS 值较固定，无须调整。

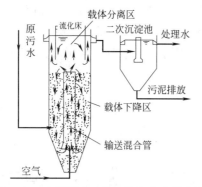

图 6-71 内循环式三相生物流化床示意图

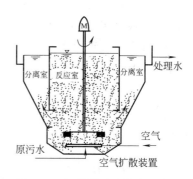

图 6-72 机械搅动流化床示意图

6.4.4.2 移动床生物膜反应器

移动床生物膜反应器是近年来颇受重视的一种新型生物膜反应器，吸收了传统流化床和生物接触氧化法两种工艺的优点，同时为避免固定床反应器需要定期反冲洗，流化床需使载体流化，生物滤池因阻塞需要清洗滤料、更换曝气器而发展起来的，是悬浮生长的活性污泥法和附着生长的生物膜法相结合的一种生物处理工艺。

移动床生物膜反应器工艺原理是，通过向反应器中投加一定数量的悬浮载体，提高反应器中的生物量及生物种类，从而提高反应器的处理效率。由于填料密度接近于水，所以在曝气的时候，与水呈完全混合状态，微生物生长的环境为气、液、固三相。载体在水中的碰撞和剪切作用，使空气气泡更加细小，增加了氧气的利用率。另外，每个载体内外均具有不同的生物种类，内部生长一些厌氧菌或兼性厌氧菌，外部为好氧菌，这样每个载体都为一个微型反应器，使硝化反应和反硝化反应同时存在，从而提高了处理效果。

该反应器建造简单、操作方便、不需回流，可以单独使用，也可以组合使用，有机物去除率较高，并且可以实现脱氮除磷，具有很好的发展和应用前景。

6.4.5　生物填料及其支架

生物填料是提供微生物附着生长和悬浮生长的载体，是生物膜法设备的核心部分，直接影响着系统的运行效果和处理效率。常用的生物填料有软性纤维填料、半软性纤维填料、立体弹性填料、组合填料、悬浮球填料、生物陶粒等。

6.4.5.1　软性纤维填料

软性纤维填料（图 7-73）是模拟天然水草形态加工而成，由中心绳和软性纤维束组成，材质通常采用尼龙、维纶、腈纶等合成纤维，具有质轻、比表面积大、利用率高、空隙可变不堵塞等优点。其缺点是，在强度不足时，纤维易于下垂结团，处理效率明显下降。

软性纤维填料主要适用于生物接触氧化池。

6.4.5.2　半软性纤维填料

半软性纤维填料，又称"雪花片"填料（图 7-74），材质为聚丙烯、聚乙烯。半软性纤维填料的优点是，阻力小，布水、布气性能好，易长膜，又有切泡作用，而且易更换、耐酸碱、抗老化、不受水流影响、使用寿命长。

半软性纤维填料是一种生物接触氧化法和厌氧发酵法处理废水的生物载体。

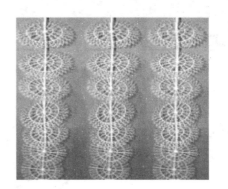

图 7-73　软性纤维填料　　　　　　　图 7-74　半软性纤维填料

6.4.5.3　立体弹性填料

立体弹性填料（图 7-75）筛选了聚烯烃类和聚酰胺中的几种耐腐、耐热、耐老化的优质品种，混合以亲水剂、吸附剂、抗热氧剂等助剂，采用特殊的拉丝、丝条制毛工艺，将丝条穿插固着在耐腐、高强度的中心绳上。由于选材和工艺配方精良，刚柔适度，使丝条呈立体均匀排列辐射状态，制成了悬挂式立体弹性填料的单体，填料在有效区域内能立体全方位均匀舒展满布，使气、水、生物膜得到充分接触。生物膜不仅能均匀地附着在每一根丝条上，保持良好的活性和空隙可变性，而且能在运行过程中获得愈来愈大的比表面积，进行良好的新陈代谢，这一特征是国内目前其他填料不可比拟的。

与硬性类蜂窝填料相比，立体弹性填料孔隙可变性大，不堵塞；与软性类填料相比，材质寿命长，不粘连结团；与半软性填料相比，表面积大、挂膜迅速、造价低廉。因此，该填料可确认是继各种硬性类填料、软性类填料和半软性填料后的第四代高效节能新型填料。

立体弹性填料广泛用于生物接触氧化池、水解酸化池内做生物填料。

6.4.5.4　组合填料

组合填料（图 7-76）是在软性填料和半软性填料的基础上发展而成的，它兼有两者的优点。其结构是将塑料圆片压扣改成双圈大塑料环，将醛化纤维或涤纶丝压在环的环圈上，使纤维束均匀分布；内圈是雪花状塑料枝条，既能挂膜，又能有效切割气泡，提高氧的转移速率和利用率，使水中的有机物得到高效处理。

组合填料优点是散热性能好，阻力小，布水、布气性能好，易生膜、换膜，并对污水浓度的适用性好，又有切割气泡作用。

适用范围：用于污水、废水处理工程，配套于接触氧化塔、氧化池等设备，是一种生物接触氧化法和厌氧发酵法处理废水的生物载体。

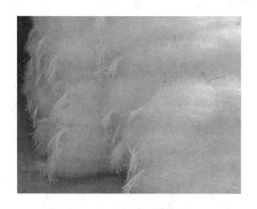

图 7-75　立体弹性填料

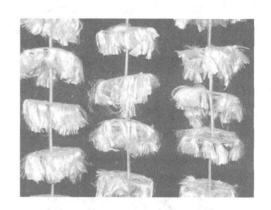

图 7-76　组合填料

6.4.5.5　悬浮球填料

悬浮球填料又称孔旋转球形悬浮填料，分内外双层，外部为网状球体，内部为旋转球体。该填料由聚丙烯材料注塑成形，微生物挂膜快，生物膜易脱落，抗酸碱，耐老化，不受水流影响，使用寿命长，产品耐生物降解，剩余污泥极少，安装方便。

6.5　厌氧生物处理设备

厌氧生物处理是一种低能耗的废水处理技术，是把废水的处理和能源的回收利用相结合的一种技术。厌氧生物处理法最早用于污泥消化，后来用于高浓度有机废水、动植物残体及粪便等的处理，具有处理成本低、可回收能源等特点。

近几十年来，人们成功开发了四代厌氧生物反应器。其中，第一代以厌氧接触池为代表，第二代以厌氧生物滤池（AF）、上流式厌氧污泥床反应器（UASB）、厌氧接触膨胀床反应器（AAFEB）、厌氧流化床（FB）、厌氧折流板反应器为代表，第三代以厌氧内循环（IC）反应器、厌氧膨胀颗粒污泥床（EGSB）为代表，第四代以内循环厌氧反应器为代表。这些工艺设备正逐步应用于生产实践，并取得了较好的运用效果。

6.6　组合式污水处理设备

近年来，组合式污水处理设备作为新建住宅小区、旅游公园、宾馆饭店、医院、学校、高速公路服务区的污水以及部分工厂的废水处理设备和中水回用系统的净化设备使用，具有占地面积小、可安装在地面或地下、施工建设速度快和运转维护简单等优点。

　　组合式污水处理设备需要对污水中的 BOD、微生物，其至 N 和 P 进行控制。去除水中溶解有机物的处理工艺主要有生物接触氧化法、生物滤池法、生物转盘法、序批式活性污泥法。污水处理设备主要的消毒工艺有氯消毒、紫外线消毒和微电解杀菌消毒等。

　　电气控制系统目前大多采用可编程序控制器（PLC），其主要对象是风机、水泵及阀门。在正常情况下，组合式污水处理设备能够全自动运行，有设备故障报警功能，无需人工操作。

　　组合式污水处理设备可以采取地埋式，也可以简单地放置在高楼大厦的地下室内。污水处理设备的箱体和管道可采用不锈钢制作（使用寿命可达 40 年以上）；或采用优质钢板与无缝钢管制作，内外涂刷氯磺化聚乙烯等防腐涂料（一般使用寿命可达 15 年以上）；亦可采用全玻璃钢、玻璃钢－钢板复合结构、混凝土结构、PVC 全塑结构材质。玻璃钢质轻抗腐蚀，但价格高于钢材。

　　例如，当无需考虑脱氮功能时，接触氧化法生活污水处理设备主要由沉砂器、格栅、流量调节池、接触氧化池、沉淀池、消毒池、污泥浓缩贮留池、风机房等组成，污水经沉砂器、粗格栅处理后，进入流量调节池，污水由泵提升入生物接触氧化池、沉淀池、消毒池后排放。接触氧化池气水比为（12∶1）～（15∶1）。细格栅、接触氧化池及沉淀池的污泥均排至污泥浓缩贮留池，污泥池的上清液回流至流量调节池。

　　当考虑脱氮功能时，一般采用 A/O 处理工艺，图 6-77 为典型 A/O 工艺设备结构示意图。污水经格栅井拦截漂浮物和较大的悬浮物后，在调节池内进行水质水量的调节（一般为 6～10h），先后进入缺氧池、好氧池，采用生物膜法，使污水中有机物通过好氧菌、兼性厌氧菌的代谢作用而被去除；污水中的氨氮、有机氮通过水解作用、硝化作用及反硝化作用而去除，从而达到去除污染物质的目的。从好氧池至缺氧池的混合液回

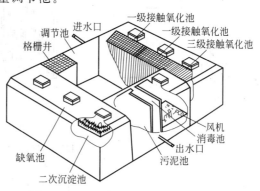

图 6-77　A/O 法生活污水处理设备结构

流量为 200％，从沉淀池至缺氧池的污泥回流量为 30％～50％。生化处理后的水经沉淀池、消毒池进行沉淀、消毒，使出水达到排放标准。

6.7　污泥浓缩脱水设备

　　污泥处理设备的选型是保证污水处理厂处理效果与投资合理性、降低运行成本的关键，同时也直接影响着污水处理厂的运行管理水平、环境卫生。国外一些发达国家很重视污泥的处置，污泥处理投资占污水厂总投资的一半以上，以解决污泥的稳定化、无害化、资源化问题。我国现有污水处理设施中具有较为完善的污泥稳定处理设施的不到 20％。

　　污泥处理设备通常包括排泥设备、污泥输送设备、污泥浓缩设备、污泥消化设备、污泥脱水设备以及污泥热干化与焚烧设备。由于篇幅的限制，本书仅简要介绍浓缩、脱水设备。

6.7.1 浓缩设备及其选用

浓缩设备用于去除污泥中的间隙水，缩小污泥的体积，为污泥的输送、消化、脱水、利用与处置创造条件。污泥浓缩的方法主要有重力浓缩、气浮浓缩、离心浓缩，与此相对应，常见的污泥浓缩设备有污泥重力浓缩设备、污泥气浮浓缩设备、污泥离心浓缩设备。近年来，随着新工艺的出现和专用设备的开发，带式浓缩机和螺压浓缩机也已在使用。

6.7.2 污泥机械脱水设备及其选用

污泥经浓缩处理后，含水率仍很高（一般 95%～97%），需进一步降低含水率，将污泥的含水率降低至 85%以下的过程称为脱水干化。污泥脱水可分为自然脱水和机械脱水两大类。污泥干化床脱水、真空干化床脱水等都属于自然脱水等范畴，其机理是自然蒸发与渗透。

目前工程普遍采用板框压滤脱水机、带式压滤机两种脱水机。

6.7.2.1 板框压滤脱水机

如图 6-78 所示，板框压滤脱水机由滤板和滤框相间排列而成，滤板两面覆有滤布。滤板和滤框共同支承在两侧的架上，并可在架上滑动，用压紧装置把板和框压紧，使板与框之间构成滤室。在滤板与滤框上端的相同部位开有小孔，压紧后各孔连成通道，污泥通过该通道进入滤室。被加压的污泥进入后，滤液在压力作用下通过滤布，并由孔道从压滤机排出，达到脱水的目的。

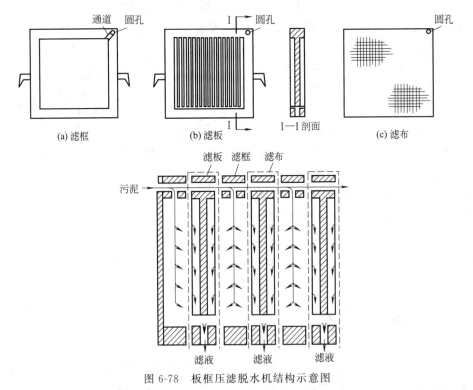

图 6-78　板框压滤脱水机结构示意图

板框压滤脱水机的滤板、滤框可用铸铁、碳钢、不锈钢、铝、塑料、木材等制造，操作压力一般为 0.3～0.5MPa，最高可达 1.5MPa。

板框压滤脱水机属于间歇操作，每个操作循环由组装、过滤、洗涤、卸渣、整理五个阶段组成，一般过滤周期 1.5～4.5h。压滤机的产率为 2～4kg/(m² · h)。

板框压滤脱水机按操作方式分为人工型和自动型两种。人工板框压滤脱水机在卸料时和卸料结束后滤板和滤框的装卸都需人工进行，劳动强度大，效率较低。自动板框压滤脱水机的滤板和滤框可由液压装置自动压紧或拉开，全部滤布连成传送带式，运转时可将滤饼从框中带出使之受重力而自行落下。自动板框压滤脱水机有水平式和垂直式两种。

板框压滤脱水机优点：①结构较简单，操作容易且稳定，故障少，机器使用寿命长，过滤推动力大，所得滤饼的含水率低；②过滤面积的选择范围较宽，单位过滤面积占地较少；③对物料的适应性强。缺点是不能连续运行，处理量小，滤布消耗大。

板框压滤脱水机主要适合于中小型污泥处理场合。

6.7.2.2　带式压滤机

目前带式压滤机是我国城市污水处理厂和工业废水处理厂污泥脱水的主流。该设备脱水效率较高，设备简单，无须设置高压泵或空压机，占地面积较小，耗电量在各种形式脱水机中为最低。其一般是连续运行，当进泥需进行前处理时，也可能是间歇运行。

（1）带式压滤机基本结构　带式压滤机的种类很多，但其主机结构基本相同，主要由若干个不同直径的辊轴、滤带、滤带张紧装置、滤带调偏装置、滤带清洗装置、滤带调速装置、絮凝反应器、排水装置、主传动装置以及安全保护装置等组成，如图 6-79 所示。

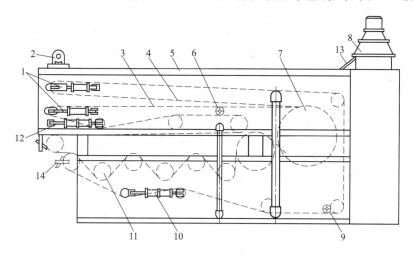

图 6-79　带式压滤机的结构示意图

1—上下滤带启动张紧装置；2—驱动装置；3—下滤带；4—上滤带；5—机架；6—下滤带清洗装置；7—预压装置；8—絮凝反应器；9—上滤带清洗装置；10—上滤带调偏装置；11—高压辊系；12—下滤带调偏装置；13—布料口；14—滤饼出口

（2）带式压滤机脱水原理　带式压滤机是利用双层网带夹着料浆在挤压脱水辊上挤压和剪切进行固液分离的。带式压滤机脱水分为预处理、重力脱水、楔形区预压脱水、挤压脱水和压榨脱水五个主要阶段，其脱水工艺系统如图 6-80 所示。

（3）带式压滤机的主要部件简介

① 辊轴　辊轴根据其功能不同可分为传动辊、压榨辊和纠偏辊。高压脱水段的辊轴一般用两端焊接轴头的无缝钢管制成，低压脱水段使用直径大于 500mm 的压榨辊，一般用钢板卷制成。为了利于压榨出来的水及时排出，辊轴表面常有钻孔或开凹槽。为增大摩擦力，一般在传动辊和纠偏辊外表面包一层橡胶，其胶层与金属表面应紧密贴合，不得脱落。压榨辊表面均需特殊处理，以提高其耐腐蚀性能，如涂以防腐涂层或采用不锈钢材质，涂层应均

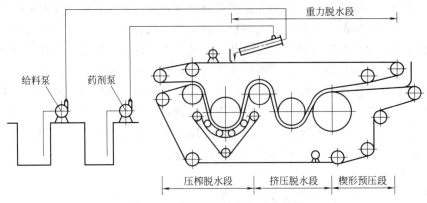

图 6-80　带式压滤机脱水工艺系统

匀、牢固、耐磨。

辊轴的布置方式一般分为 S 形布置和 P 形布置两大类。

如图 6-81 所示，S 形布置的辊轴错开，直径可以相同也可以不同，滤带呈 S 形，辊轴与滤带接触面大，压榨时间长，污泥所受到的压力较小而缓和。S 形辊轴上污泥所受到的压力与滤带张力和辊轴直径有关，当滤带张力一定时，污泥在大辊轴上受到的压力小，在小辊轴上所受到的压力大。一般污泥在脱水时为了防止从滤带两侧跑料，希望施加在滤带上面的压力从小到大逐步增加，污泥中则逐步脱水，含固率逐渐提高。因此，辊轴应该大的在前，小的在后，并逐步减小。

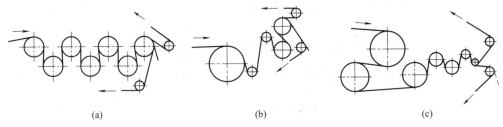

| (a) | (b) | (c) |

图 6-81　S 形压榨辊轴的布置形式示意图

如图 6-82 所示，P 形布置方式是由辊轴和上下两组同向移动的回转带组成，上面为金属丝网制成的压榨带，下面为滤布制成的过滤带，辊轴直径相同且对称布置。P 形布置方式一般适用于疏水性无机污泥脱水，目前已经很少使用。

② 滤带　滤带是压滤机的过滤介质，是影响带式压滤机生产运行的重要部件。其有三方面作用：一是滤水，二是挤压脱水，三是输送滤渣。滤带性能将直接影响污泥过滤速率，亦即影响污泥产量、固体回收率、滤液悬浮物及滤饼剥离性能。由于滤带要不断地经过过滤、滤饼剥离、清洗的循环过程，所以滤带也必须具有良好的再生性能。滤带还必须具有足够的强度、耐磨和变形量小等特点。滤带性能与其纱型、织造结构有

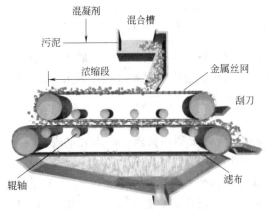

图 6-82　辊轴 P 形布置示意图

一定关系。目前国内滤带多采用高强度型聚酯和尼龙，过去滤带常用单丝编制，近年来为了提高滤带的强度和捕集性能，开始采用一层半和双层网编制方法，如图 6-83 所示。上层由丝径较细、结构较为紧密的材料构成，主要起捕集作用，下层由丝径较粗、强度高的材料构成，主要起过滤和增加强度的作用。

(a) 二综单层　　　　　(b) 三综一层半网　　　　(c) 四综单层网　　　　(d) 四综双层网

图 6-83　滤带编织方法

③ 滤带清洗装置　为了保持滤带的透水性，以利于脱水工作连续进行，滤带经卸料装置卸去滤饼后，上、下滤带必须清洗干净。当污泥的黏性较大时，常堵塞在滤带的缝隙中不易清除，故冲洗水压必须大于 0.5MPa，清洗水管上装有等距离的喷嘴，喷出的水呈扇形，有利于减小水的压力损失。有的清洗水管内设置铜刷，避免堵塞。

④ 滤带张紧与调偏装置　滤带张紧装置的作用是拉紧并调节滤带的张紧力，以便适应不同性质的污泥处理。常用气动或液动装置产生的拉力来拉紧滤带，气动装置主要由空压机、减压阀、压力表等元件组成。

滤带调偏装置主要由汽缸、机动换向阀和纠偏辊组成，如图 6-84 所示。在带式压滤机上、下滤带的两侧设有机动换向阀，当滤带脱离正常位置时，将触动换向阀杆，接通阀内气路，汽缸带动纠偏辊运动，使滤带恢复原位。

⑤ 主传动装置　主传动装置的作用是将动力传递给滤带，带动整个机械运转，其由电机、联轴器、调速器、链条等转动及传动部件组成。调速器一般采用无级调速，滤带速度为 0.5～5m/min。通常，当输送生活污水产生的污泥以及有机成分较高的不易脱水的污泥时，滤带采用低速；当输送消化污泥及含有无机成分较高的易于脱水污泥时，滤带采用较高速度。

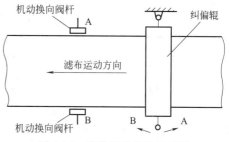

图 6-84　滤带调偏装置示意图

⑥ 安全保护装置　安全保护装置的功能是，当带式压滤机发生严重故障、不能正常连续运行时自动停机，并报警。安全保护装置在如下情况下会运行：a. 主电机、污泥泵、加药泵停止转动；b. 冲洗水压低于 0.4MPa，滤带不能被冲洗干净会影响循环使用；c. 张紧滤带的气源压力小于 0.5MPa，致使滤带的张紧力不足；d. 滤带偏离中心超过 40mm 时，无法矫正。

6.8　典型污水处理工程所用设备示例

【例 6-1】　印染废水处理主要设备。

某印染厂主要生产工艺为涤纶线染色、纯棉染色、人造纱染色以及牛仔成衣砂洗，该生产废水要求处理达到《污水综合排放标准》（GB 8978）中的一级标准。以下是该厂废水处理工程的基本概况和工程所需的主要设备材料。

本工程进水水质见表 6-8，出水水质见表 6-9，设计水量 1500m³/d。处理工艺流程见图 6-85。各处理单元预期处理效果见表 6-10。主要污水处理设备见表 6-11。

表 6-8　本工程设计进水水质表

指标	pH	COD$_{Cr}$/(mg/L)	BOD$_5$/(mg/L)	色度/倍	SS/(mg/L)
数值	5.7	1000	350	600	200

表 6-9　本工程设计出水水质表

指标	pH	COD$_{Cr}$/(mg/L)	BOD$_5$/(mg/L)	色度/倍	SS/(mg/L)
数值	6～9	100	20	40	70

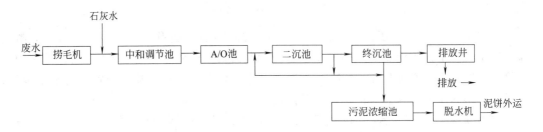

图 6-85　某印染厂废水处理工艺流程

表 6-10　各单元预期处理效果

名称	pH	COD$_{Cr}$/(mg/L)		BOD$_5$/(mg/L)		色度/倍	
		出水	η/%	出水	η/%	出水	η/%
废水	5～7	1000		350		600	
调节池	7～8	1000		350		600	
A/O池、二沉池	7～8	150	85	18	95	300	50
终沉池	6～7	98	35	16	11	36	88

表 6-11　主要设备和材料

序号	名称	数量	序号	名称	数量
1	捞毛机	1台	9	排泥泵	1台
2	液下搅拌器	1台	10	板框压滤机	1套
3	提升泵	2台	11	搅拌机	2台
4	搅拌器	3台	12	加药泵	2套
5	微孔曝气器	540只	13	流量计	1台
6	鼓风机	4台	14	管件	若干
7	中心传动刮泥机	2台	15	电控	1套
8	同流泵	2台			

【例 6-2】　造纸废水处理的主要设备。

　　某纸业集团为解决废水的污染问题，对制浆生产过程中排出的洗、选、漂混合废水及脱墨车间排出的废水进行处理，其污水处理工程处理的废水以生产废水为主，设计处理能力为12000m³/d，该工程进水水质见表6-12。根据当地环保部门意见，该工程出水水质应达到：pH 值=6～9，COD$_{Cr}$≤100mg/L，BOD$_5$≤60mg/，SS≤100mg/L。

表 6-12 进水水质

指标	COD_{Cr}/(mg/L)	BOD_5/(mg/L)	pH	SS/(mg/L)
数量	≤1200	≤200	6.0~9.0	≤1100

处理工艺流程见图 6-86。预期处理效果见表 6-13。工程主要设备材料见表 6-14。

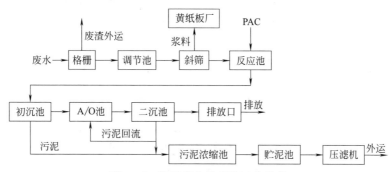

图 6-86 造纸废水处理的工艺流程

表 6-13 预期处理效果

名称	COD_{Cr}/(mg/L)	COD_5 去除率/%	BOD_5/(mg/L)	BOD_5 去除率/%	SS/(mg/L)	SS 去除率/%
废水	1200		200		1100	
斜筛	1080	10	200		550	50
初沉池	378	65	120	40	170	70
A/O 池	91	76	12	90	33	81
标准	≤100		≤60		≤100	

表 6-14 造纸废水处理主要设备清单

序号	名称	数量	序号	名称	数量
1	风机	6 台	6	刮泥机	2 台
2	污水泵	2 台	7	斜网	156m²
3	压滤系统	1 套	8	搅拌机	4 台
4	微孔曝气器	2880 只	9	管件、管道	若干
5	污泥泵	4 台	10	电控	4 套

【例 6-3】 制革废水处理主要设备。

某制革厂主要从事山羊皮及绵羊皮的生产。针对该厂的生产废水，设计了废水处理工程。现将该工程的主要内容介绍如下。

工程设计水量 1200m³/d。进水水质：pH 值＝8~11，COD_{Cr}≤3000mg/L，BOD_5≤1500mg/L，SS≤2000mg/L，S^{2-}≤50mg/L，T_{Cr}≤5mg/L。设计出水水质：pH 值＝6~9，COD_{Cr}≤100mg/L，BOD_5≤30mg/L，SS≤70mg/L，S^{2-}≤1.0mg/L，T_{Cr}≤1.5mg/L。

废水处理工艺流程见图 6-87。预期处理效果见表 6-15。本工程主要设备见表 6-16。

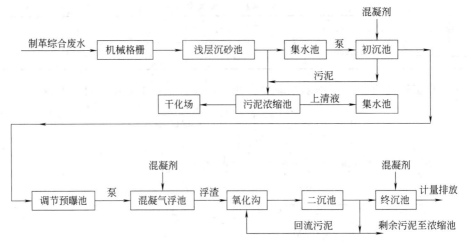

图 6-87　某制革厂废水处理工艺流程

表 6-15　预期处理效果

名称	pH	COD/(mg/L)		BOD₅/(mg/L)		SS/(mg/L)		S²⁻出水/(mg/L)	T_Cr出水/(mg/L)
		出水	η/%	出水	η/%	出水	η/%		
进水	8~11	3000		1500		2000		50	5
集水池	8~11	2700	10	1350	10	1200	40	50	5
初沉池	8~11	1890	30	1013	25	780	35	50	5
调节预曝池	8~11	1663	12	810	20	780		20	5
混凝气浮池	8~11	1080	35	445.5	45	117	85	3.0	2
氧化沟、二沉池	6~9	216	80	45	90	75	36	<1	<1.5
终沉池	6~9	<100		<30		<70		<1	<1.5

表 6-16　某制革厂废水处理所需主要设备清单

序号	名称	数量	序号	名称	数量
1	旋转式格栅	1 台	8	刮泥机(2)	2 台
2	污水泵(1)	2 台	9	污泥回流泵	3 台
3	污水泵(2)	2 台	10	加药系统	2 套
4	污泥泵(1)	1 台	11	电磁流量计	1 台
5	污泥泵(2)	2 台	12	板框压滤机	1 台
6	曝气转盘	4 组	13	风机	2 台
7	刮泥机(1)	2 台	14	溶气罐	1 座

思考题与习题

1. 常用格栅除污机有哪几种类型，其使用范围如何？

2. 沉砂池有哪些类型？试简述各种沉砂池的结构特点及使用范围。

3. 常见除砂机类型有哪些？试比较行车泵吸式除砂机、链板式刮砂机、链斗式刮砂机三种除砂机的特点。

4. 沉淀池有哪几种类型？试述各自的构造特点及其适用条件。

5. 简述气浮设备的工作原理。

6. 试比较布气气浮装置、溶气气浮装置和电解气浮装置的特点。

7. 简述快滤池工作原理及基本结构。

8. 如何选择快滤池滤料？

9. 试简述虹吸滤池结构特点及工作原理。

10. 试简述压力过滤器结构及工作原理。

11. 膜分离常用设备有哪些？各有何特点？

12. 曝气方式有哪些？曝气设备充氧性能的评价指标有哪些？

13. 简述鼓风曝气系统组成。

14. 试比较各种常见的空气扩散设备结构特点。

15. 机械表面曝气机通常有哪几种设备？这些设备有何特点？

16. 简述水下曝气机的工作原理及性能特点。

17. 比较自吸式射流曝气机、供气式射流曝气机、自吸式螺旋曝气机、潜水离心式曝气机。

18. 初次沉淀池和二次沉淀池在污水处理系统中的作用有什么区别？在设计中应如何考虑？

19. 活性污泥法处理系统主要由哪几种设备组成？

20. 试比较旋转式滗水器、套筒式滗水器、虹吸式滗水器、自力（浮力）式滗水器的结构及工作原理。

21. 简述生物滤池的三种形式，并重点分析塔式生物滤池构造。

22. 简述生物转盘的结构。

23. 简述接触氧化处理装置构造及其特点。

24. 简述曝气生物滤池的工作原理。

25. 试比较两相生物流化床、三相生物流化床和机械搅动流化床。

26. UASB 反应器工作原理及构造如何？

27. 简述常见的污泥浓缩设备的优缺点及使用范围。

28. 试比较浮选浓缩池常用的三种撇渣机。

29. 污泥脱水设备通常有哪些类型？并简述各种类型脱水设备的优缺点及使用范围。

30. 简述带式压滤机的脱水原理。

31. 简述带式压滤机的基本结构。

32. 某纺织厂印染废水经预处理后，拟采用活性污泥法进行处理，废水的设计流量为 $150m^3/h$（包括厂区生活污水），BOD_5 为 $300mg/L$，预处理可以去除 30%。小试取得的设计参数为：污泥负荷率为 $0.4kg$ $BOD_5/(kgMLSS \cdot d)$，出水 $BOD_5 \leqslant 20mg/L$，曝气池中污泥浓度为 $4000mg/L$。试设计曝气池、曝气系统及二次沉淀池，并画出曝气池与二沉池的设计草图（要求标明尺寸）。

33. 某印染厂污水排放量为 $3500m^3/d$，BOD_5 浓度为 $240mg/L$（BOD_{20} 为 $430mg/L$），拟采用塔式生物滤池处理。经小试取得的设计参数为容积负荷 $4000g\ BOD_5/(m^3 \cdot d)$；水力负荷 $16m^3/(m^3 \cdot d)$，出水 $BOD_5 < 50mg/L$。试设计塔式生物滤他。

34. 某污水处理站，拟用生物转盘作为二级处理设备，进水量 $Q=1000m^3/d$，平均进水 $BOD_5=200g/m^3$，高峰负荷持续时间为 5h，水温 18℃，要求处理效率为 90%，试设计生物转盘。

第7章　噪声控制设备

噪声控制一般从三个方面考虑：一是噪声源的控制，二是传播途径的控制，三是接受者的防护。在传播途径上控制噪声是目前噪声控制中的普遍技术，按其工作原理可分为吸声、隔声和消声，相应的设备为吸声降噪设备、隔声设备和消声器。

7.1　吸声降噪设备

在吸声降噪过程中，常采用多孔材料吸声结构、共振吸声结构来实现降噪目的。

7.1.1　多孔材料吸声结构

（1）吸声板结构　如图 7-1 所示，吸声板结构是由多孔吸声材料与穿孔板所组成的板状吸声结构。穿孔板的穿孔率一般大于 20%，孔心间距越大，低频吸声性能越好。轻织物多采用玻璃布和聚乙烯塑料薄膜，聚乙烯薄膜的厚度应小于 0.03mm，否则会降低高频吸声性能。

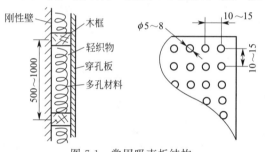

图 7-1　常用吸声板结构

实际应用中应根据气流速度的不同设计如表 7-1 所示的不同护面形式的吸声结构。近年来已发展出了定型规格化生产的穿孔石膏板、穿孔石棉水泥板、穿孔硅酸盐板以及穿孔硬质护面吸声板等。若在这些吸声板涂各种颜色图案，又能增加材料的美观效果。

表 7-1　不同护面形式的吸声结构

适应流速/(m/s)	结构示意图	适应流速/(m/s)	结构示意图
<10	布或金属网　多孔材料	23～45	金属穿孔板　玻璃布　多孔材料
10～23	金属穿孔板　多孔材料	45～120	金属穿孔板　钢丝棉　多孔材料

（2）空间吸声体　空间吸声体由框架、吸声材料和护面结构组成，一般悬挂在室内离墙壁一定距离的空间中。常用的几何形状有板形、圆柱形、菱形、球形、圆锥形等。其中，板形吸声体应用最为广泛，球形吸声体因其体积与表面积之比最大而吸声效果最好。空间吸声体具有较高的低频响应，安装时可以靠近声能流密度大的位置（例如靠近声源处、反射有聚焦的地方），可以获得较好的效果。空间吸声体加工制作简单、原材料易购、价格低廉、安装容易、维修方便、不影响采光。

（3）吸声尖劈　吸声尖劈是一种楔子形空间吸声体，即在金属网架内填充多孔吸声材料。吸声尖劈是消声室或强吸声场所一种常用的强吸声结构。其吸声原理：利用特性阻抗逐渐变化，即从尖劈端面特性阻抗接近于空气的特性阻抗，逐渐过渡到吸声材料的特性阻抗，从而达到吸声效果。该吸声结构低频特性好，当吸声尖劈的长度大约等于所需吸收声波最低频率波长的一半时，其吸声系数可达 0.99。

吸声尖劈的形状有阶梯状、无规则状等。实际安装时，尖劈应交错排列，在底板后面设穿孔共振器，或留有一定厚度的空气层。

7.1.2　共振吸声结构

多孔材料对中、高频声吸声效果较好，对低频声吸收效果较差，若采用共振吸声结构则可以改善低频吸声性能。共振吸声结构是利用共振原理制成的，常用的有薄板共振吸声结构、薄膜共振吸声结构、穿孔板共振吸声结构、微穿孔板吸声结构等。

7.1.2.1　薄板共振吸声结构

把薄的板材（如胶合板、薄木板、硬质纤维板、石膏板、石棉水泥板、金属板等）周边固定在框架上，将框架固定在刚性壁面上，薄板与刚性壁面间留有一定厚度的空气层，就构成了薄板共振吸声结构。其吸声的机理是，当声波入射到薄板上引起板面振动，薄板振动要克服本身的阻尼和板与框架之间的摩擦，使一部分声能转化为热能而耗损。当薄板振动结构的固有频率与入射声波频率一致时，将发生共振，吸声最强。

实际应用中，常取薄板厚度 3～6mm，空气层厚度为 30～100mm，共振频率为 80～300Hz，吸声系数一般为 0.2～0.5，共振频率处的吸声系数大于 0.5。薄板共振吸声结构通常用于吸收低频声，若在薄板结构的边缘（板与框架交接处）放一些增加结构阻尼特性的软质材料，如橡皮条、泡沫塑料条、毛毡等，或在空气层中沿框架（龙骨）四周适当填放一些多孔吸声材料，如矿棉、玻璃棉等，则可以明显提高薄板共振结构的吸声性能，使吸声频带变宽。

7.1.2.2　薄膜共振吸声结构

刚度很小的弹性材料（如聚乙烯薄膜、漆布、不透气的帆布以及人造革等）和其后的空气层一起，可构成薄膜共振吸声结构。薄膜结构与薄板结构的吸声机理基本相同，薄板结构固有频率的计算公式同样适用于薄膜结构。一般在膜后填充多孔吸声材料可改善低频吸声性能。膜的面密度比较小，故其共振频率向高频移动。通常薄膜结构的共振频率为 200～1000Hz，最大吸声系数为 0.3～0.4。

7.1.2.3　穿孔板共振吸声结构

通常在钢板、铝板、硬质纤维板、胶合板、塑料板、石棉水泥板、水泥加压板等板材上面，以一定的孔径和穿孔率打上孔，并在板背后留有一定厚度的空气层，就构成了穿孔板共振吸声结构。穿孔板上每个孔后都有对应空腔，相当于多个并联的亥姆霍兹共振器。当声波入射到穿孔板时，孔中的空气柱受声波激发产生振动，由于摩擦和阻尼作用而消耗掉一部分声能量。当入射声波的频率与结构的固有频率一致时将产生共振，空气柱往复振动的速度、幅值最大，此时消耗的声能量最多，吸声最强。而且，穿孔率越高，共振频率就越高，因此可通过改变穿孔率来控制共振频率。工程中用于共振吸声结构的穿孔板，常用穿孔率在 5% 以下，而当穿孔率大于 15% 时，穿孔板仅起护面作用。

在噪声控制工程设计中，穿孔板共振吸声主要用于低频及部分中频吸声。穿孔板共振吸声结构的板厚度一般为 1.5～10mm，孔径为 20～40mm，孔距为 10～100mm，板后空腔深为 6～100 nm，共振吸声系数约为 0.30～0.50。为加宽吸声频带宽度，可在穿孔板背后贴一层纱布或玻璃丝布，或在空腔内填装多孔吸声材料。

7.1.2.4　微穿孔板吸声结构

在板厚小于 1.0mm 的薄板上穿孔径≤1.0mm 的微孔，穿孔率在 1‰～5‰之间，后部留有一定厚度的空气层，这样就构成了微穿孔板吸声结构。微穿孔板吸声结构比普通穿孔板吸声结构的吸声系数高，吸声频带宽。

微穿孔板可用铝板、钢板、镀锌板、不锈钢板、塑料板等材料制作。微穿孔板吸声结构由于板薄、孔径小、声阻抗大、质量小，因而吸声系数和吸声频带宽度比穿孔板吸声结构要好。在实际应用中，为使吸声频带向低频方向扩展，可采用双层或多层微穿孔板吸声结构。同时，由于微穿孔板后的空气层内无需填装多孔吸声材料，所以不怕水、不霉、耐潮、不蛀、防火、耐高温、耐腐蚀、清洁无污染，能承受高速气流的冲击。微穿孔板的缺点是孔小、易堵塞，微孔加工较困难。

微穿孔板在国内噪声控制工程及改善厅堂音质方面得到了广泛的应用。例如，一些对清洁环境要求较高的场所相继采用了微穿孔吸声处理，高架路声屏障也可用透明微穿孔板吸声结构。

7.1.3　吸声结构选择

吸声处理只能降低反射声的影响，对直达声是无能为力的，因此不能希望通过吸声处理而降低直达声。吸声降噪的效果是有限的，其降噪量一般为 4～12dB，因此吸声结构选用与设计需注意以下几个方面。

① 优先考虑对声源进行隔声、消声等处理，以吸声处理作为辅助手段。

② 当房内原有的平均吸声系数很小时，采取吸声处理才能达到预期效果。单独的风机房、泵房、控制室等房间面积较小，所需降噪量较高，宜对天花板、墙面同时做吸声处理；车间面积较大，宜采用空间吸声体、平顶吸声处理；声源集中在局部区域时，宜采用局部吸声处理，同时设置隔声屏障；噪声源较多且较分散的生产车间宜做吸声处理。

③ 在靠近声源直达声占支配地位的场所，采取吸声处理不能达到理想的降噪效果。

④ 若噪声高频成分很强，可选用多孔吸声材料；若中、低频成分很强，可选用薄板共振吸声结构或穿孔板共振吸声结构；若噪声中各个频率成分都很强，可选用复合穿孔板或微穿孔板吸声结构。通常要把几种方法结合，才能达到最好的吸声效果。

⑤ 对于湿度较高或有清洁要求的环境，一般采用填充有多孔材料的薄膜共振吸声结构或采用单、双层微穿孔板共振吸声结构。微穿孔板的板厚及孔径均不大于 1mm，穿孔率可取 0.5％～3％，空腔深度可取 50～100mm。

⑥ 进行吸声处理时，应满足防火、防潮、防腐、防尘等工艺要求，同时兼顾通风、采光、照明、装修要求，以及考虑省工、省料等经济因素。

7.2　隔声设备

7.2.1　复合隔声板

用钢板、吸声材料、阻尼材料和装饰表面板等多层结构组成一个整体，即构成复合隔声板。复合隔声板的长度和宽度按需要可有多种尺寸，厚度按噪声源性质的不同分为 50mm、80mm、100mm、120mm 等几种。以高频声为主的小型设备选用 50mm 厚；以高频声为主的大型设备选用 80mm 厚；以低中频声为主的小型设备选用 100mm 厚；以低中频声为主的大型设备选用 120mm 厚，中间再加阻尼层和吸声材料。

　　目前轻质复合结构隔声材料的开发比较活跃。常用轻质复合板是用金属或非金属的坚实薄板作面层，内侧覆盖阻尼或夹入吸声材料或空气层等组成。这种结构因质轻且隔声性能良好，广泛运用于交通或工业噪声控制中作为隔声屏、隔声罩，或作为车、船、飞机等的壳体。

7.2.2　隔声罩

　　隔声罩是用隔声构件将噪声源封闭在一个较小的空间内，以降低噪声源向周围环境辐射噪声的罩形结构。将噪声源封闭在隔声罩内，需要考虑机电设备运转时的通风、散热问题；同时，安装隔声罩可能给监视、操作、检修等工作带来不便。

　　隔声罩基本结构如图 7-2 所示，罩壁一般由罩板、阻尼涂料和吸声层构成。为便于拆装、搬运、操作、检修以及经济方面的因素，罩板通常采用薄金属、木板、纤维板等轻质材料。当采用薄金属板做罩板时，必须涂覆相当于罩板 2～4 倍厚度的阻尼层，以改善共振区和吻合效应处的隔声性能。

　　隔声罩一般分为全封闭隔声罩、局部封闭隔声罩和消声箱式隔声罩。全封闭隔声罩不设开口，多用来隔绝体积小、散热要求不高的机械设备。局部封闭隔声罩设有开口或局部无罩板，罩内仍存在混响声场，一般应用于大型设备的局部发声部件或发热严重的机电设备。消声箱式隔声罩是在隔声罩的进、排气口安装有消声器，多用来消除发热严重的风机噪声。图 7-3 是带有进排风消声通道的隔声罩。

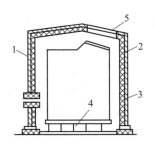

图 7-2　隔声罩基本结构
1—钢板；2—吸声材料；3—护面穿孔板；
4—减振器；5—观测窗

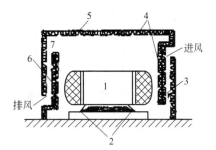

图 7-3　带有进排风消声通道的隔声罩构造
1—机器；2—减振器；3,6—消声通道；
4—吸声材料；5—隔声板；7—排风机

　　选择或制作隔声罩应注意的事项：

　　① 罩面必须选择有足够隔声能力的材料制作，罩面形状宜选择曲面形体，其刚度较大，利于隔声；内部壁面与声源设备之间的距离不得小于 100mm；罩壁宜轻薄，宜选用分层复合结构。

　　② 采用钢板或铝板制作的罩壳，须在壁面上加筋，涂贴一定厚度的阻尼材料以抑制共振和吻合效应的影响，阻尼材料层厚度通常为罩壁的 2～3 倍。阻尼材料常用内损耗大的黏弹性材料，如沥青、石棉漆等。

　　③ 隔声罩内的所有焊缝应避免漏声，隔声罩与地面的接触部分应密封。

　　④ 罩体与声源设备及其机座之间不能有刚性接触，以免形成"声桥"，导致隔声量降低。机器与隔声罩之间，以及它们与地面或机座之间应有适当的减振措施。

　　⑤ 隔声罩内表面须进行吸声处理，需衬贴多孔或纤维状吸声材料层，平均吸声系数不能太小。

　　⑥ 隔声罩应易于拼装，考虑声源设备的通风、散热等要求。

7.2.3 隔声间

隔声间也称隔声室，是用隔声围护结构建造成的一个较安静，且有良好的通风、采光的空间。隔声间是由隔声墙板、隔声门、隔声窗、通风消声装置、阻尼材料和减振器等多种声学构件组合而成的。

设计隔声门时，不仅要有足够的隔声量，还要保证门开启机构灵活方便，同时门扇与门框之间应密封好。隔声门常采用轻质复合结构，在层与层之间填充吸声材料，隔声量可达30～40dB。双层充气隔声门的隔声量可达46～60dB。隔声门的隔声性能与门缝的密封程度有关。即使门扇设计的隔声量很大，若密封不好，其隔声效果也会下降。隔声门的密封方法应该根据隔声要求和门的具体使用条件确定，例如人员出入较少的隔声间的门可以采用隔声效果较好的双企口压紧橡皮条的密封方法，而人员出入较频繁的隔声间就不使用这种方法。为使隔声门关闭严密，在门上应设加压关闭装置，一般采用较简单的锁闸。门铰链应有距门边至少50mm的转轴，以便门扇沿着四周均匀地压紧在软橡皮垫上。门框与墙体的接缝处也应注意密封。

隔声窗按照其所使用的场所不同和隔声量不同，可分多种形式。

隔声采光窗上安装的玻璃可以是两层，也可以是多层。隔声窗的隔声量除了取决于玻璃的厚度（或单位面积玻璃的质量），还取决于窗结构，窗与窗框之间、窗框和墙壁之间的密封程度。玻璃厚度一般为5mm或6mm，每层玻璃的厚度最好不相等，其总厚度一般为60mm、80mm、100mm、120mm。

通风隔声窗应满足通风和隔声两种功能要求。正面采用大块玻璃隔声采光，周边为橡胶条密封结构，下面和两侧面是进风或出风通道，在通道上进行吸声处理，相当于安装了阻性消声器。根据需要，可以在隔声窗内侧安装轴流风机，进行机械通风。

消声遮阳百叶窗具有遮阳、采光、降噪、通风等多种功能，可以安装于建筑物的窗洞口或隔声室、隔声罩的进出口。在百叶片上装以吸声材料，利用百叶片之间阻性消声达到降噪的目的，其消声降噪量为10dB（A）左右。

7.2.4 声屏障

在噪声源和需要进行噪声控制的区域之间，安置一个有足够面密度的密实材料的板或墙，使声波传播有明显的附加衰减，这样的"障碍物"称为声屏障（noise barriers）。声屏障主要用于交通噪声的治理。在高速公路、高架道路、立交桥、铁路、轻轨铁路等交通要道与道路周边住宅之间常看到声屏障。

7.2.4.1 声屏障降噪原理

声屏障的降噪作用是基于声波的衍射原理。如图7-4所示，噪声在传播途径中遇到障碍物（声屏障），若障碍物尺寸远大于声波波长时，大部分声能被反射和吸收，一部分绕射，于是声波在声屏障背后一定距离内形成"声影区"，同时声波绕射必然产生衰减。一般3～6m高的声屏障，其声影区内降噪效果在5～12dB之间。同时可由图7-4看出声屏障对不同频率的效应。由于高频声声影区大，波长短，所以最容易被阻挡，其次是中频声，而声屏障后面形成的声影区中所产生的低频声，由于声波波长长，最容易绕射过去，所以声屏障对低频噪声的隔声效果是较差的。声屏障对中、高频声隔声衰减效果较好，但对于频率在250Hz

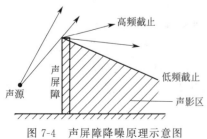

图7-4 声屏障降噪原理示意图

以下的低频声的隔声衰减效果不明显，常借助吸声材料使低频噪声衰减。因此，声屏障应具有隔声和吸声的双重性能。

7.2.4.2　道路声屏障结构形式

传统道路声屏障不仅结构单调、密度大、耐久性较差，而且降噪效果欠佳，特别对中、低频噪声吸声性能很差。近二十年来国内外一直有许多学者致力于声屏障声学性能的研究，有关新型声屏障的研究论文屡有发表。声屏障顶部既是声线的绕射点，又是亮区与声影区的分界点。为了在不增加道路声屏障高度的条件下降低顶部绕射声波的传播，从而提高声屏障的降噪能力，一方面可在声屏障上端面安置软体或吸声材料，另一方面可改变声屏障的形状。

（1）不同结构形式声屏障

① 吸声型屏障　吸声型屏障即在声屏障面向道路的一侧外表面布置吸声材料（其吸声系数应大于 0.5），做成吸声表面，降低反射声，从而改善屏障的降噪效果。例如，图 7-5 所示为沿街道路一侧有一几十米长的厂房，墙外表面布置了吸声材料，从而减少了该墙面对交通噪声的反射，保障了厂房对面社区的声环境质量。

② "软表面" 结构形式屏障　按照声学原理，声学软表面的特性阻抗远远小于空气的特性阻抗，这样，软表面的声压远远小于一般吸声表面，理想的软表面声压几乎为 0。早在 1976 年 Rawlins 首次提出，附在刚性障板的边缘上的 "声学软表面" 能阻碍声屏障顶部绕射声的传播。后来，Alfredson R. J.、Fujiwara K 等人继续研发 "软表面" 结构屏障，这些声屏障一个共同的特征是，在原声屏障上边缘附着一层或一个管状 "声学软表面" 结构。用常规材料难以制成软表面，该类声屏障开发的关键问题是寻找一种合适 "软表面" 材料。

图 7-5　安装在工厂外墙上的吸声屏障

③ T 形屏障　2003 年 Defrance J. 和 Jean P. 利用射线追踪及边界元法研究了一种 T 形屏障模型（图 7-6）的声学性能。该屏障顶冠为 0.85m×0.25m 厚的水泥木屑板。实际应用中，考虑有限长声屏障对无限不连续的线声源情形，该声屏障顶冠的附加声衰减量为 2～3dB（视衍射角及声传播路径情况而定）。

④ Γ 形屏障　声屏障顶端按一定角度折向道路内侧（图 7-7），从而改善了屏障的降噪效果。

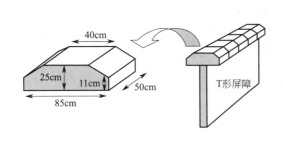

图 7-6　T 形屏障的顶冠模型

图 7-7　Γ 形道路声屏障总体布局图

⑤ 带管状顶部的屏障　带管状顶部的屏障即在原有方形屏障的顶部加置一个管状单元，

该单元常见有圆柱形和蘑菇形两种形式。声屏障顶部安置的吸声体可降低声屏障顶部的声压，从而减小声屏障背后衍射区 2～3dB 的声压值。顶部带蘑菇形吸声体的屏障将逐渐取代顶部带圆柱形吸声体的屏障，成为现代声屏障建设的主流。因为前者景观效应更好。

⑥ Y 形屏障　Y 形屏障的结构形式设计比 T 形屏障更合理，因为前者排水性能更好。在垂直型声屏障顶部附加板，形成"Y"结构，不仅能提高屏障的降噪效果，而且能降低屏障的高度，造价也合理。Shima H. 等人在传统 Y 形屏障的基础上开发出一种声学性能更好的新颖 Y 形屏障，如图 7-8 所示。

⑦ 多重边缘声屏障　多重边缘屏障即在原有单层屏障板上面增加两道（或更多）边板，边板最好置于原主屏障板的声源一侧，这明显增大屏障的声衰减量，一般可获得 3dB 左右的附加衰减量（高频区的附加衰减量比低频区大）。多重边缘声屏障板上一般不加吸声材料，因为吸声材料对该类屏障降噪作用不大。

⑧ 掩蔽式声屏障　城市交通干道两侧的高层建筑物，形成城市"峡谷"。研究表明，平行"峡谷"中由于声反射而使该区的声压级相对于单侧屏障有所升高。此时，采用一般的声屏障来控制交通噪声向窗户处的辐射是困难的。掩蔽式声屏障则是一个解决问题的典型例子，如图 7-9 所示。该声屏障又称隧道式声屏障，造价高，在国外许多国家（如日本、加拿大）都已采用，为了采光，顶部常用透明材料或设置采光罩。

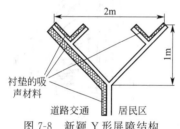

图 7-8　新颖 Y 形屏障结构

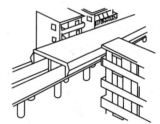

图 7-9　居住区高架路上的掩蔽式声屏障

（2）不同结构形式屏障降噪性能对比　由表 7-2 可见，吸声结构、软体结构都能较好地改善声屏障的声学性能，但结构形状的改变对声屏障的声学性能改善并不明显。刚性屏障中只有多重衍射边缘型屏障有较好的降噪效果。软体边缘 T 形屏障降噪效果最明显，其 3m 高可达到 10m 普通型屏障的降噪效果。

表 7-2　各种声屏障的降噪效果比较

刚性结构	(普通)15.2	1.0/16.2	1.7/16.9	−0.7/14.5	2.5/17.7	3.3/18.5	0.2/15.4
吸声结构	5.0/20.2	5.6/20.8	4.4/19.6	5.4/20.6	5.6/20.8		2.4/17.6
软体结构	7.8/23	8.2/23.4	7.6/22.8	8.0/23.2			

━━刚性　▨▨▨吸声　▨▨▨软性

注：图表中的分数（例如 5.6/20.8）的含义：分母值（20.8）代表 3m 高某类声屏障插入损失值 $IL=20.8$dB，分子值（5.6）代表相对于 3m 高普通屏障插入损失值（15.2dB）的附加衰减量 ΔIL 为 5.6dB。

7.2.4.3　道路声屏障设计

道路声屏障工程设计一般分三部分：声学设计、结构设计和景观设计。声学设计即以治理目标值为基础进行声屏障的位置、外形尺寸、结构形式等设计选择与比较；结构设计是用以保证所选择的声屏障能安全、牢固地建在所要设置的部位上，包括承重结构设计与构造设计；景观设计的目的是利用人的视觉与知觉对周围环境所产生的反应，这一反应给予人在视觉上的舒适协调和保证行车安全。声屏障的设计程序见图 7-10 所示。

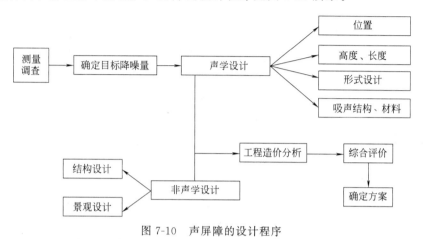

图 7-10　声屏障的设计程序

（1）声学设计　声学设计是声屏障设计中的关键环节，包括目标降噪量确定、平面位置确定、高度和长度的计算、形式选择、结构和材料的选择等内容。

① 声屏障设计目标值的确定　根据声环境评价的要求，确定噪声防护对象，它可以是一个区域，也可以是一个或一群建筑物。声屏障设计目标值的确定与受声点处的道路交通噪声值（实测或预测的）、受声点的背景噪声值以及环境噪声标准值的大小有关。如果受声点的背景噪声值等于或低于功能区的环境噪声标准值时，则设计目标值可以由道路交通噪声值（实测或预测的）减去环境噪声标准值来确定。当采用声屏障技术不能达到环境噪声标准或背景噪声值时，设计目标值也可在考虑其他降噪措施的同时（如建筑物隔声），根据实际情况确定。

② 位置的确定　根据道路与防护对象之间的相对位置、周围的地形地貌，应选择最佳的声屏障设置位置。选择的原则是声屏障靠近声源或者受声点，或者可利用的土坡、堤坝等障碍物等，力求以较少的工程量达到设计目标所需的声衰减。由于声屏障通常设置在道路两旁，而这些区域的地下通常埋有大量管线，故应该做详细勘察，避免造成破坏。

③ 几何尺寸的确定　根据设计目标值，可以确定几组声屏障的长与高，形成多个组合方案，计算每个方案的插入损失，保留达到设计目标值的方案，并进行比选，选择最优方案。

④ 声屏障的形式选择　声屏障的形式包括直立型、折板型、弯曲型、半封闭型、封闭型。对于封闭型声屏障，降噪效果好，但存在造价高、汽车尾气不易扩散等问题，一般只在城市道路近旁高楼林立的情况下才采用。因此，声屏障的形式选择需要综合考虑现场条件和保护点声环境要求等多种因素，做出合理的选择。

⑤ 吸声结构设计　当双侧安装声屏障时，应在朝声源一侧安装吸声结构；当道路声屏障仅为一侧安装，则可以不考虑吸声结构。吸声结构的降噪系数 NRC 应大于 0.5。吸声结

构的吸声性能不应受到户外恶劣气候环境的影响。

（2）结构设计　在结构设计中，声屏障应满足在运输、安装和使用过程中的强度、稳定性和刚度要求，符合降噪、防火、防腐蚀、防潮（水）、防老化、防眩目、防尘等要求。声屏障的结构设计由两部分组成，一是声屏障承重结构的设计与计算；二是结构上和声学上需要满足的构造设计。承重结构设计偏重于从结构的强度、刚度、安全度上考虑；而构造设计则是结合声学的要求以及结构上要求进行的设计。声屏障的构造主要涉及屏障的结构与材料，它应满足技术合理、经济、施工简单、造型美观、安全耐用等方面的要求。

（3）景观设计　声屏障的景观设计要遵循建筑形式美的一般原则，使其保持与道路及周围环境的整体性和一致性，同时不要影响驾驶安全性。例如，设计中利用声屏障顶端线条的多样变化，使单调的障壁成为给人以动感感受的视觉景观；在声屏障表面采用淡雅明朗的障板色彩变化组成几何图案，给人以明快轻巧的感觉。

7.3　消声器

空气动力性噪声是一种常见的噪声污染，从喷气式飞机、火箭、宇宙飞船，直到各种动力机械、通风空调设备、气动工具、内燃发动机、压力容器及管道阀门等的进排气，都会产生声级很高的空气动力性噪声。控制这种噪声最有效的方法之一就是在各种空气动力设备的气流通道上或进排气口上加装消声器。一个合适的消声器能使气流噪声降低 20～40dB。

7.3.1　消声器种类与性能要求

按消声原理和结构的不同，消声器大致可分为阻性消声器、抗性消声器、阻抗复合式消声器、微穿孔板消声器、喷注耗散型消声器、有源消声器等类型，见表 7-3。

表 7-3　消声器种类与适用范围

消声器类型	所包括的形式	消声频率特性	适 用 范 围
阻性消声器	直管式、片式、折板式、声流式、蜂窝式、弯头式	中、高频	消除风机、燃气轮机进气噪声
抗性消声器	扩张室式、共振腔式、干涉式	低、中频	消除空压机、内燃机汽车排气噪声
阻抗复合式消声器	阻-扩型、阻-共型、阻-扩-共型	低、中、高频	消除鼓风机、大型风洞、发动机试车台噪声
微穿孔板消声器	单层微穿孔板消声器、双层微穿孔板消声器	宽频带	高温、高湿、有油雾及要求特别清洁卫生的场合
喷注耗散型消声器	小孔喷注型、降压扩容型、多孔扩散型	宽频带	消除压力气体排放噪声，如锅炉排气、高炉放风、化工工艺气体放散等噪声
喷雾消声器		宽频带	用于消除高温蒸汽排放噪声
有源消声器		低频	用于消除低频噪声的一种辅助措施

一个性能好的消声器应满足以下几点。

① 声学性能　消声器在所需的消声频率范围内应有足够大的消声量。

② 空气动力性能　消声器对气流的阻力损失或功能损耗要小。

③ 结构性能　体积要小、重量轻、坚固耐用、结构简单，便于加工、安装和维修。

④ 外形及装饰要求　除消声器几何尺寸和外形应符合实际安装空间的允许外，消声器的外形应美观大方，表面装饰应与设备总体相协调。

⑤ 价格费用要求　在消声量达到要求的条件下，消声器要价格便宜，使用寿命长，有一个较好的性能价格比。

7.3.2　阻性消声器

通常把不同种类的吸声材料按不同方式固定在气流通道中，即构成各式各样的阻性消声器。阻性消声器结构由于充分利用中、高频吸声特性较好的吸声材料，所以中、高频消声效果良好。其按气流通道的几何形状可分为直管式、折板式、声流式、弯头式、片式、蜂窝式、迷宫式等，如图 7-11 所示。它们的特点见表 7-4。

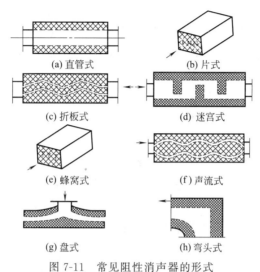

图 7-11　常见阻性消声器的形式

表 7-4　各类阻性消声器的特性与适用范围

种类	特性与使用范围
直管式	结构简单,阻力损失小,适用于小流量管道及设备的进、排气口
片式	单个通道的消声量即为整个消声器的消声量,结构损失大,不适于流速较高的场合
折板式	是片式消声器的变种,提高了高频消声性能,但阻力损失大,不适于流速较高的场合
声流式	是折板式消声器的改进型,改善了低频消声性能,阻力损失较小,但结构复杂,不易加工,造价高
蜂窝式	高频消声效果差,但阻力损失较大,构造相对复杂,适用于气流流量较大,流速不高的场合
弯头式	低频消声效果差,高频消声效果好,一般结合现场情况,在需要弯曲的管道内衬贴吸声材料构成
迷宫式	在容量较大的箱(室)内加衬吸声材料和吸声障板,具有抗性作用,消声频率范围宽,但体积庞大,阻力损失大,仅在流速很低的风道上使用

阻性消声器的设计步骤如下。

（1）确定消声量　应根据有关的环境保护和劳动保护标准，适当考虑设备的具体条件，合理确定实际所需的消声量。对于各频带所需的消声量，可参照相应的 NR 曲线来确定。

（2）选择消声器的结构形式　根据气体流量和消声器所控制的流速，计算所需的通流截面，并由此来选定消声器的结构形式。一般说来，气流通道截面当量直径小于 300mm，可采用单通道直管式；通道截面直径介于 300～500mm 之间，可在通道中加设吸声片或吸声芯；通道截面直径大于 500mm，则应考虑选用片式、蜂窝式或其他形式。

（3）选用吸声材料　除了考虑材料的吸声性能外，还应考虑消声器的实际使用条件，在高温、潮湿、有腐蚀等特殊环境中，则应考虑吸声材料的耐热、防腐蚀、抗腐蚀性能。

（4）确定消声器的长度　消声器的长度应根据噪声源的强度和现场降噪要求来决定。增加消声器的长度可以提高消声量，但还应注意现场有限空间所允许的安装尺寸。一般空气动力设备如风机、电机的消声器长度为 1～3m，特殊情况下为 4～6m。

（5）选择吸声材料的护面结构　阻性消声器的吸声材料在气流中工作时必须用牢固的护

面结构固定。通常采用的护面结构有玻璃布、穿孔板或铁丝网等。如护面结构不合理，吸声材料会被气流吹跑或者使护面结构产生振动，导致消声器的性能下降。护面结构的形式主要由消声器通道内的气流速度决定。表 7-1 所示为不同流速下的合理护面结构。

（6）验算消声效果　根据"高频失效"和气流再生噪声的影响验算消声效果。若设备对消声器的压力损失有一定要求，应计算压力损失是否在允许的范围之内。

7.3.3　抗性消声器

抗性消声器仅依靠管道突变或旁接共振腔等在声传播过程中引起阻抗的改变而产生声能的反射、干涉，从而降低由消声器向外辐射的声能，达到消声的目的。抗性消声器适用于窄带和中、低频噪声的控制，能在高温、高速、脉动气流下工作，适用于汽车、拖拉机、空压机等排气管道的消声。抗性消声器有扩张室式、共振腔式、干涉式、穿孔板式等类型，其中扩张室式和共振腔式是两种常用的类型。

7.3.3.1　扩张室式消声器

（1）扩张室式消声器的消声性能　扩张室式消声器也称膨胀式消声器，是利用管道横断面的扩张和收缩引起的反射和干涉来进行消声的。在工程中为了减少对气流的阻力，常用的是扩张管。扩张室消声器的消声量是由扩张比 m 决定的。但是，扩张比 m 不可盲目选得太大，应使消声量与消声频率范围二者兼顾。在实际工程中，一般取 $9 < m < 16$，最大不超过 20，最小不小于 5。

不管扩张比 m 多大，单节扩张室消声器消声量 ΔL 总是为零，即存在许多消声量为零的通过频率。改善扩张室消声器消声频率特性的方法如下。

① 将单节扩张式改进为内插管式，即在扩张室两端各插入长度分别为扩张室长度的 1/2 和 1/4 的管，以分别消除 n 为奇数和偶数时的通过频率低谷，以使消声器的频率响应曲线平直，如图 7-12 所示。但实际设计的消声器多是两端插入管连在一起，在其间的 (1/4)l 长度上打孔，穿孔率大于 30%，以减少气流阻力，如图 7-13 所示。

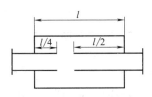

图 7-12　带插入管的扩张室图

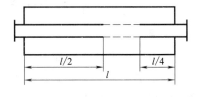

图 7-13　内接穿孔管的扩张室消声器

② 设计多节扩张室，将它们串联起来，各节扩张室长度不相等，如图 7-14 所示。同时使各自的通过频率相互错开。如此，既可提高总的消声量，又可改善消声频率特性。

（2）扩张室式消声器设计步骤

① 根据需要的消声频率特性，合理地分布最大消声频率，确定各节扩张室消声器的长度及其插入管的长度。

图 7-14　长度不同的多节扩张室串联

② 根据有关标准，确定所需要的消声量，尽可能选取较大的扩张比 m，设计扩张室各部分的截面尺寸；

③ 验算所设计扩张室消声器的上下频率是否在所需要消声的频率范围之外。如不符合，则重新修改方案。

7.3.3.2　共振腔式消声器

在一段气流通道的管壁上开若干个小孔，并与外侧密闭空腔相通，小孔和密闭的空腔就组成了一个共振腔式消声器。其消声原理和穿孔共振结构是相似的，小孔与空腔组成一个弹性振动系统，小孔孔颈中具有一定质量的空气，在声波的作用下往复运动，与孔壁产生摩擦，使声能转变成热能而消耗掉。当声波频率与消声器固有频率相等时，发生共振。在共振频率及其附近，空气振动速度最大，因此消耗的声能最多，消声量最大。

共振腔消声器的气流通道截面是由管道中气体流量和气流速度决定的。在条件允许的情况下，应尽可能缩小通道的截面积。一般通道截面直径不应超过 250mm。如气流通道较大，则需采用多通道共振腔并联，每一通道宽度取 100～200mm，且竖直高度小于共振波长的1/3。

共振腔消声器适用于低、中频成分突出的气流噪声的消声，但有效消声频率范围较窄，对此可采用以下改进方法：

① 在空腔内填充一些吸声材料，以增加共振腔消声器的声阻，使有效消声的频率范围展宽。这样处理尽管会使共振频率处的消声量有所下降，但由于偏离共振频率后的消声量变得下降缓慢，从整体看还是有利的。

② 采用多节共振腔串联。把具有不同共振频率的几节共振腔消声器串联，并使其共振频率互相错开，可以有效地展宽消声频率范围。

为了使共振腔消声器取得应有的效果，设计时应注意以下几点：

① 共振腔的最大几何尺寸都应小于共振频率 f_r 处波长 λ_r 的三分之一。

② 穿孔位置应均匀集中在共振腔消声器内管的中部，穿孔范围应小于其共振频率相应波长的 1/12；孔心距应大于孔径的 5 倍。若不能同时满足上述要求，可将空腔分割成几段来分布穿孔位置，总的消声量可近似视为各腔消声量的总和。

③ 为展宽共振腔消声器的有效消声频率范围，采取增大共振腔深度、减小孔径、在孔径处增加阻尼等措施。穿孔板的厚度宜取 1～5mm，孔径宜取 $\phi3～\phi10$mm，穿孔率宜取 0.5％～5％，腔深宜取 10～20cm。

7.3.4　阻抗复合式消声器

阻性消声器在中、高频范围内有较好的效果，而抗性消声器可以有效地降低低、中频噪声。而在实际噪声控制工程中，往往遇到宽频带噪声，即低、中、高频的噪声都很高。为了在较宽的频率范围内获得较好的消声效果，通常将阻性结构和抗性结构按照一定的方式组合起来，就构成了阻抗复合式消声器。常用的阻抗复合式消声器有阻性-扩张室复合消声器，阻性-共振腔复合消声器，阻性-扩张室-共振腔复合消声器，如图 7-15 所示。

阻抗复合式消声器主要用于消除各种风机和空压机的噪声。但由于阻性段有吸声材料，因此阻抗复合式消声器一般都不适于在高温和含尘的环境中使用。

7.3.5　微穿孔板消声器

微穿孔板消声器是用微穿孔板制作，是阻抗复合式消声器的一种特殊形式。多种类型的微穿孔板消声器在通风空调系统和噪声控制工程中得到了广泛的应用。

微穿孔板消声器采用微穿孔薄板制成，不用任何多孔吸声材料。微穿孔板材料一般用厚度为 0.20～1.0mm 的钢板、铝板、不锈钢板、镀锌钢板、PC 板、胶合板、纸等制作。

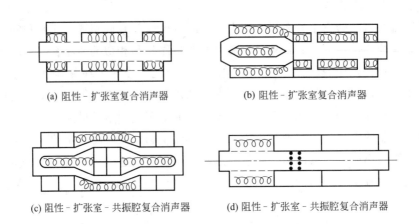

(a) 阻性－扩张室复合消声器   (b) 阻性－扩张室复合消声器

(c) 阻性－扩张室－共振腔复合消声器   (d) 阻性－扩张室－共振腔复合消声器

图 7-15　几种阻抗复合式消声器

为加宽吸收频带，孔径应尽可能地小，但因受冲孔制造工艺的限制以及微孔过小易堵塞，故常用孔径为 0.50～1.0mm，穿孔率一般为 1%～3%。为获得宽频带、高吸声效果，一般用双层微穿孔板结构。微穿孔板与风管壁之间以及微穿孔板与微穿孔板之间的空腔，按所需吸收的频带不同而异。

微穿孔板消声器消声量高，消声频带宽，压力损失小，气流再生噪声低，不用多孔性吸声材料，无粉尘或其他纤维泄出，十分清洁，因此特别适用于环境标准要求较高的通风空调系统，例如净化车间、无菌室、高级宾馆等。微穿孔板消声器防潮、防水，能承受较高气流速度的冲击，耐高温，适应性较强。

7.3.6　消声器选用

消声器选用过程中，应注意以下几个方面。

① 噪声源特性分析　消声器用于降低空气动力性噪声，对其他噪声源是不适用的。应按不同性质、不同类型的噪声源，有针对性地选用不同类型的消声器。

噪声源的声级高低及频谱特性各不同，消声器的消声性能也各不相同，在选用消声器前应对噪声源进行测量和分析。一般测量 A 声级、C 声级、倍频程或 1/3 倍频程频谱特性，使噪声源的频谱特性和消声器的消声特性两者相对应。噪声源的峰值频率应与消声器最理想、消声量最高的频段相对应。这样，安装消声器后才能得到满意的消声效果。同时，应对噪声源的安装使用情况，周围的环境条件，有无可能安装消声器，消声器装在什么位置等事先有个考虑，以便正确合理地选用消声器。

② 噪声标准确定　在具体选用消声器时，必须弄清楚安装所选用的消声器后能满足何种噪声标准的要求。

③ 消声量计算　按噪声源测量结果和噪声允许标准的要求来计算消声器的消声量。消声量过高或过低都不恰当。过高，可能达不到，或提高成本，或影响其他性能参数；过低，则达不到要求。计算消声量时要考虑的影响因素：第一，背景噪声的影响，有些待安装消声器的噪声源使用环境条件较差，背景噪声很高或有多种声源干扰，这时对消声器质量的要求不一定太苛刻；第二，自然衰减量的影响，声波随距离的增加而衰减。

④ 选型　正确地选型是保证获得良好消声效果的关键。根据噪声源所需要的消声量、

空气动力性能要求以及空气动力设备管道中的防潮、耐油、防火、耐高温等要求，选择消声器的类型：a. 对低、中频为主的噪声源（如离心通风机等），可采用阻性或阻抗复合式消声器；b. 对宽频带噪声源（如高速旋转的鼓风机、燃汽轮机等），可采用阻抗复合式消声器或微穿孔板消声器；c. 对脉动性低频噪声源（如空燃机、内燃机等），可采用抗性消声器或微穿孔板消声器；d. 对高压、高速排气放空噪声，可选用新型节流减压及小孔喷注消声器；e. 对潮湿、高温、油雾、有火焰的空气动力设备，可采用抗性消声器或微穿孔板消声器；f. 对于特别大风量或通道面积很大的噪声源，可以设置消声房、消声塔或以特制消声元件组成的大消声器。

⑤ 消声器只能降低空气动力设备进排气口或沿管道传播的噪声，而对该设备的机壳、管壁等辐射的噪声无能为力。因此，在选用和安装消声器时应全面考虑噪声源的分布传播途径、污染程度以及降噪要求等。采取隔声、隔振、吸声、阻尼等综合治理措施，才能获得较理想的效果。

⑥ 消声器的空气动力性能损失应控制在能使该机械设备正常工作的范围内。

⑦ 为了降低消声器的阻力损失和气流再生噪声，保证消声器的正常使用，必须降低消声器和管道中的气流速度。对于空调系统，主管道中和消声器内的流速应控制在 10m/s 以下。内燃机进、排气消声器中的气流速度一般应控制在 60m/s 以下。鼓风机、压缩机、燃气轮机进、排气消声器中的气流速度应控制在 30m/s 以下。周围无工作人员的高压高速排气放空消声器，气流速度应限制在 60m/s 以下。

⑧ 应考虑到隔声及坚固耐用，并使其体积大小与空气动力机械设备相匹配。

7.3.7　消声器安装

在风机管路系统中，消声器安装使用部位对实际取得的效果影响甚大。安装部位适当，则效果能达到设计要求的消声量；若安装部位不妥当，实际使用效果会达不到设计要求，甚至完全没有效果。因此一定要根据消声器安装结构示意图所标明的位置安装与风机适配的消声器。在安装使用消声器时应注意以下几点：

① 明确风机噪声源的部位。风机噪声源的部位按其强度大小，依次为排气口辐射的噪声、进气口辐射的噪声、机壳和管道表面辐射的噪声、电机噪声。消声器仅对进、排气噪声有明显的效果。

② 要选定在室内或室外安装消声器。若进气口或出气口离风机机壳和电机较近，为了消除其噪声的影响，充分显示出消声器的效果，消声器应安装在室外，若进气口或出气口离风机机壳和电机都很远，消声器也可以安装在室内。

③ 消声器在室外时，消声量可达到 20 dB（A）以上；消声器在室内时，若进气口消声器或出气口消声器安装的位置紧靠风机机壳时，其最好效果可降到 10～15dB（A）。

④ 在安装消声器时，消声器到风机进口或出口的距离至少要大于管道直径的 3～4 倍以上。为减少机壳振动对消声器性能的影响，对于通风机，应尽量使用软连接。

⑤ 所有法兰盘连接处都应加以垫圈，以防漏声和漏气。

⑥ 为了提高消声效果，防止管道壁的辐射噪声，风管上应刷上沥青并贴上一层牛毛沥青纸，再捆上石棉绳，然后箍上钢网，最后用石灰水粉刷，或者捆扎 50～100mm 厚的矿渣棉、玻璃棉等吸声材料。

⑦ 通风气流管道中含有较多的水或尘时，不宜采用阻性消声器。

⑧ 进、排气消声器，对于通风机可互换使用，对鼓风机和压缩机千万不可互换使用。

⑨ 消声器要定时进行检修，以保证消声器的效果。消声器安装示意图见图 7-16～图 7-19。

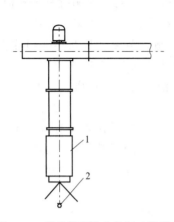

图 7-16 消声器安装在进气口管道上
（室内、室外均可）

1—消声器；2—测点

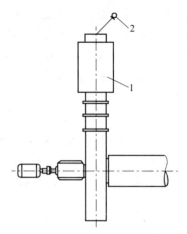

图 7-17 消声器安装在排气口管道上
（室内、室外均可）

1—消声器；2—测点

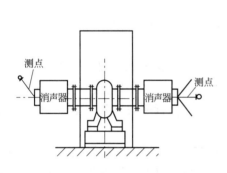

图 7-18 消声器安装在进（排）气管道上（在室外）

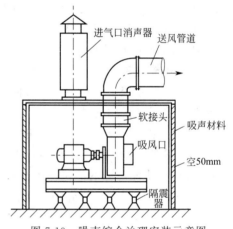

图 7-19 噪声综合治理安装示意图

思考题与习题

1. 常用的吸声结构有哪些？各有什么特点？

2. 多孔吸声材料与共振吸声结构在吸声原理和性能上有什么差别？

3. 如何提高穿孔板共振吸声结构吸声系数？

4. 微穿孔板吸声结构的吸声原理是什么？有何特点？

5. 吸声结构选择与设计的原则是什么？

6. 隔声罩、隔声间和声屏障的基本结构如何？各有什么特点？

7. 选择或制作隔声罩应注意事项？

8. 声屏障设计的基本程序是什么？

9. 声屏障的结构形式有哪些？各有何特点？

10. 用某材料制成一种宽 3m、高 2m 的障板竖立在地面上，设声源离地高 0.5m，距障板 1.5m。声音接收点在障板另一侧，高 0.5m，距障板 5m。声源和接收点均面对障板水平中心，试求此时障板对 1000Hz

声音的插入损失。若将若干障板拼接成近似为无限长的 2m 高的屏障立在路边，声源和接收点的位置同上，试求该屏障对 1000Hz 声音的绕射损失（声波速度 $c=340m/s$）。

11. 消声器可分为几类？各有何特点？

12. 阻性消声器有几类？其消声原理是什么？

13. 抗性消声器有几类？其消声原理是什么？

14. 提升抗性消声器作用的措施有哪些？

15. 消声器的选用应考虑哪些因素？

16. 消声器的安装应注意哪些方面？

17. 某高炉排气通道所产生的噪声达到 100dB 以上，进行消声处理，若要求处理后的噪声低于 85dB，且消声长度不得超过 4m，则所需吸声材料的吸声系数 α_0 应确定为多少（通道直径 $d=1.2m$）？

18. 某排气管道端口直径 150mm，噪声较强，其频率约 1500Hz。试设计一圆管式阻性消声器，要求消声量至少在 20dB 以上。

19. 已知风机 LGA-40/3500 的风量为 $10m^3/min$，请设计一直管式阻性消声器与风机配用。要求消声器内风速为 12m/s，且保证 250～2200Hz 频率范围内的消声量为 25dB。确定：

(1) 消声器的外形结构和尺寸；(2) 所用的吸声材料；(3) 绘制设计图。

20. 某声源排气噪声在 125Hz 有一峰值，排气管直径为 100mm，长度为 2m，试设计一单腔扩张室消声器，要求在 125Hz 上有 13dB 的消声量。

21. 某一风机在 200Hz 处有一噪声峰值，试设计一扩张室消声器与风机配用，要求消声器在 200Hz 处有 20dB 的消声量，上限截止频率为 500Hz。

22. 某常温气流管道，直径为 100mm，试设计一单腔共振消声器，要求在中心频率 63Hz 的倍频带上有 12dB 的消声量。

第8章　固体废物处理与处置设备

8.1　预处理设备

固体废物预处理技术是指采用物理、化学或生物方法，将固体废物转变成为便于运输、储存、回收利用和处置的形态。固体废物预处理设备包括压实设备、破碎设备、分选设备、脱水设备等几大类设备。

8.1.1　压实设备及其选用

压实设备又称压实器。压实器可分固定式和移动式两大类。固定式和移动式压实器的工作原理大致相同，均由容器单元和压实单元组成。前者容纳废物料，后者在液压或气压的驱动下依靠压头将废物压实。固定式压实器一般设在废物转运站、高层住宅垃圾滑道的底部，以及需要压实废物的场合。移动式压实器一般安装在垃圾收集车上，常用于废物处置场所。常见的压实设备包括水平式压实器、三向联合压实器、回转式压实器三种。

为了最大限度减容，获得较高的压缩比，应尽可能选择适宜的压实器。影响压实器选择的因素很多，除废物性质外，主要应从压实器性能参数进行考虑。

(1) 装载区容积　压实器的装载区的容积一般为 $0.765 \sim 9.18 m^3$。装载区的容积应足够大，以便容纳用户所产生的最大件的废物。

(2) 循环时间　指压头的压面从装料箱把废物压入容器，然后再回到原来完全缩回的位置，准备接收下一批废物所需要的时间。循环时间变化范围很大，通常为 $20 \sim 60 s$。如果希望压实器接收废物的速度快，则要选择循环时间短的压实器。

(3) 压面压力　根据某一具体压实器的额定作用力这一参数来确定，额定作用力作用在压头的全部高度和宽度上。固定式压实器的压面压力一般为 $103 \sim 3432 kPa$。

(4) 压面的行程　指压面压入容器的深度，为防止压实废物填埋时返弹回装载区，要选择行程长的压实器。现在的各种压实容器的实际进入深度为 $10.2 \sim 66.2 cm$。

(5) 体积排率　即处理率，它等于压头每次压入容器的可压缩废物体积与每小时机器的循环次数之积，通常要根据废物产生率来确定。

(6) 压实器与容器匹配　最好是由同一厂家制造，这样才能使压实器的压面行程、循环时间、体积排率以及其他参数相互协调，否则很容易发生诸如容器膨胀变形等问题。

8.1.2　破碎设备及其选用

8.1.2.1　破碎设备

破碎设备可分为机械能破碎设备和非机械能破碎设备两大类。机械能破碎设备是利用破碎工具（例如破碎机的齿板、锤子、球磨机的钢球等）对固体废物施力将其破碎的，如颚式破碎机、锤式破碎机、冲击式破碎机、剪切式破碎机、辊式破碎机及球磨机等。非机械能破碎设备是利用电能、热能等对固体废物进行破碎，如低温破碎设备、减压破碎设备及超声波破碎设备等。一般破碎机都是用两种或两种以上的破碎方法联合作用对固体废物进行破碎，例如压碎和折断、冲击破碎和磨碎等。

（1）颚式破碎机　颚式破碎机属于挤压型破碎机械。根据可动颚板的运动特性分为简单摆动式、复杂摆动式和综合摆动式。颚式破碎机具有结构简单、坚固、维护方便、工作可靠等特点。在固体废物破碎处理中，其主要用于破碎强度及韧性高、腐蚀性强的废物。例如，煤矸石作为沸腾炉燃料、制砖和水泥原料时的碎料等。颚式破碎机既可用于粗碎，也可用于中、细碎。

（2）锤式破碎机　锤式破碎机按转子数目不同可分为单转子和双转子两类，按转轴方向不同可分为卧轴和立轴锤式破碎机，常见的是卧轴锤式破碎机，即水平轴式破碎机。

目前专用于破碎固体废物的锤式破碎机主要有 BJD 型锤式破碎机、Hammer Mills 型锤式破碎机、Novorotor 型双转子锤式破碎机三种类型。BJD 型普通锤式破碎机主要用于破碎废旧家具、厨房用具、床垫、电视机、冰箱、洗衣机等大型固体废物，可以破碎到 50mm 左右，不能破碎的废物从旁路排除。经 BJD 型锤式破碎机破碎后，金属切屑的松散体积减小 3～8 倍，便于运输至冶炼厂冶炼。锤子呈钩形，对金属切屑施加剪切、拉撕等作用。Hammer Mills 型锤式破碎机主要用于破碎汽车等粗大固体废物。

（3）冲击式破碎机　冲击式破碎机是利用冲击作用进行破碎的设备，主要有 Universa 型和 Hazemag 型，其构造如图 8-1 所示。Hazemag 型冲击式破碎机装有两块反击板，形成两个破碎腔。转子安装有两个坚硬的板锤，机体内表面装有特殊钢制衬板，用以保护机体不受损坏。固体废物从上部进入，在冲击和剪切作用下破碎。冲击式破碎机适用于破碎中等硬度、软质、脆性及纤维状等多种固体废物。

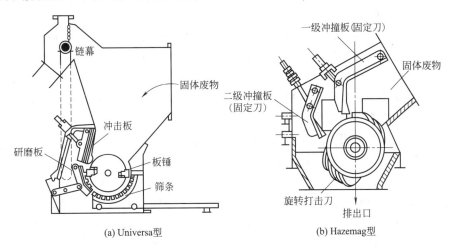

(a) Universa型　　(b) Hazemag型

图 8-1　冲击式破碎机

（4）辊式破碎机　辊式破碎机主要靠剪切和挤压作用。根据辊子的数目，可分为单辊、双辊、三辊和四辊破碎机；根据辊子表面的形状，可分为光辊破碎机和齿辊破碎机两种。光辊破碎机的辊子表面光滑，靠挤压破碎兼有研磨作用，可用于硬度较大的固体废物的中碎和细碎。齿辊破碎机辊子表面带有齿牙，主要破碎形式是劈碎，用于破碎脆性和含泥黏性废物。辊式破碎机可有效地防止产品过度破碎，能耗相对较低，构造简单、工作可靠。但其破碎效果不如锤式破碎机，运行时间长，使得设备较为庞大。

（5）剪切式破碎机　剪切式破碎机是借助固定刀刃和可动刀刃（又分为往复刃和回转刃）之间的齿合作用，将固体废物剪切成适宜的形状和尺寸。剪切式破碎机特别适用于破碎低二氧化硅含量的松散物料。根据刀刃的运动方式不同可划分为往复式和回转式。

（6）球磨机　球磨机主要由圆柱形筒体、端盖、中空轴颈、轴承和传动大齿圈等部件组成，其构造如图 8-2 所示。筒体内装有直径为 25～150mm 的钢球，其装入量为整个筒体有效容积的 25％～50％。筒体内壁敷设有衬板，防止筒体磨损，兼有提升钢球的作用。筒体两端的中空轴颈有两个作用：一是起轴颈的支承作用，使球磨机全部重量经中空轴颈传给轴承和机座；二是起给料和排料的漏斗作用。电机通过联轴器和小齿轮带动大齿轮和筒体缓缓转动。当筒体转动时，在摩擦力、离心力和衬板共同作用下，钢球和物料被衬板提升；当提升到一定高度后，在钢球和物料本身重力作用下自由下落和抛落，从而对筒体内底脚区内的物料产生冲击和研磨作用，使物料粉碎。物料达到磨碎细度要求后，由风机抽出。球磨机常用于矿业废物和工业废物处理。

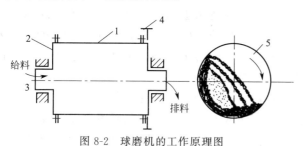

图 8-2　球磨机的工作原理图

1—筒体；2—端盖；3—轴承；4—大齿轮；5—传动大齿圈

（7）湿式破碎机　湿式破碎机为一立式转筒，底部设有多孔筛，筛上安装一个带有多把刀和叶轮的转子。旋转的转子切碎垃圾，并搅拌成浆液。浆液通过筛网，再经分离剔除无机物后，从中能初步回收纸浆纤维。破碎机内未被粉碎的金属、瓦砾等可从机器的侧口排出，并由斗式提升机送去磁选。该设备主要用于纸类废物破碎。

8.1.2.2　破碎设备的选用

选择破碎方法时，需视固体废物的机械强度，特别是废物的硬度、脆性而定。纤维等物质具有抗冲击性，因此只能以剪断破碎为主；塑料、橡胶类物质在低温下变脆，可进行低温破碎；对坚硬废物采用挤压破碎和冲击破碎十分有效；对韧性皮物采用剪切破碎和冲击破碎或剪切破碎和磨碎较好；对脆性废物则采用劈碎、剪断破碎、冲击破碎为宜；纸类废物在水中会形成浆液，所以能采用湿式破碎。

垃圾破碎设备在向专用性方向发展的同时，又呈现破碎功能综合性的趋势，即一台破碎机往往兼有多种破碎方式，甚至还具有分选等其他后道工序的处理功能。垃圾破碎设备通常体积大，造价高，从经济角度考虑，应尽量向多功能方向发展，做到一机多用，适应不同的处理对象。近年来，国外根据垃圾处理的需要，开发了以特定的大型垃圾为处理对象的破碎机，如装机总动力 1000kW 以上的废汽车破碎机；推广了以家庭厨房垃圾为处理对象的小型破碎机。在开发各种固定式破碎机的同时，还研制车载移动式破碎机。

8.1.3　分选设备及其选用

8.1.3.1　分选设备

垃圾分选设备包括筛分设备、重力分选设备、磁力分选设备、电选设备、光电分选设备、摩擦与弹性分选设备，以及浮选设备。

（1）筛分设备　筛分是利用筛子使物料中小于筛孔的细粒物料透过筛面，而大于筛孔的粗粒物料留在筛面上，从而完成粗、细料分离的过程。最常用的筛分设备主要有固定筛、滚筒筛、惯性振动筛、共振筛等几种类型。

①固定筛　固定筛的筛面由许多平行排列的筛条组成，可以水平安装或倾斜安装。固定筛有格筛和棒条筛两种。格筛一般安装在粗碎机之前，以保证入料大小适宜。棒条筛主要用于粗碎和中碎之前，安装倾角应大于废物对筛面的摩擦角，一般为 30°～35°，以保证废物

沿筛面下滑。棒条筛孔尺寸为要求筛下粒度的 1.1～1.2 倍，一般筛孔尺寸不小于 50mm。筛条宽度应小于 50mm。筛条宽度应大于固体废物中最大粒度的 2.5 倍。由于其构造简单，不需耗用动力，设备费用低，维修方便，因此在固体废物处理中得到广泛的应用。

② 滚筒筛　滚筒筛又称转筒筛。筛面为带孔的圆柱形筒体或截头圆锥筒体。在传动装置的带动下，筛筒绕轴缓缓旋转。为使废物在筒内沿轴线方向前进，筛筒的轴线应倾斜3°～5°安装。固体废物由筛筒一端给入，被旋转的筒体带起，当达到一定高度后因重力作用而自行落下，如此不断地做起落运动，使小于筛孔尺寸的细粒过筛，而筛上产品则逐渐移动到筛的另一端排出。滚筒筛有单筒式和双筒式，通常带切割装置与刮板装置，比较适合含水量较高的生活垃圾分选，常用于堆肥的前处理和后处理。

③ 惯性振动筛　惯性振动筛是通过由不平衡物体的旋转所产生的离心惯性力而使筛箱产生振动的一种筛子。筛网固定在筛箱上，筛箱安装在弹簧上，振动筛主轴通过滚动轴承支撑在箱体上。主轴两端装有偏心轮，调节重块在偏心轮上的位置使主轴转动时产生不同的惯性力，从而可将装在筛子上面的物料进行筛分。当电机带动带轮做高速旋转时，配重轮上的重块就产生离心惯性力，其水平分力使弹簧作横向变形，由于弹簧横向刚度大，所以水平分力被横向刚度所吸收；而垂直分力则垂直于筛面，通过筛箱而作用于弹簧，强迫弹簧做拉伸及压缩运动。因此，筛箱的运动轨迹近似于圆。惯性振动筛适用于细粒废物（0.1～15mm）的筛分，也可用于潮湿及黏性废物的筛分。

④ 共振筛　共振筛是利用装有弹簧的曲柄连杆机构驱动，使筛子在共振状态下进行筛分，其构造及工作原理如图 8-3 所示。筛箱、弹簧及下机体组成一个弹性系统，该弹性系统固有的振动频率与传动装置的强迫振动频率接近或相同时，使筛子在共振状态下进行筛分，故称为共振筛。共振筛的工作过程是筛箱的动能和弹簧的位能相互转化的过程，在每次振动中，只需要补充为克服阻尼的能量就能维持筛子的连续振动。所以，这种筛子虽大，但消耗的功率却很小。

共振筛具有处理能力大、筛分效率高、耗电少、结构紧凑等优点，是一种有发展前途的筛子，但同时也有制造工艺复杂、机体笨重、橡胶弹簧易老化等缺点。共振筛的应用十分广泛，适用于废物中细粒的筛分，还可用于废物分选作业的脱水、脱重介质和脱泥筛分等。

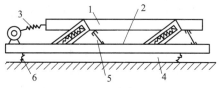

图 8-3　共振筛的原理示意图

1—上筛箱；2—下机体；3—传动装置；
4—共振弹簧；5—板簧；6—支承弹簧

⑤ 筛分设备的选择　选择筛分设备时应考虑如下因素：颗粒的大小、形状、尺寸分布、整体密度、含水率、黏结性；筛分器的构造材料，筛孔尺寸，形状，筛孔所占筛面比例，转筒筛的转速、长与直径，振动筛的振动频率、长与宽；筛分效率与总体效果要求；运行特征，如能耗、日常维护、可靠性、噪声、非正常振动与堵塞的可能等。在垃圾的预处理和分选作业中，欧美各国由于垃圾中废纸较多，通常采用滚筒筛，我国由于城市垃圾成分比较复杂，多采用振动筛。

(2) 重力分选设备　重力分选是利用不同物质颗粒间的密度差异，在运动介质中受到重力、介质动力和机械力的作用，使颗粒群产生松散分层和迁移分离，从而得到不同密度产品的分选过程。重力分选设备主要有：风力分选机、跳汰分选机、重介质分选机三种设备。

① 风力分选机　风力分选机属于干式分选，主要用于城市垃圾的分选，将城市垃圾中

以可燃性物料为主的轻组分和以无机物为主的重组分分离，以便回收利用或处理。

按气流吹入分选设备内的方向不同，风选机可分为两种类型：水平气流风选机（又称为卧式风力分选机）和上升气流风选机（又称为立式风力分选机）。

立式风力分选机分选精度较高。水平气流分选机构造简单，维修方便，但分选精度不高，一般很少单独使用，常与破碎、筛分、立式风力分选机组成联合处理工艺。

研究表明，要使物料在分选机内达到较好的分选效果，就要使气流在分选筒内产生湍流和剪切力，从而把物料团块进行分散。为达这一目的，人们对分选筒进行了改造，比较成功的有锯齿形、振动式和回转式分选筒的气流通道，如图 8-4 所示。

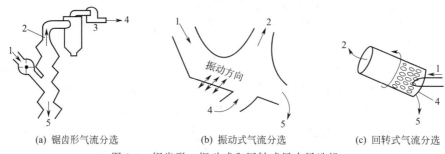

(a) 锯齿形气流分选　　　(b) 振动式气流分选　　　(c) 回转式气流分选

图 8-4　锯齿形、振动式和回转式风力风选机

1—给料；2—提取物；3—风机；4—空气；5—排出物

为了取得更好的分选效果，通常可以将其他的分选手段与风力分选在一个设备中结合起来，例如振动式风力分选机和回转式分选机。前者兼有振动和气流分选的作用，它是让给料沿着一个斜面振动，较轻的物料逐渐集中于表面层，随后出气流带走；后者实际上兼有圆筒筛的筛分作用和风力分选的作用，当圆筒旋转时，较轻颗粒悬浮在气流中而被带往集料斗，较重和较小的颗粒则透过圆筒壁上的筛孔落下，较重的大颗粒则在圆筒的下端排出。

② 跳汰分选设备　跳汰分选是在垂直变速介质流中按密度分选固体废物的一种方法。跳汰分选通常使用水为介质，故称为水力跳汰分选。水力跳汰分选设备称为跳汰机。按推动水流运动方式的不同，跳汰分选设备分为隔膜跳汰机和无活塞跳汰机两种。隔膜跳汰机是利用偏心连杆机构带动橡胶隔膜做往复运动，借以推动水流在跳汰室内做脉冲运动。无活塞跳汰机采用压缩电气推动水流。

跳汰分选主要用于混合金属的分离与回收。尽管在此过程中水的消耗量并不大，但所排放的跳汰用水仍需处理。

③ 重介质分选设备　目前常用的重介质分选设备是鼓形重介质分选机，适用于分离粒度较粗（40～60mm）的固体废物。其有结构简单、紧凑、便于操作、动力消耗低、分选机内密度分布均匀等特点，但轻重产物量调节不方便。

（3）磁力分选设备　磁力分选有两种类型，一类是传统的磁选，主要应用于供料中磁性杂质的提纯、净化以及磁性物料的精选；另一类是近年发展起来的磁流体分选法，可应用于城市垃圾焚烧厂焚烧灰以及堆肥厂产品中铝、铁、铜、锌等金属的提取与回收。目前在废物处理系统中最常用的磁选设备为悬挂带式磁选机和滚筒式磁选机。悬挂带式磁选机有利于吸除输送带表层的铁，滚筒式磁选机则有利于吸除贴近皮带底部的铁，因此在工艺上往往将它们串联在一起，以提高铁的分选效率。

（4）电选设备　电力分选简称电选，是依据固体废物中各组分在高压电场中的导电性能的差异实现分离的一种方法。通过电选既可以分离导体和绝缘体，也可对不同介电常数的绝缘体进行分离。电选设备主要有滚筒式静电分选机和 YD-4 型高压电选机等。

（5）浮选设备　浮选是固体废物资源化的一种重要技术，常用于从粉煤灰中回收炭，从煤矸石中回收硫铁矿，从焚烧炉渣中回收金属等。目前我国常用的浮选设备是机械搅拌式浮选机。

8.1.3.2　分选设备的选用

分选设备的选用主要依据待分选设备的性质、物料性质及分选设备的性能三个方面，其中以物料性质与设备性能最为重要。

8.2　堆肥设备

堆肥系统设备的流程如下：进料供料设备→预处理设备→一次发酵设备→二次发酵设备→后处理设备→产品细加工设备。堆肥的进料和供料系统是由贮料仓、进料斗等组成的。堆肥系统的预处理设备是由破碎机、筛选机以及混合搅拌机等组成的。物料经过预处理后被送到一次发酵设备中，使发酵过程控制在适当的条件下，并使物料基本达到无害化和资源化的结果；然后，送到熟化设备即二次发酵设备中，进行完全发酵；之后通过后处理设备进行更细致的筛选，以除去杂质。最后烘干，形成颗粒、压实，包装后运出。在这整个过程中会产生臭气，必须用适当的设备来进行除臭，以达到环境能够接受的水平。供水和排水设备提供水源给每台设备和每座建筑物，并将污水排入污水处理设备中进行处理。本节将主要介绍预处理设备、发酵设备和后处理设备。

8.2.1　预处理设备

预处理设备主要由破碎机、混合设备、输送设备及各类分选设备组成。

8.2.2　发酵设备

有机物好氧分解的发酵过程是整个堆肥系统的关键组成部分。发酵的整个工艺过程包括通风、温度控制、翻堆、水分控制、无害化控制、堆肥的腐熟等几个方面。发酵设备不仅应尽可能地满足工艺要求，而且要实现机械化生产需要。好氧堆肥主要设备为卧式发酵筒和立式发酵塔，配以自动进料、机械破碎、连续翻转、强制通风、除臭、除尘等装置。

8.2.2.1　达诺式发酵滚筒

如图 8-5 所示的发酵滚筒在世界上应用相当广泛。这种发酵设备结构简单，物料在滚筒内反复升高、跌落，同时可使物料的温度、水分均匀化，达到与曝气同样的效果，实现物料预发酵的功能。

当物料每转一周，均能从空气中穿过一次，达到充分曝气的目的，新鲜空气不断进入，废气不断被抽走，充分保证了微生物好氧分解的条件。物料随着滚筒的旋转，在螺旋板的拨动下不断向另一端推进，经过 36h 或 48h，物料将移到出料端。这种设备主要应用于预发酵阶段，常与立式发酵塔组合使用，能实现自动化大生产。其在德国的应用尤为广泛。

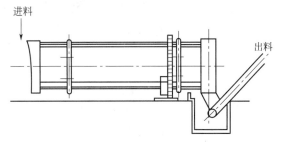

图 8-5　达诺式发酵滚筒结构图

8.2.2.2　多层立式发酵塔

如图 8-6 所示，该发酵塔共分为八层，发酵塔的内外层均由水泥或钢板制成。物料由发酵塔旋转臂上的犁形搅拌桨搅拌翻动，并从上层往下层移动。物料下移的同时用鼓风机将空气送到各层进行强制通风。塔是封闭型的，从塔的上部到下部，分为低温区、中温区和高温区；保持微生物在适宜的活动温度和所需空气环境下进行活动，以生产出高质量的堆肥。

这种堆肥设备具有处理量大、占地面积小的优点，但一次性投资较高。

8.2.2.3 多层桨式发酵塔

如图8-7所示。在这种塔内，其中心安有一圆柱形的旋转轴，上面支持着旋转桨。每层上都有旋转桨，并且每层都有排料口。所有的桨都通过其中心的轴和齿轮带动，同时以相当慢的速度进行旋转。在运行期间，每层上的可堆肥化物料同时被搅拌，并被桨往后翻动，同时在与桨旋转相反的方向堆积起来，通过反复的作用，物料一层层地从上往下运行。

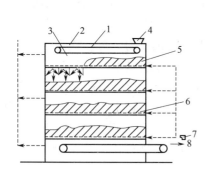

图8-6 多层立式发酵塔结构示意图
1—驱动装置；2—塔体；3—犁形搅拌桨；
4—进料口；5—窥视孔；6—进风管；
7—风机；8—出料口

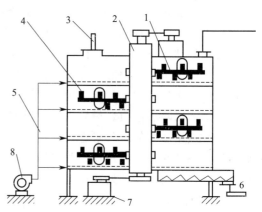

图8-7 多层桨式发酵塔结构示意图
1—空气管道；2—旋转主轴；3—进料口；4—旋转桨；
5—空气干管；6—堆肥；7—电机；8—鼓风机

8.2.2.4 料仓型发酵装置

（1）犁式翻堆机 如图8-8所示，这种发酵装置是一种犁式搅拌设备，它具有与耕犁一样的功能，可以使物料保持通气状态，使物料翻堆成均匀状态，并将物料从进口处移向出口处。空气输送管道配有一种特殊的爪形散气口，通气装置安装在料仓的底部，通过强制风提供所需的空气。

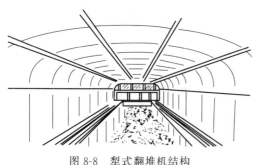

图8-8 犁式翻堆机结构

（2）搅拌式发酵装置 这种发酵装置属水平固定类型，通过安装在槽两边的翻堆机来对物料进行搅拌，为的是使物料水分均匀并均匀接触空气，并迅速分解防止臭气的产生。

8.2.2.5 组合型发酵系统及设备

这种系统是各类设备的组合，组合方式决定于经济实力、物料性质、场地大小、二次污染的要求等条件。经济发达国家通常是一次发酵采用达诺式滚筒，二次发酵采用多层立式塔，堆放可以采用熟化设备使之熟化。堆化场下设通风装置，促进堆肥熟化。这种组合投资最大，占地最小，效率最高，二次污染最小。另外还有的组合为桨式翻堆机与吊斗式翻堆机；还可以有多种组合方式，都可以达到同样效果。因此一定要根据实际条件，选择合理的组合设备。

8.2.3　二次发酵设备

二次发酵设备也称熟化设备。只有经过二次发酵后的熟化堆肥才是有价值的产品，才能被植物吸收，变成有用的养料，而且熟化堆肥能够有效地防止二次污染，即不再分解释放出臭气及产生污水。熟化的工艺方法及设备也是多种多样的。熟化过程中微生物的代谢毕竟不像一次发酵那样激烈，在无条件的情况下，可以采用静态条垛式堆放，一般 3m 高，可以适当给予通风。有条件考虑大规模生产的地区，可以采用多层式或多层立式发酵塔、桨式立式发酵塔、水平桨式翻堆机等设备，较多情况下是采用仓式熟化设备。

8.2.4　后处理设备

为提高堆肥产品的质量，精化堆肥产品，物料经二次发酵后，必须除去其中的玻璃、陶瓷、塑料、木片、纤维及石子等杂质，净化处理后得到散装堆肥产品。后处理设备包括分选、研磨、压实造粒、打包装袋等设备，在实际工艺过程中，根据当地的需要来选择组合后处理设备。

（1）分选设备　由于经预处理及二次发酵后的堆肥粒度范围往往远远小于预处理的物料粒度范围，因此后处理分选设备比预处理分选设备更精巧，多采用弹性分选机、静电分选机等分选设备。

（2）造粒精化设备　造粒精化设备用于堆肥物料的粒化，使其有利于贮存、运输，以便满足季节对堆肥需求的变化。

（3）打包机　为方便运输、管理和保存，常使用打包机包装堆肥产品。而且往往需根据堆肥的数量和用途来选择包装的材料、大小和形状以及包装机的规格。

（4）小型焚烧炉　用于焚烧分选出的塑料、纺织品、木块等可燃物（也可直接送往焚烧厂）。

除上述设备外，堆肥厂还应配置除尘、降噪减振、污水治理、除臭等防治二次污染方面的设备。

【例 8-1】　某城市 100t/d 生活垃圾处理厂堆肥机械设备系统如图 8-9 所示，共分 3 个组成部分：①受料预分选机组；②发酵进出料机组；③精分选机组。

由居民区收集的生活垃圾先运至中转站，然后再转运到堆肥处理厂。运来的垃圾倒入受料坑内，由吊车把垃圾转送到板式给料机上，经磁选除铁后送至复式振动筛进行粗分选，将粒径大于 100mm 的粗大物件及粒径小于 5mm 的煤灰等分选出去。然后经输送带送入长方形的、容积为 146m³ 的一次发酵池。在装料的同时，用污泥泵从贮粪池内将粪水分若干次喷洒到垃圾中，按一次发酵含水率 40%～50% 的要求加入粪水，并使之与垃圾充分混合。待装池完毕后加盖密封，并开始强制通风，温度控制在 65℃ 左右。约经 10d 的时间，一次发酵完成。一次发酵堆肥物由池底经螺杆出料机排至皮带输送机上，再经二次磁选分离铁件后送入高效复合筛分破碎机。通过筛分机的作用，大块无机物（石块、砖瓦、玻璃等）及高分子化合物（塑料等）被去除，粒径大于 12mm 而小于 40mm 的可堆肥料被送至破碎机，破碎后的物料与筛分出的细堆肥料一起被送到二次发酵仓，继续进行二次堆肥处理。一次发酵池的废气通过风机送入二次发酵仓底部，为二次发酵仓继续通风，同时还可起到脱除臭气的作用。此外，为防止一次发酵池中渗出的污水污染地面水源，在一次发酵池底部设有排水系统，将渗沥水导入集水井后，经污水泵打回粪池回用。二次发酵一般需要 10d 左右的

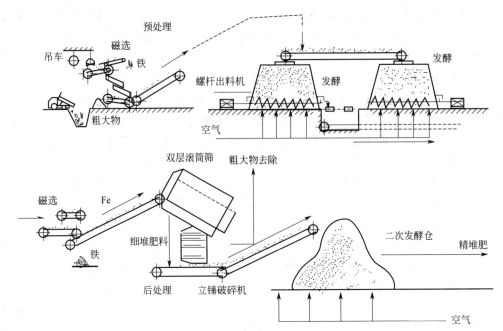

图 8-9　某城市 100t/d 快速堆肥实验工厂处理设备流程示意图

时间。

垃圾堆肥化处理工艺的完善，在很大程度上依靠于正确的机械设计和设备正常运行；各城市的垃圾结构差异较大，不可能有普遍适用的机械设备。每个垃圾厂的机械设计必须依据垃圾结构不同，设计较符合工艺要求的机械设备。本工程中，主要机械的设计参数如下。

（1）板式布料机　链板速度：$0.0025 \sim 0.15 \text{m/s}$；生产能力：$50 \text{m}^3/\text{h}$；功率：$7.5 \text{kW}$；功能：使汽车集中来料变成均匀给料。

（2）高效复合筛分破碎机　双层滚筒筛尺寸：$\phi 1420 \times \phi 1710 \times 6000 \text{mm}$；内筒筛孔 $\phi 40 \text{mm}$，外筒筛孔 $\phi 13 \text{mm}$；筛筒转速：$5 \sim 18 \text{r/min}$ 范围内；额定处理量：$20 \sim 25 \text{t/h}$；功率：7.5kW。功能：筛选 $>40 \text{mm}$ 不可堆肥物；粒径小于 40mm 大于 12mm 可堆肥物以立锤破碎至 $<12 \text{mm}$；细筛产生粒径小于 12mm 可堆肥物。

（3）组合式振动格筛（粗分选机）功能：去除 $>60 \text{mm}$ 的粗大物；尺寸：$2500 \text{mm} \times 1200 \text{mm}$；功率：3kW；能力：16t/h。

（4）进料桥式小车　包括 2 条横向进料皮带；总功率：7.4kW；功能：一次发酵池进料用。

（5）出料机　能力：100t/h；总功率：9kW；功能：一次发酵池出料用。

8.3　焚烧设备

固体废物焚烧系统通常由进料漏斗、推料器、焚烧炉排、焚烧炉体、助燃设备、废气排放与污染控制系统、排渣系统、回收系统等构成，如图 8-10 所示。

（1）进料漏斗　进料漏斗是将固体废物吊车抓斗投入的垃圾进行暂时储存，再连续送入焚烧炉内的设备。它具有连接滑道的喇叭状漏斗，另附有单向双瓣阀，以备停机时或漏斗未盛满垃圾时防止外部的空气进入炉内或炉内的火焰窜出炉外。

（2）给料系统　给料系统是将储存在垃圾漏斗内的垃圾，连续供给焚烧炉内燃烧的装置。目前应用较广的进料方式有炉排进料、螺旋给料、推料器给料等几种形式。

（3）推料器　推料器应具备下述功能：①连续稳定均匀地向炉内供应垃圾；②按要求调节垃圾供应量。推料器是水平往返移动，一般可改变推料器的冲程、运动速度、间隔时间来供给适当的垃圾量，驱动方式一般采用液压式。

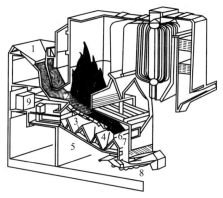

图 8-10　固体废物焚烧系统
1—垃圾供料斗；2—垃圾推料器；3—炉排；
4—风箱；5—出灰管；6—落灰调节器；
7—落灰管；8—排渣系统；9—炉排控制盘

常用的推料器有如下几种。

① 炉排并用式　是将干燥炉排的上部延伸至漏斗下方，随着炉排的运动，将漏斗通道内的垃圾送入。因给料设备与炉排合为一体，故无法单独调整加料量。

② 螺旋进料器　采用螺旋进料器，可维持较高的气密性，也可以起到破袋与破碎的功能，垃圾的进料量调整通常以螺旋转数来控制。

③ 旋转进料器　旋转进料器适用于具有前破碎处理的垃圾焚烧系统，一般设置在给料输送带的末端，输送带的形式多采用螺旋式或裙式输送带。旋转进料器的气密性高，且输送能力大，给料量可调整。此外，应在旋转给料器后装设拨送器，以使垃圾分散装入炉内。

（4）焚烧炉　焚烧炉是整个垃圾焚烧系统的核心。目前世界各地应用的各种型号的垃圾焚烧炉达到 200 多种，但应用广泛、具有代表性的垃圾焚烧炉主要有四大类，即：机械炉排焚烧炉、流化床焚烧炉、回转窑焚烧炉、垃圾热解气化焚烧炉。炉膛有多种形式，但其结构设计大致相同，一般由耐火材料砌筑或水管壁构成。炉膛的容积应满足燃烧烟气滞留时间等设计要求，并要考虑烟气的混合效果、二次空气的喷入、助燃器的布置等。在炉墙上设置有二次风供给装置、人孔与观察孔等。炉膛设计除了满足一般锅炉设计要求以外，还要考虑垃圾的特有性质，比如：易结焦、结块、垃圾的磨损、炉温的保持等。

（5）助燃设备　助燃装置的作用是：①启动炉时升温和停炉时降温；②焚烧低热值垃圾时的助燃；③新筑炉和补修炉时的干燥。助燃设备的位置和数目应根据炉型和操作特性决定。另外，燃烧器容量根据启炉和停炉时的升降幅度，及垃圾热值低于自燃界限时助燃所需的容量，取其大者。

（6）废气排放与污染控制系统　废气排放与污染控制系统包括烟气通道、废气净化设施与烟囱。焚烧过程产生的主要污染物是粉尘与恶臭性物质，尚有少量的氮、硫的氧化物，主要污染控制对象是粉尘与气味。控制粉尘污染的常用设施是沉降室、旋风除尘器、湿式泡沫除尘设备、过滤器、静电除尘器等。废气通过除尘设施，含尘量应达到国家允许排放废气的标准。恶臭的控制目前尚无十分有效的方法，只能根据某种气味的成分进行适当的物理化学处理，减轻排出废气的异味。烟囱的作用有二：一是产生焚烧炉中的负压，使助燃空气能顺利通过燃烧带，二是将燃烧后废气从顶口排入高空大气，使剩余的污染物、臭味与热量通过高空大气的稀释扩散作用，浓度得以降低。

（7）排渣系统　燃尽的残渣通过排渣系统及时排出，保证焚烧炉正常操作。排渣系统是由移动炉排、通道及与履带相连的水槽组成。灰渣在移动炉排上由重力作用经过通道，落入贮渣室水槽，经水淬冷却的灰渣由传送带送至渣斗，用车辆运走，或用水力冲击设施将炉渣冲至炉外运走。同时，对燃烧炉采用适当的控制系统，对克服焚烧固体废物所带来的许多问题，保证焚烧过程高效率地良好运行是必要的。焚烧过程的测试与控制系统包括空气量的控制、炉温控制、压力控制、除尘器容量控制、压力与温度的指示、流量指示、烟气浓度及报警系统等。

（8）回收系统　建立垃圾焚烧系统的主要目的之一是回收垃圾焚烧系统的热能资源。焚烧炉热能回收系统有三种方式：

① 与锅炉合建焚烧系统，锅炉设在燃烧室后部，使热能转化为蒸汽回收利用；

② 利用水墙式焚烧炉结构，炉壁以纵向循环水管替代耐火材料，管内循环水被加热成热水，再通过后面相连的锅炉生成蒸汽回收利用；

③ 将加工后的垃圾与燃料按比例混合作为大型发电站锅炉的混合燃料。

8.4　填埋场设备

建设垃圾卫生填埋场，需要选择与填埋工艺相一致的设备，以保证其顺利运行并尽可能降低运行费用。表 8-1 列出了一般垃圾填埋场各种主要大型机械设备的配置要求。

表 8-1　一般垃圾填埋场主要大型机械设备的配置要求

规模/(t/d)	推土机/台	压实机/台	挖掘机/台	铲运机/台	备　注
≤200	1	1	1	1	实际使用设备数量
200～500	2	1	1	1	
500～1200	2～4	1～2	1	1～2	
≥1200	5	2	2	3	

8.4.1　推土机

推土机用于将填埋场的大块垃圾在相对较短的距离内从一处搬运或推铺至另一处。推土机具有推铺、搬移和压实垃圾的功能。选择推土机时要注意：推土机接地压力应适当，以避免推土机在垃圾上下陷；推土机功率应合适，能在填埋场正常作业。推土机的作业效率与运距有关，表 8-2 列出了推土机的经济运距。

表 8-2　推土机的经济运距

行走装置	机　型	经济运距/m	备　注
履带式	大	50～100(最远 150)	上坡用小值,下坡用大值
	中	50～100(最远 120)	
	小	<50	
轮胎式		50～80(最远 150)	

最常用的履带式推土机的主要功能是分层推铺、压实垃圾、场地准备、日常覆盖及最终覆土、一般土方工作等。为使履带式设备达到最好的压实效果，要装上一个合适的推板，同时通过增加推板的面积来提高其推垃圾的能力，铁隔栅可用来增加推板的高度，但要避免挡

住司机的视线。压力大小决定了压实的程度，每层垃圾铺得薄，压缩效果好。履带式机械的接地压力较小，因此压实效果并不很理想。

8.4.2　压实机

压实机的主要作用是铺展和压实废弃物，也可用于表层土的覆盖，当然最重要的是获得最大的压实效果。

影响压实后密度的最重要的可控因素是每一层的深度。为了达到最大压实密度，废弃物应以 400～800mm 厚为一层进行铺展和压实（成分不同，厚度不同）。一般情况下采用 500mm 层厚。此外，垃圾的密度也取决于压实的次数。压实 2～4 次后可以达到理想的密度，继续压实效果不会太明显。

按压实过程工作原理，移动式压实过程可分为碾（滚）压、夯实、振动三种，相应的压实机械有碾（滚）压实机、夯实压实机、振动压实机三大类，垃圾压实主要用碾（滚）压方式。填埋场常用的压实机具有下列形式：胶轮式压实机、履带式压实机和钢轮式布料压实机。

选用压实机应注意以下几点：

① 在同等效率下，应选取压实力较大、功率较小的压实机；且整机对地面压力要小于垃圾表面的承载力。

② 每天处理垃圾的吨数、体积及填埋场占地费用是决定合适的压实机质量的主要参考数据。

③ 高度压实可延长填埋场的使用寿命，从而降低填埋场单位面积垃圾的处理成本。

在选择压实机时还应综合考虑压实方法、道路运输情况、天气、表面覆盖材料的类型和特性等。

8.4.3　挖掘机

挖掘机的基本结构由工作装置、动力装置、行走装置、回转机构、司机室、操纵及控制系统等部分组成。挖掘机在填埋场主要用于挖掘各种基坑、排水沟、电缆沟、壕沟，拆除旧建筑，也可用于完成堆砌、采掘和装载等。

填埋场常用的挖掘机械有履带式挖掘机和前铲式挖掘机。

（1）履带式挖掘机　主要用于挖土并装汽车，适用于日常或初始的垃圾覆盖，它可以用来完成一些特定的土方工程。挖掘机装有柴油发动机和液压系统，液压系统控制着挖掘臂和铲斗的运动。挖掘整个过程由装料、装料抖动、卸料、卸料拌动四个阶段组成。

（2）前铲式挖掘机　主要用来挖填垃圾的沟，日常的填埋单元的初步覆盖（没有压实和平整的功能）。这些设备装有机械操作的挖掘臂，其长度为 10～15m。根据设备型号不同，其旋转半径为 6.1～13.7m，挖掘深度可达 7.5m。

8.4.4　铲运机

铲运机是一种利用铲斗铲削土壤，并将碎土装入铲斗进行运送的机械，能够完成铲土、装土、运土、卸土和分层填土、局部辗实的综合作业，其适用于中等距离的运土。在填埋场作业中，其用于开挖土方、填筑路堤、开挖沟渠、修筑堤坝、挖掘基坑、平整场地等工作。铲运机由铲斗、行走装置、操纵机构和牵引机等组成。铲运机的装运质量与其功率有关。

8.4.5　装载机

装载机用于将垃圾从一处运至另一处，如可将垃圾从低处搬至较高的位置，并可用于不需要推铺及推土处。装载机可分为轮式装载机和履带式装载机两类，前者适用于挖掘较软的土层，后者适用于挖掘较硬的土层。

8.4.6　运输设备

垃圾场内垃圾的运输方式有多种方式，许多填埋场均允许场外垃圾运输车直接进场，把垃圾倾倒于指定的填埋单元。常用的车辆类型包括密闭式压缩车、普通垃圾自卸车、垃圾多用车等。除长距离运输车辆外，还有短距离的运输设备，包括带式输送机、固定带式输送机、移动带式输送机等。

① 密闭式压缩垃圾车　车厢采用框架式全封闭结构，为了保证车厢具有足够的强度和刚度，在车厢外部增加了两道加强筋，后门与车厢通过铰链连接，后门上装有旋转板和滑板，在液压油缸的驱动下，旋转板旋转，将投入车内的垃圾收入车厢，同时滑板对垃圾进行压缩。排出垃圾时后门可高高抬起，启动车厢内多节伸缩套筒式油缸，驱动推板将垃圾一次排出，在后门的底部设计有污水收集箱。

② 带式输送机　带式输送机又称为胶带输送机或皮带输送机，其功能主要是水平或倾斜输送散物料和成型物品。带式输送机靠挠性带做牵引件和承载件，连续输送物料。带式输送机又可分为固定式带式输送机和移动式带式输送机。移动式带式输送机的机架安装在行走轮上，并且装有调整输送高度的装置，可根据现场需要，变换输送高度，随时进行移动，并且可将几台移动带式输送机相互搭接，形成一条长的运输线。

8.4.7　起重设备

起重设备用于垃圾装卸。起重设备包括各种简易起重设备、葫芦及通用桥式、门式起重机、冶金起重机等，是起重运输行业里生产品种最多的一个类别。

起重机的类型大致包括汽车式起重机、轮胎式起重机、履带式起重机、塔式起重机。

（1）汽车起重机　通常安装在通用或专用载重汽车底盘上的起重机，又叫汽车吊。其具有行驶速度快、转移作业场地迅速、机动灵活、安装维修方便、生产成本低的特点，适用于流动性大，作业场地不固定的环境。

（2）轮胎式起重机　它是一种将起重机安装在专门设计的自行轮胎底盘上的起重设备。具有作业范围广（可在起重机的前后左右四面进行）、起重能力大，在平坦地面可不用支腿就能吊重的特点；而且还可以吊物慢速行驶，轮距宽且稳定性好，轴距小，车身短，转弯半径小，但行驶较慢、机动性差。其适用于狭窄作业场地及转移不频繁的场合。

（3）履带式起重机　把起重机装在履带底盘上的自行起重设备，实际上是将单斗挖掘机换上起重装置。履带行走装置具有与地面接触面积大、接地压力小、牵引力大、爬坡度大、越野能力强、稳定性好、不需要安装支腿的优点。但其行驶速度慢，行驶过程中对路面有损伤，转移工作场地需用拖车，自重较大，制造成本高，适用于松散、泥泞、崎岖不平的场地行驶和作业，起吊质量大的货物。

（4）塔式起重机　塔式起重机也称为塔吊，是一种具有竖直塔身，起重臂可回转的起重设备。起重臂在塔身的上方形成"Г"形工作间，这种结构形式具有工作空间大、有效高度大的优点。

8.4.8　筛分设备

垃圾筛分设备是用于从垃圾中回收有用资源的设备，可分为固定筛、滚动筛、惯性振动筛、共振筛和熟化垃圾组合筛碎机。筛分是利用筛子让物料中小于筛孔的细颗粒透过筛面，而大于筛孔的粗颗粒留在筛面上，完成粗、细粒物料分离的作业。熟化垃圾组合筛碎机是筛分和破碎熟化生活垃圾堆肥的专用设备，它成功地解决了垃圾筛分设备研制中普遍存在的细筛网网孔易堵和多台设备串联布置造成占地面积大的问题，能把熟化生活垃圾根据需要分成细、中、粗不同粒径的物料，并能把中料加以破碎，形成细料。

思考题与习题

1. 固体废物处理设备的选择应考虑的主要因素有哪些？
2. 固体废物破碎设备有哪些？如何选用？
3. 固体废物分选设备有哪些类型，并简述废物分选的原则。
4. 简述垃圾堆肥系统设备及其在堆肥工艺中的地位。
5. 简述垃圾焚烧系统的组成。
6. 流化床式焚烧炉的工作原理及结构特点如何？
7. 简述炉排焚烧炉的工作原理。
8. 常用炉排焚烧炉的结构形式有哪些，并简述它们的特点。
9. 简述回转窑式焚烧炉的工作原理及基本结构。
10. 简述垃圾热解气化焚烧炉工作原理。
11. 垃圾填埋场常用的机械设备有哪些？

第9章 环保设备技术经济分析

环境工程建设项目的工程费用由建筑工程费、设备购置费及安装工程费三部分组成。环保设备的投资占环境工程建设项目总投资额的 $60\% \sim 70\%$，有的甚至高达 90% 以上。因此，环保设备选型与设计，不但要求技术上先进，制造上可行，操作上方便，而且还要经济上合理。设计人员必须牢固地树立经济效益观念，对环保设备进行功能成本分析，确定合理的技术指标和成本指标。本章结合工程经济学的基本原理，简要阐述环保设备的技术经济指标，环保设备费用的构成与估算，环保设备设计、应用的技术经济分析。

9.1 环保设备的技术经济指标

9.1.1 收益类指标

9.1.1.1 处理能力

指单位时间内能处理污染物的量。环保设备的处理能力与处理工艺、设备、体积、材料消耗以及总造价等密切相关。

9.1.1.2 处理效率

指污染物经过处理后的去除率。

9.1.1.3 设备运行寿命

指既能保证环境治理质量，又能符合经济运行要求的环保设备运行寿命。实质上，它也代表着环保设备投资的有效期。

9.1.1.4 "三废"资源化能力

指通过环保设备对污染源进行治理后，可以变废为宝，从中获得直接经济价值的能力。

9.1.1.5 降低损失水平

指利用环保设备对污染源进行治理后，改善了环境质量，减少或免交治理前需交纳的环境污染赔偿费、排污费等，或减少了生产资源的损失（如水污染造成鱼产量下降等）。

9.1.1.6 非货币计量收益

指通过环保设备对污染源进行治理后，产生不能直接用货币计量的收益，如大气、水环境质量的改善。

9.1.2 耗费类指标

9.1.2.1 投资总额

指购置和制造环保设备支出的全部费用，包括直接费用（设备购置与安装）和非直接费用（管理费、占地费等）。

9.1.2.2 运行费用

指让环保设备正常运行所需的费用，包括直接运行费用（如人工、材料、能耗等费用）和间接运行费用（如管理费用、折旧费等），一般用年运行费用表示。

9.1.2.3 设置耗用时间

指环保设备从开始投资到开始运行所耗用的时间，它反映了从购买到形成使用价值的速度。

9.1.2.4　有效运行时间

指环保设备每年实际运行的时间，常用有效利用率表示，即

$$有效利用率 = \frac{年累计运行时间}{年计划运行时间} \tag{9-1}$$

9.1.3　综合指标

9.1.3.1　寿命周期费用

所谓环保设备的寿命周期费用，是指环保设备在整个寿命周期过程中所发生的全部费用。寿命周期是指从环保设备研究开发与设计开始，经过制造和长期使用，直至报废或被其他产品代替为止所经历的整个时期。环保设备产品寿命周期包括设备开发、制造和使用三个阶段，其成本也由这三个阶段相应的费用，即开发和设计费用、制造费用和使用费用组成。在环境工程项目建设期，环保设备费用包括环保设备的购置费（或自制费用）、安装费及管理费等费用；在环境工程项目投产使用期，环保设备费用主要包括环保设备的运行（操作）费、维修费及其他费用。

9.1.3.2　环境效益指数

环境效益指数是反映应用环保设备后环境质量改善的综合指标，其计算公式为

$$环境效益指数 = \frac{治理前后某污染物排放量之差}{该污染物的允许排放量} \tag{9-2}$$

9.1.3.3　投资回收期

环保设备的投资回收期是指以环保设备的净现金收入（包括直接和间接的收益）抵偿全部投资所需要的时间，是用于考察环保设备投资回收能力的重要指标，一般以年为单位。根据是否考虑货币资金的时间价值，投资回收期可进一步分为静态投资回收期和动态投资回收期。

静态投资回收期计算公式为

$$T_{静态} = \frac{TI}{M} \tag{9-3}$$

动态投资回收期的计算公式为

$$T_{动态} = \frac{-\lg[1-(TI)i/M]}{\lg(1+i)} \tag{9-4}$$

式中　　$T_{静态}$——静态投资回收期，年；

　　　　TI——投资总额；

　　　　M——年平均净收益；

　　　　$T_{动态}$——动态投资回收期，年；

　　　　i——年利率或投资收益率，%。

【**例 9-1**】　某污水处理设备，初始投资为 50 万元，年运行费用为 3 万元，运行后每年可免交排污费 15 万元。设投资收益率为 20%，试分别计算静态和动态投资回收期。

解：年平均净收益 $M = 15 - 3 = 12$（万元）。

由式（9-3）得静态投资回收期为

$$T_{静态} = \frac{TI}{M} = \frac{50}{12} \approx 4.7 \text{（年）}$$

由式（9-4）得动态投资回收期为

$$T_{动态} = \frac{-\lg[1-(TI)i/M]}{\lg(1+i)} = \frac{-\lg(1-50\times0.2/12)}{\lg(1+0.2)} \approx 9.8（年）$$

由例 9-1 可以看出，动态投资回收期大于静态投资回收期，原因是前者考虑了货币资金的时间价值。

9.2　环保设备设计技术经济分析

根据产品设计经济学的基本思想，在环保设备设计的全过程，都应以降低环保设备的寿命周期成本，提高经济效益和环境效益为目标，力图选择单位投资环境效益最佳的设计方案。

9.2.1　影响环保设备设计的技术经济因素

9.2.1.1　功能与成本

功能是指产品所具有的能满足用户某种需要的特性，或者说是产品所具有的性能、用途、使用价值。就环保设备而言，其功能则是对某一污染源进行治理，使其达到排放要求。实现环保设备的功能是设计师的首要任务，但同时又应特别注意各种技术经济因素如何影响不同的设计方案。

产品设计经济学的研究告诉我们，产品成本的绝大部分（甚至 90% 以上）花费在各级手段功能上。所以，在设计环保设备（特别是非标设备）时，应将重点放在寻求既能实现预定的目的功能又能以较低的成本（这里所说的成本是寿命周期成本，即寿命周期费用）来实现手段功能上。例如，某企业为了治理生产中的含尘气体，拟自行设计制造一台除尘设备，经测试，该企业含尘气体中的尘粒直径在 $10\mu m$ 以上。从环境工程技术可知，实现除尘这一目的功能手段功能很多，但从本例的实际出发，选用惯性除尘器（如百叶窗式）这一设计方案，不但设备的设置费用较低，其运行成本也较低，即在实现目的的诸方案中，采用百叶窗式惯性除尘器设计方案，其寿命周期费用最低。

9.2.1.2　质量与成本

质量是反映产品在功能上满足用户需要的能力或程度。就环保设备而言，其功能是进行环境污染治理，使之达到要求的环境质量标准。因此，环保设备质量最终应以能否达到预定的环境质量标准来衡量。也就是说，选择适宜的环境质量设计标准，是降低环保设备寿命周期费用的关键。

图 9-1 反映环境质量（以污染物在环境中残留浓度表示）与污染防治费用 D、污染损失费用 T 及总费用 C 之间的关系。总费用最低的 M 点对应的环境质量即为理论上的最佳环境质量。若此点对应的环境质量等于或高于有关的环境质量标准，则这就是适宜的设计标准。若此点对应的环境质量低于有关

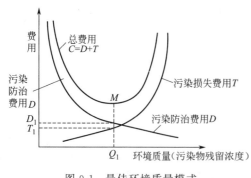

图 9-1　最佳环境质量模式

的标准要求，则必须多支付一定的费用，使之达到有关标准的要求，即应以有关标准规定的值作为设计标准。

9.2.1.3　设备制造（或建造）条件

应用产品设计经济学进行环保设备设计时，为了降低设备成本，缩短生产周期，必须充

分考虑所设计环保设备未来的制造（或建造）条件，以及市场上可较为便利地提供的零部件。由于环保设备（尤其是非标设备）的设计与制造一般多为单件或小批量，所以讲求设计的生产性，即充分考虑未来制造（或建造）条件是非常必要的。

9.2.1.4 安全性、可靠性与经济性

安全性、可靠性与经济性是三个密切相关的概念，在环保设备设计过程中需要统筹考虑。一般来说，取较大的安全系数，提高系统的可靠性，势必使成本增加；但是，并不是成本愈高，设备的安全性、可靠性也必然会高。这里有个最佳匹配问题，即：将设备的安全性、可靠性设计与费用有机地结合起来，以达到安全性、可靠性与成本之间的最佳组合。

可靠性是指设备、系统、零部件在规定条件下和规定时间内完成规定功能的能力。设备可靠性是维持设备生产效率、提高设备利用率的重要条件。合适的可靠性可以减少停工损失，降低寿命周期费用。环保设备（或系统）设计时，要求绝对完好（譬如袋式除尘器的滤袋失效概率为 0），是既不现实又不经济的。图 9-2 所示为可靠性与费用的关系。从图 9-2 中可以看出，设备的可靠性提高，将导致研制、设计与制造费用（对用户来说就是购置费用）增加，但使用和维修费用却随着可靠性的提高而降低。反之，如可靠性降低，就必然导致使用和维修费用大大增加，甚至造成报废，在经济上造成重大损失。一般，有两点很值得在设计的时候给予关注，一是总费用最低点 A，一是单位费用可靠性最大的 B 点。

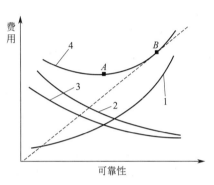

图 9-2 可靠性与费用的关系曲线

1—研制、设计与制造费用；2—使用与维修费用；3—维修费用；4—总费用

9.2.2 设计费用的定义及构成

环保设备设计大致包括方案论证、初步设计、详细设计和改进设计四个阶段，而每个阶段均需花费一定的人力、材料、能源、设备和其他方面的费用。这四个阶段所有费用的总和称为设计费用。设计费用是由两部分组成的：一部分是直接设计费用，它是由编制技术文件费用、上机设计试验操作费用、试验研究费用和组织评价费用组成；另一部分是间接设计费用。间接费用与直接费用不同，它是指那些虽不是直接在设计过程中所花，但主要是在设计过程中"孕育"的费用。间接设计费用往往被设计者所忽视，其重要性并不小于直接设计费用。间接设计费用在后续的过程中才能表现出其影响，包括对销售的影响、设备使用的影响、制造成本的影响、技术转让的影响、推广使用的影响以及对后续设计的影响等。

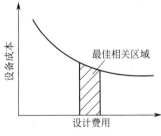

图 9-3 设计费用与设备成本关系示意图

设计费用与设备成本的关系见图 9-3。可以看出，设计费用较少时，设备成本较高。当设计费用达到一定数值后，设备成本下降缓慢，并不是花的设计费用越高，设备成本就越低，而是存在一个最佳相关区域。在这一区域以后，设计费用的增加几乎不能降低设备成本。一般而言如果设计费用花得太少，就难免出现一些本该可以避免的设计缺陷，导致设备成本上升，甚至有可能出现前功尽弃的可能性。但是，也不能说设计费用花得越多，设计质量就越高。对于那些指标不适当的优化设计，尽管花了

较高的设计费用，也不会得到最优设计方案。同时，那种不准备进行改进设计，要求工作一次性准确无误的想法是不切实际的，势必拖延图纸进行试制的时间。一般各个设计阶段所花的费用不一样，且后一阶段都比前一阶段的耗费高。但后一阶段是建立在前一阶段的基础上的。

9.2.3　设计方案成本及其估算

设计方案成本是指采用某个设计方案进行产品生产所需要的生产成本。一般而言，环保设备（或系统）有的是成套设备（如一体化水处理设备），有的是建筑设施（如污水过滤池等），有的是两者的结合（如很多水处理系统）。对于建筑设施的成本估算，一般有建筑预算定额可循。这里介绍的成本估算，主要是指成套环保设备设计方案制造成本的估算。根据制造成本法，设计方案成本可分为直接材料费、直接人工费和制造费用。

（1）系数法　该方法是根据以往研制过或已经正式投产的同类产品或系列型谱中的基型产品的费用构成比，来估算新设计方案的成本。系数法又可分为简单系数法和综合系数法。

① 简单系数法　这种方法是以原材料费用的构成比为基础进行计算的，其计算式为

$$C_m = \frac{M_c}{f} \tag{9-5}$$

式中　C_m——设计方案成本，实际上是指设备制造成本；

　　　M_c——设计方案的预计材料费用；

　　　f——已知的同类设备的材料费用系数。

② 综合系数法　这种方法是以材料费用 M_c 以及材料、工资和管理这三项费用系数为基础进行计算，公式为

$$C_m = M_c\left(1 + \frac{f_W + f_k}{f_M}\right) \tag{9-6}$$

式中　f_W，f_k，f_M——已知的同类设备材料、工资和管理费用系数。

（2）差额调整法　差额调整法估算环保设备设计方案的成本，就是首先估算新设计方案与旧设计方案的成本差额，然后在旧的设计方案成本的基础上加以调整，从而得到新设计方案成本的估算值。差额调整法是以旧设备的实际成本为基数。同时，成本相异单元又是以新方案与老产品相比较而确定的。所以，采用这种方法，需要具备新老方案的可比性，比较适合于改进型产品设计方案成本的估算。

差额调整法步骤是：

① 计算老产品的制造成本，并将老产品的制造成本按产品结构、材质、工艺方法等划分为若干个成本单元，如除尘器外壳成本、滤袋成本、控制部分成本等。

② 从结构、材质、工艺方法等方面，将新设计的产品与老产品进行比较，找出成本相同的单元或成本不同的单元。

③ 剔除成本相同的单元，列出成本相异单元明细表，并且采用系数法或定额成本法估算相异单元的成本。

④ 计算相异单元的成本差额，即将老产品某单元的成本减去新设计方案相对应单元的估算成本。

⑤ 计算产品设计方案的成本

$$C_m = C_{m0} - \sum_{i=1}^{K} \Delta C_{di} \tag{9-7}$$

式中　C_m——产品设计方案的成本；

　　C_{m0}——老产品的实际成本（指制造成本）；

　　ΔC_{di}——成本相异单元的成本差额；

　　K——成本相异的单元数。

（3）定额成本法　这种方法是根据环保设备新产品设计方案的物资消耗和劳动消耗定额来估算设计方案的制造成本。其计算程序为：

① 估计物资消耗定额和劳动消耗定额。

② 查明物资单价和计算平均小时工资标准。

③ 计算直接材料费用、直接人工费用和制造费用，其三者之和即为所估算的设计方案成本。

$$单位产品直接材料费用标准 = \sum (某材料标准设计用量 \times 某材料标准设计单价) \quad (9\text{-}8)$$

$$单位产品直接人工费用标准 = \frac{生产工人年度工资总额}{某新产品年生产设计能力} \times \left(\begin{array}{c} 该产品单位标准工时占全 \\ 部产品单位标准工时比率 \end{array}\right)$$

$$(9\text{-}9)$$

$$单位产品制造费用标准 = \frac{年度制造费用总额}{某新产品年生产设计能力} \times \left(\begin{array}{c} 该产品单位标准工时占全 \\ 部产品单位标准工时比率 \end{array}\right)$$

$$(9\text{-}10)$$

定额成本法较适用于测绘、仿制型产品设计方案的成本估计，因为测绘、仿制型产品使用外来图纸进行产品设计，产品结构已十分清晰，这就可以较准确地估算出设计方案的物资消耗定额和劳动消耗定额。

9.3　环保设备应用技术经济分析

环保设备应用包括从设备投资到设备运行的整个过程。环保设备应用技术经济分析最主要是进行投资分析和管理分析，以达到单位寿命周期成本获得较好的环境效益。

9.3.1　环保设备投资分析

环保设备投资与生产投资不完全相同，后者的投资决策判据仅是成本与效益，前者则需要综合考虑环境治理的基本要求、经济效益、环境效益等综合指标。环保设备投资分析的方法有投资回收期法、寿命周期费用法、环境效益指数费用分析法、边际分析法（也叫费用-效益法）等。

9.3.1.1　投资回收期法

投资回收期法是以设备的收益算出回收设备投资所需时间，并用来评价其经济性的方法。显然，回收期愈短愈好。本章第 9.1.3 中已介绍了投资回收期的概念及计算方法。

投资回收期法基本原理：将计算出来的投资回收期同标准投资回收期进行比较，只有当前者小于或等于后者时，该方案在经济上才可以考虑接受。

由于标准投资回收期是取舍方案的决策标准，因此，正确地确定这个标准具有重要的实际意义。标准投资回收期应按部门和行业来确定。

例如，某污水处理设备的初始投资为 50 万元，运行后每年可免交排污费 12 万元，其静态投资回收期为 5 年。若不考虑货币资金的时间价值，基准投资回收期为 6 年，则此方案从经济上说是可行的。若采用动态投资回收期来决策时，则应注意所选择的投资收益率对决策结果的影响。

投资回收期法应用简便，对于便于直接计量或换算计量经济价值的独立（单一）环保设备投资方案，可用这种方法来判断其可行性，以及该设备投资后的盈利能力。

9.3.1.2 寿命周期费用法

环保设备投资回收期主要是从经济价值角度来衡量环保设备应用的经济效果的。对于有些环保设备投资，其目的主要是改善环境质量。这时，对于几个都能达到环境质量标准的环保设备投资方案，可通过寿命周期费用的比较来选择最优方案。

在寿命周期费用分析中，经常要使用各类费用曲线。所谓费用曲线就是寿命周期费用在各个年份内发生费用的图形。

【例 9-2】 有两个设备投资方案 A 与 B，根据有关数据可作出的累计寿命周期费用曲线和年平均寿命周期费用曲线（见图 9-4），由此可做如下判断：

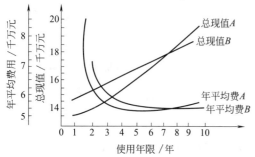

图 9-4 设备投资 A、B 方案的寿命周期费用

① A、B 两方案的盈亏平衡点 BEP（break even point）大约在 6.5 年处，它表明，若使用期大于 6.5 年，B 方案较为经济；反之，若使用期小于 6.5 年，则 A 方案比较经济。

② 如果使用期为 10 年，则方案 B 的累计寿命周期费用比方案 A 大约便宜 1000 万元。

③ A 方案的年平均寿命周期费用最低点对应的使用期为 8 年，B 方案的年平均寿命周期费用最低点对应的使用期为 9 年。如果使用期为 9 年，方案 B 与 A 相比，平均每年可少花 139 万元。

④ 综合上述分析，B 方案比 A 方案经济，应优先选择。

9.3.1.3 环境效益指数费用分析法

本章前面介绍了环境效益指数的概念。事实上，同样的环境效益指数可能由不同的环保设备投资来实现，或者同样的投资，由于环保设备的选型不同，可能导致不同的环境效益指数。因此，有必要将两者结合起来比较单位投资环境效益指数的大小。

设环境效益指数为 I_e，环保设备投资为 I，则单位投资的环境效益指数 PI 为

$$PI = \frac{I_e}{I} \tag{9-11}$$

显然，不同的环保设备（或系统）投资方案，单位投资环境指数 PI 大者为优。

9.3.1.4 费用-效益分析法

费用-效益分析法，也称为边际分析法、损益分析法，是一种经济评价的方法，它在全世界各国和国际机构的经济发展设计和规划中，得到广泛的应用。

就进行环保设备投资决策而言，既不是以达到最低要求的环境质量标准的投资为最佳，也不是以达到最高要求的环境质量标准的投资为最佳，而是应当把该环保设备投资活动引起的边际效益去和它的边际费用相比较，如果前者大于后者，就是有利的；否则，就是不利的，且以净收益最大为最佳。

在废气净化和水处理技术中，净化效率与投资是不成正比关系的，当净化效率达到某一程度后，继续增加费用所取得的效率是不明显的。以静电除尘为例，当效率在 90％～98％范围内，除尘效率随费用的增加而稳定上升，假如要将效率再提高到 99.9％，即提高不到2％时，其费用将成倍地增长。同样，在大气污染控制中，环境卫生防护程度是控制费用的函数（参见图 9-5），卫生防护程度（即净化效率或净化水平）的最低要求应是防止死亡（图中 a 点），因此，环境污染控制的最低要求在 a 点上；b 点是实际最大防护要求；a 与 b之间是费用与效益平衡区，我们可根据费用-效益分析选择最佳的环境质量（即防护程度）水平。

图 9-6 描述了废水处理费用与其处理程度的关系曲线。假如以废水处理费为 EC，污染物处理程度为 EQ，那么，在第 Ⅰ 段（相当于废水的一级处理）费用与效果极为明显，只需花费很少的处理费用就可使环境质量有很大的改善。处理程度愈高（污染物的去除率愈高），污染所造成的经济损失（即图中的污染费用）就愈低。但是，继续增加处理费用（第 Ⅱ 段，相当于二级处理），环境质量改善的程度相对效果比第 Ⅰ 段就小了。而第 Ⅲ 段（相当于三级处理）则要花费巨额资金，增加的环境效果却不明显。即在不同的处理程度下，投资的效果也很不相同。无限制的改善环境质量的要求，是不符合技术经济原则的。人们只能根据经济条件和环境条件找到一个结合点，使支付的费用最省，而取得的环境效果最大。这就是我们根据费用-效益分析来确定最佳的环境质量要求的问题。

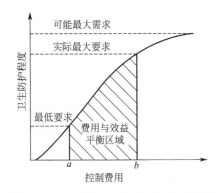

图 9-5　控制费用与净化效率的关系曲线

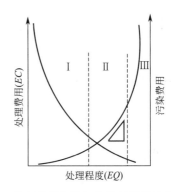

图 9-6　废水处理费用与其处理程度的关系曲线

【例 9-3】　某厂在生产过程中，每天排放 800t 有机废水，其平均 COD（化学需氧量）为 15000mg/L。为了保护环境，急待治理。

下面对可采用的好氧活性污泥法和厌氧发酵法两种不同工艺进行费用-效益分析。

（1）处理流程　第一方案：常规活性污泥法处理流程见图 9-7。

第二方案：厌氧发酵工艺流程见图 9-8。

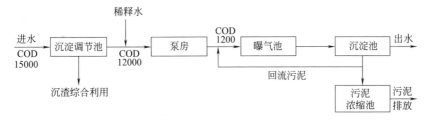

图 9-7　常规活性污泥法处理流程（单位：mg/L）

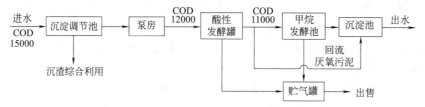

图 9-8　厌氧发酵法处理流程

（2）两方案的技术参数、投资和电费　废水处理的好氧与厌氧处理工艺技术参数、投资和电费的对照情况，列入表 9-1～表 9-3。

表 9-1　两种处理工艺方案得技术指标对照

项　　目	单　　位	技术指标	
		活性污泥法	厌氧发酵法
处理水量	m³/d	8000①	800
进水 COD	mg/L	1200	12000
COD 去除率	％	90	95
总装机容量	kW	464.5	19
设备运行容量	kW	329	12
日耗电量	kW·h	7896	288
剩余污泥量	m³/d	脱水前 384 脱水后 192	微
产生沼气量	m³/d	—	4800

① 原水 COD 为 12000mg/L，稀释至 COD1200mg/L，故水量从 800m³/d 增大至 8000m³/d。

表 9-2　两种处理工艺方案投资对照

活 性 污 泥 法		厌 氧 发 酵 法	
项　　目	投资/元	项　　目	投资/元
沉淀调节池	105×267＝28035	沉淀调节池	105×267＝28035
提升泵房	6000×2＝12000 150×45＝6750	提升泵房	1200×2＝2400 150×35＝5250
曝气池	43×4000＝172000 20000	酸性发酵罐 甲烷发酵池	200×133＝26600 180×1040＝83200
鼓风机房	10000×4＝40000 150×75＝11250	二次沉淀池 贮气罐	105×90＝9450 65×2400＝156000
二次沉淀池	58×833＝48314		
污泥浓缩池	105×192＝20160		
污泥回流泵房	1500×3＝4500 150×60＝9000	污泥回流泵房	1200×2＝2400 150×25＝3750
污泥脱水间	3200×4＝128000 150×100＝15000		
污泥井	140×10＝1400	污泥井	140×10＝1400
化验室	17500	化验室	17500
水厕	12000	水厕	12000
化粪池	4000	化粪池	4000
厂区工程及其他	51500	厂区工程及其他	40000
不可预见费用	29500	不可预见费用	19639
总　　计	630909	总　　计	411624

表 9-3　两种处理工艺方案的电耗及电费对照

活 性 污 泥 法		厌 氧 发 酵 法	
项　目	电　耗	项　目	电　耗
提升泵房	80kW	提升泵房	8kW
曝气池	300kW		
污泥回流泵房	22.5kW	污泥回流泵房	6kW
污泥脱水间	52kW		
其他	10kW	其他	5kW
装机容量	464.5kW	装机容量	19kW
运行容量	329kW	运行容量	12kW
日耗电量	7896kW·h	日耗电量	288kW·h
日耗电费	710.64 元	日耗电费	25.92 元

（3）对不同处理工艺进行费用-效益分析　从上述技术指标、基本投资、电耗和电费等预计的费用数据，我们可以对活性污泥法和厌氧发酵法两种方案进行费用-效益分析（见表 9-4）。

表 9-4　两种处理工艺方案的费用-效益分析

项　目	单　位	费用-效益数据	
		活性污泥法	厌氧发酵法
一、效果			
废水处理量	m³/d	800	800
二、费用			
1. 基建投资	万元	63.1	41.20
折旧费	万元	2.52	1.65
2. 经营费用	万元	24.35	3.86
工资	万元	1.26	0.75
药剂费	万元	0.5	1.50
维修费	万元	1.26	0.83
电费	万元	21.33	0.78
3. 日常运行费	元/d	895.5	183.42
4. 废水处理成本	元/m³	1.12	0.23
三、间接费用与收益			
1. 污泥	m³/d	192	—
处理费用	元	556.8	—
2. 沼气回收量	m³/d	—	4800
回收能源价值	元	—	288

表 9-4 所进行的分析基本上属于静态法，所计算的费用只是一个静态的概念。静态和动态分析的根本区别在于，前者没有考虑资金的时间价值，而在经济分析中，时间的概念却是十分重要的。如前所述，所谓资金的时间价值，就是说资金在流通过程中能产生新的价值。资金是用货币形式表现的劳动量，把它投入生产或服务领域能产生新的价值。所以按动态法进行经济效果的分析更符合客观经济规律。

但是，静态分析计算比较简单，对于短期投资项目或比较单一的项目仍是十分有用的方法，特别是投资偿还期（或投资回收期）目前仍是一项重要的经济评价指标。

下面采用动态分析方法对此两方案进行分析比较。

（1）技术经济参数　见表 9-5。

表 9-5　两种处理工艺的技术经济参数

参　　数	活性污泥法	厌氧发酵法	参　　数	活性污泥法	厌氧发酵法
投资(K)	630909 元	411624 元	经济寿命(n)	20 年	20 年
年经营费(S)	243500 元	38600 元	利率(i)	10%	10%

（2）动态分析计算

① 按年费用法计算　采用公式 $C=KC_{rf}+S$ 计算，其中 C 为年费用，K 为投资，S 为年经营费，C_{rf} 为资金回收因子，且

$$C_{rf}=\frac{i(1+i)^n}{(1+i)^n-1}=\frac{0.1(1+0.1)^{20}}{(1+0.1)^{20}-1}=0.11746$$

由此计算得

$$C_{活性污泥}=630909\times0.11746+243500=317606（元）$$

$$C_{压氧发酵}=411624\times0.11746+38600=86949（元）$$

计算结果表明，活性污泥法的年费用比厌氧发酵法高 2.7 倍，厌氧发酵工艺处理该废水每年可节省 230657 元，说明此法在经济上是合理的，且技术上可行，是一种好方案。

② 按总费用比较法计算　采用公式 $V=K+SC_{rp}$，其中 V 为总费用的现值，K 为投资，S 为年经营费，C_{rp} 为现值因子，且

$$C_{rp}=\frac{(1+i)^n-1}{i(1+i)^n}=\frac{(1+0.1)^{20}-1}{0.1(1+0.1)^{20}}=8.514$$

由此计算得

$$C_{活性污泥}=630909+243500\times8.514=2704068（元）$$

$$C_{压氧发酵}=411624+38600\times8.514=740264（元）$$

按总费用比较法计算表明，活性污泥法的总资金投入量比厌氧发酵法多 196 万元，即高 2.7 倍（见表 9-6）。从表 9-6 看出，无论是按年费用法还是按总费用比较法，活性污泥工艺均比厌氧发酵工艺费用高 2.7 倍。两种方法的结论是一致的。

表 9-6　两种处理工艺的动态经济分析比较　　　　　　　　　　单位：元

处理方案	投　资	年经营费	经济分析比较	
			年费用法	总费用法
活性污泥法	630909	243500	317606	2704068
厌氧发酵法	411624	38600	86949	740264

9.3.2　环保设备运行管理分析

环保设备寿命为设备从诞生到报废的时间，分为设备自然寿命（物质寿命）、设备技术寿命（设备未坏，因技术落后而淘汰）、设备经济寿命（设备未坏，因经济上不合算而淘汰）。良好的环保设备运行管理对延长环保设备寿命，提高环保设备利用率，使环保设备发挥最佳的经济和环境效益有重要的作用。有效利用环保设备是提高投资的经济效益及环境效益的必然要求。环保设备的有效利用率最基本的表达式为

$$有效利用率=\frac{T_工}{T_工+T_停} \tag{9-12}$$

式中　$T_工$——在规定时间内，环保设备在正常状态下累计运行的时间；

　　　$T_停$——在规定时间内，环保设备停止运行的累计时间。

在环保设备运行的全过程中，应把有效利用率作为设备综合管理效果的重要指标。影响环保设备正常运行的最主要因素是可靠性和可维修性。尽管可靠性和可维修性在设计阶段就

大体确定了，但加强运行管理和维修工作对提高环保设备的有效利用率也很重要。

思考题与习题

1. 环保设备主要的经济技术指标有哪些？

2. 环保设备寿命、环保设备寿命周期、环保设备寿命周期费用的概念各是什么？

3. 某企业拟购买一设备，预计该设备有效使用寿命为 5 年，在寿命期内每年能产生年纯收益 6.5 万元，若该企业要求的最低投资收益率为 15%，问该企业可接受的设备价格为多少？

4. 某企业研制一种新产品，预计 3 年内每年年初投资 1.5 万元，年利率为 15%，问相当于第一年年初一次投入资金多少？

5. 某设备除每年发生 5 万元运行费用外，每隔 3 年需大修一次，每次费用为 3 万元，若设备的寿命为 15 年，资金利率为 10%，求其在整个寿命期内设备费用现值为多少？

6. 某企业为开发某种环保设备新产品一次投资 50 万元，设年利率 $i=20\%$，要求在 3 年内收回，问投资（年）回收金是多少？

7. 某投资者 5 年前以 200 万元价格买入一房产，在过去的 5 年内每年获得年净现金收益 25 万元，现在该房产能以 250 万元出售。若投资者要求的年收益率为 20%，问此项投资是否合算？

8. 某环保设备公司开发一种新产品，预计 2 年后收入 20 万元，希望年利率（即投资利润率）达 10%，那么起初用于该产品的投资最多不得超过多少？

9. 某厂以酒精与氯气为原料生产产品，为回收产品废气中的氯乙烷，投资 26 万元建设一套回收装置，年运行费用为 4 万元，年回收氯乙烷的价值为 10 万元。若利率 $i=15\%$，试求该项环保设备投资的静态和动态投资回收期。

10. 某企业为治理粉尘对空气的污染，拟自行设计制造一套处理设备，有两个设计方案：方案一的处理效果为总悬浮微粒（指 $100\mu m$ 以下微粒）不高于 $0.2mg/m^3$，总造价为 20 万元；方案二的处理效果为总悬浮微粒（指 $100\mu m$ 以下微粒）不高于 $0.3mg/m^3$，总造价为 15 万元。若处理前总悬浮微粒（指 $100\mu m$ 以下微粒）达 $80mg/m^3$，允许排放量（指 $100\mu m$ 以下微粒的总量）一级标准为 $0.15mg/m^3$，二级标准为 $0.30mg/m^3$，试确定哪个设计方案较优。

11. 某单位拟进行废水处理，有三种设计方案，每个方案的初始投资及年运行费用及其寿命如下表所示，若年利率 $i=15\%$，试确定哪个设计方案较优。

费用项目	方案一	方案二	方案三
初始投资	5 万元	8 万元	15 万元
年运行费用	2 万元	1 万元	1 万元
设备寿命	5 年	5 年	10 年

第 10 章 环保设备课程设计

10.1 环保设备课程设计的目的和要求

10.1.1 环保设备课程设计的目的

环保设备课程设计是培养学生设计能力的重要教学环节，学生完成该课程设计后，应达到以下目的：

① 使学生能将环境工程基础课和有关选修课程（如机械制图、机械原理及机械设计等）中所学到的知识，在设计中综合地加以运用，进而得到巩固、加深和发展。

② 初步培养学生对工程设计的独立工作能力，树立正确的设计思想，掌握环保设备设计的基本方法和步骤，为今后从事工程设计打下良好的基础。

③ 使学生能够熟悉和运用设计资料，如有关国家（或部颁）标准、手册、图册、规范等，以完成作为工程技术人员在设计方面所必备的基本训练。

④ 培养学生利用计算机进行环保设备计算辅助设计基本技能的训练，同时提高学生环保设备设计计算能力。

10.1.2 环保设备课程设计的要求

环保设备课程设计应满足以下几点要求。

(1) 树立正确的设计思想　结合生产实际，综合地考虑经济、实用、可靠、安全和先进等方面的要求，严肃认真地进行设计。

(2) 要有积极主动的学习态度　在课程设计中遇到的问题，要随时复习有关教科书或查阅资料，通过积极思考，提出个人见解，并主动解决，不要简单地向老师索取答案。

(3) 正确处理好几个关系

① 继承和发展的关系　设计者应在独立思考的同时，使用设计资料和继承前人经验。对于初学设计的人来说，学会收集、理解、熟悉和使用各种资料，正是培养设计能力的重要方面。因此正确处理好继承和发展条件下的抄、搬、套问题，正是设计能力强的重要表现。

② 正确使用标准规范　环保设备设计非常强调标准规范，但是并不是限制设计的创造和发展，因此遇到标准与设计要求有矛盾时，经过必要的手续可以放弃标准而服从设计要求。但非标准件中的参数，一般仍宜按标准选用。

③ 学会统筹兼顾、抓主要矛盾，计算结果要服从结构设计的要求　对初学设计者，最易把设计片面理解为就是理论上的强度、刚度等计算，认为这些计算结果不可更改，实际上，对一个合理的设计，这些计算结果只为零件尺寸提供某一个方面的依据。而零部件实用尺寸一定要符合结构等方面的要求。注意按几何等式关系计算而得的尺寸，一般不能随意圆整变动；按经验公式得来的尺寸，一般应圆整使用。

④ 处理好计算与画图的关系　设计中要求算、画、选、改同时进行，但零件的尺寸以最后图样确定的为准。

(4) 能运用 AutoCAD 等绘图软件绘制零件图和简单装配图　绘制图样应做到：投影正

确，视图选择和配置恰当，尺寸完整、清晰，能按给定要求标注技术要求，所绘制 CAD 图样符合机械 CAD 制图国家标准，可参阅附录 B。

（5）能查阅有关资料和有关国家标准。

10.2　环保设备课程设计题目

题目 1　设计辐流式沉淀池

1. 设计参数

最大设计流量 $Q_{max}=2500m^3/h$，池数 $n=2$，表面负荷 $q_0=2m^3/(m^2 \cdot h)$，设计人口 40 万。

2. 设计内容

① 利用计算机绘制辐流式沉淀池的装配图，并标注基本尺寸；

② 对浮渣箱、橡胶刮板、刮泥机结构分别进行详细设计，并用计算机绘制其结构详图，且要求图中注明施工（制作）尺寸、构件明细表及技术要求等内容。

题目 2　设计固定式钟罩型微孔空气扩散器

1. 设计参数

每个最大设计曝气量 $2.5m^3/h$，服务面积 $0.6m^2/$个，其余相关参数可参考表 10-1。

2. 设计内容

① 利用计算机绘制该扩散器的装配图，图中需注明施工（制作）尺寸、构件明细表及技术要求；

② 对气泡扩散盘进行详细设计，利用计算机绘制其结构详图，图中需注明施工（制作）尺寸、构件明细表及技术要求。

表 10-1　微孔曝气器的规格和性能

型　号	孔径 /μm	孔隙率 /%	曝气板材料	曝气量 /[m^3/(个·h)]	服务面积 /(m^2/个)	氧利用率 /%	动力效率 /[kgO_2/(kW·h)]	阻力 /Pa
HWB-1		30～50	钛板					1500～3500
HWB-2	150	40～50	陶瓷板	1～3	0.3～0.5	20～25	4～6	
HWB-3								
HWB-Ⅰ				0.8～3	0.3～0.75		4～5.6	3000
HWB-Ⅱ								

题目 3　设计生物转盘

1. 已知设计参数：最大设计进水量 $Q=1000m^3/d$，平均进水 $BOD_5=200g/m^3$，高峰负荷持续时间为 5h，水温 18℃，要求处理效果为 90%。

2. 设计内容

① 利用计算机绘制塔式生物转盘的装配图，图中需注明施工（制作）尺寸、构件明细表及技术要求；

② 对盘片进行详细设计，利用计算机绘制其结构零件图，图中需注明施工（制作）尺寸、材质及技术要求。

题目 4　某燃煤电厂电除尘器设计

1. 主要工艺参数

烟气量为 $15\times10^4m^3/h$，进口浓度最高为 $70g/m^3$，出口浓度应低于 $140mg/m^3$。

2. 设计内容

① 利用计算机绘制该电除尘器结构总图，图中需标注主要部件尺寸、明细表及技术要求；

② 对电晕电极、集尘电极、进出气箱等构件进行详细设计，利用计算机绘制其结构详图，图中需注明施工（制作）尺寸、构件明细表及技术要求等。

题目5　设计填料塔

1. 设计参数

矿石焙烧炉送出的气体冷却至 $20℃$，通入填料塔用清水洗涤除去其中的 SO_2。炉气流量 $1000m^3/h$，炉气平均相对分子质量为 32.16，洗涤水耗用量 $2.26\times10^4kg/h$。采用 25mm × 25mm × 2.5mm 的陶瓷拉西环以乱堆方式充填。取空塔气速为泛点气速的 73%。

2. 设计内容

① 利用计算机绘制该填料塔结构总图，且图中需标注主要部件尺寸、明细表及技术要求；

② 对支撑栅板、液体再分布器、液体分布装置进行详细设计，利用计算机绘制其结构详图，图中需注明施工（制作）尺寸、构件明细表及技术要求。

题目6　设计隔声罩

1. 设计参数

外壁使用 2mm 厚钢板制作，钢板的隔声量 $\overline{R}=29dB$，平均吸声系数 $\overline{\alpha_1}=0.01$。发电机的噪声频谱如表 10-2 所示。

表 10-2　发电机倍频程噪声频谱

序号	说　明	倍频程中心频率/Hz							
		63	125	250	500	1000	2000	4000	8000
1	距机器 1m 处声压级/dB	90	99	109	111	106	101	97	81
2	机器旁允许声压级(NR-80)/dB	103	96	91	88	85	83	81	80

2. 设计内容

① 用计算机绘制隔声罩结构总图，图中需标注主要部件尺寸、明细表及技术要求；

② 对传动轴用消声器、橡胶垫进行详细设计，利用计算机绘制其结构详图，图中需注明施工（制作）尺寸、构件明细表及技术要求。

题目7　设计 20t/h 锅炉的脱硫除尘装置

1. 设计参数

(1) 锅炉基础技术参数

① 烟气量 $Q=70000m^3/h$；

② 烟气温度 160~180℃；

③ 烟气中含 SO_2 浓度 1200~2000mg/m^3；

④ 烟气中含尘 2000mg/m^3；

⑤ 锅炉燃烧煤为标准 2 号煤，含硫量小于 1%。

(2) 废碱液量　漂洗车间排放的废碱液量 7t/h，含 NaOH 10g/L，温度 80℃。

(3) 锅炉除尘脱硫装置的设计要求

① 除尘后烟气含尘 150mg/m³ 以下；

② 脱硫后烟气中含 SO₂ 量为 360mg/m³ 以下。

经分析，该脱硫除尘设备大致有：除尘脱硫设备若干（包括：水膜除尘器、脱硫塔、旋液分离器、碱液槽、泵等）；锅炉运行所需设备（包括：引风机、烟囱、除尘烟道）；废液处理设备（曝气池、罗茨鼓风机）。

2. 设计内容

① 优化确定该脱硫除尘装置流程图，并用计算机绘制；

② 分别对水膜除尘器、脱硫塔、旋液分离器进行详细设计，利用计算机绘制其结构详图，图中需注明施工（制作）尺寸、构件明细表及技术要求。

题目 8　设计工业废水处理工艺设备

1. 设计参数

某酿酒厂的废水由生产废水和少量生活污水组成，日均排水量约 400t。生产废水 COD 为 500～2000mg/L，BOD 为 250～1500mg/L，SS 平均为 400mg/L，pH＝5～9；处理后的废水排入市政下水道，要求达到市政 A 级排放标准，即 pH＝6～9，COD≤150mg/L，BOD ≤150mg/L，SS≤160mg/L。

假如现已确定其废水工艺流程如图 10-1 所示。

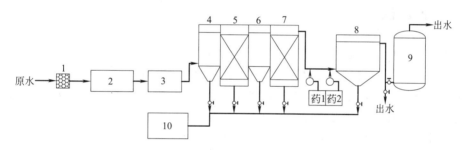

图 10-1　废水处理工艺流程

1—格栅机；2—地下调节池；3—1 号接触氧化池；4—1 号沉淀池；5—2 号接触氧化塔；
6—2 号沉淀池；7—3 号接触氧化塔；8—3 号沉淀池；9—砂滤柱；10—污泥浓缩池

工艺流程说明如下。

本水处理工艺流程由以下处理单元组成：格栅机、地下调节池、1 号地下生物接触氧化池、1 号地上斜板沉淀池、2 号与 3 号地上生物接触氧化塔、2 号地上斜板沉淀池、地上加药系统、3 号地上斜板沉淀池、地下清水贮池、地上砂滤柱，风机和废水提升泵均在地下设备间。

（1）格栅机　截留水中较大污染物（瓶盖、标签等），以防对泵的损害并可降低部分污染负荷。

（2）地下调节池　除了具有一般调节池均化废水水质、水量的作用外，此调节池实际还是一座兼性池，对难降解的有机化合物进行水解酸化，使整个处理流程具有良好的处理效果。调节池废水停留时间 8h。

（3）地下生物接触氧化池　采用穿孔管曝气，容积负荷为 2.5kgBOD/（kgMLSS·d），停留时间 3.5h，COD 去除率为 50％左右。其出水泵到地上斜板沉淀池进行后续处理，该处理单元由于与调节池相连，有调节水质水量的功能。

（4）两段好氧生物接触氧化塔　采用钢结构，两塔串联，塔内装有聚氯乙烯软性填料，生物量较大，易挂膜。一塔停留时间 6h，另一塔停留时间 5h。经此两段处理，COD 去除率约为 85％。此两塔直接相连，中间不设二沉池，这是结构变形设计，目的是将 3 号生物塔变成活性污泥及生物接触氧化复合型处理系统，从而强化该单元处理效果。3 号塔出水自流至 2 号斜板沉淀池，进行固液分离。

（5）混凝沉淀系统　由两台计量泵定量加两种药剂到管道混合器，混合后流入与 3 号斜板沉淀池相联的反应器，其出水流进 3 号沉淀池进行固液分离，出水流进清水池后外排，若超标，经砂滤柱过滤后再外排。

（6）污泥脱水系统　三个斜板沉淀池底泥均排入地下污泥浓缩池进行浓缩脱水，三周后通过板框压滤机进一步脱水，污泥含水率为 65％左右，外运至垃圾场或作花木肥料。

2. 设计内容

对以下几种设备（构件）进行详细设计，利用计算机绘制其结构详图。

① 1 号接触氧化池、2 号接触氧化塔；

② 1 号沉淀池；

③ 板框压滤机。

要求设计图注明施工（制作）尺寸、构件明细表及技术要求。

10.3　教学建议

一、本课程可以课程设计的成绩作为考核成绩。

二、本课程在第 6 或第 7 学期开出为宜，课内教学 24 学时。

可利用环保设备商业动画教学软件在多媒体上演示，以形象表达多种设备的外观、内部结构、运行过程，使学生获得感性认识。

三、课堂教学与课程设计可平行进行，从课程开始讲授时就将课程设计任务逐步布置下去，让学生课下讨论研究、思考、温故知新，逐步完成设计，使学生在设计、绘图能力的训练上多下工夫。

四、学生（或学生小组）应认真完成老师布置的具体题目，或自选题目，使设计质量达到一般工程设计中的初步设计水平：

① 确定优化治理工艺，对设备关键参数进行设计和计算，编写说明书；

②（为节省时间）可只对工艺流程中的某一重要设备绘制 1～2 张设备总装图及 2～3 张零部件图，要保证机械设备图纸的绘制质量；

③ 对所选用或补充设计的设备与生产线的投资费用进行（静态与动态）分析，编写说明书；

④ 留出课堂时间，使学生（或学生小组）在讲台上各自介绍自己的设计及图纸，听取其他小组的修改意见与评价。

五、教师对各组设计的图纸、说明书逐一给予审核，并通过讲评与总结，提高同学们的认知水平。

附　　录

附录 A　中华人民共和国环境保护行业标准——环境保护设备分类与命名（HJ／T 11—1996）

1　主题内容与适用范围

本标准规定了环境保护设备的分类与命名的方法。

本标准适用于中华人民共和国境内生产的环境保护设备。

本标准是环境保护设备在研制、设计、生产、销售、使用、检测及管理工作中进行分类与命名的统一依据。

2　术语

2.1　环境保护设备

环境保护设备是以控制环境污染为主要目的的设备，是水污染治理设备、空气污染治理设备、固体废弃物处理处置设备、噪声与振动控制设备、放射性与电磁波污染防护设备的总称。

2.2　环保设备

环保设备是环境保护设备的简称。

3　分类

分类应符合本标准附表 A-1 的规定。

附表 A-1　环保设备分类

类　别	亚类别	组　别	型　别
水污染治理设备	物理法处理设备	沉淀装置	沉砂装置
			平流式沉淀装置
			竖流式沉淀装置
			斜管(板)沉淀装置
			压力涡流沉淀装置
		澄清装置	机械循环澄清装置
			水力循环澄清装置
			脉冲澄清装置
			悬浮澄清装置
		上浮分离装置	粗粒化装置
			油水分离装置
			斜管(板)隔油装置
			海洋隔油装置
		气浮分离装置	溶气气浮装置
			真空气浮装置
			分散空气气浮装置

续表

类　别	亚类别	组　别	型　别
水污染治理设备	物理法处理设备	气浮分离装置	电解气浮装置
			泡沫分离器
		离心分离装置	水力旋流分离器
			鼓型离心分离机
			卧螺式离心分离机
		磁分离装置	永磁分离器
			电磁分离装置
		筛滤装置	干板式筛网
			旋转式筛网
			粗格栅
			弧型细格栅
			捞毛机
		过滤装置	石英砂过滤器
			多层滤料过滤器
			泡沫塑料珠过滤器
			陶粒过滤器
		微孔过滤装置	微孔管过滤器
			微孔板过滤器
		压滤和吸滤装置	真空转鼓污泥脱水机
			滚筒挤压污泥脱水机
			板框压滤污泥脱水机
			折带压滤污泥脱水机
			真空吸滤污泥脱水机
		蒸发装置	自然循环蒸发器
			强制循环蒸发器
			扩容循环蒸发器
			闪激蒸发器
	化学法处理设备	酸碱中和装置	中和槽
			膨胀式中和塔
		氧化还原和消毒装置	臭氧发生器
			加氯机
			次氯酸钠发生器
			二氧化氯发生器
			药剂氧化还原装置
			电解氧化还原装置
			光氧化装置
			湿式氧化装置
		混凝装置	机械反应混凝装置

类　别	亚　类　别	组　别	型　别
水污染 治理设备	化学法 处理设备	混凝装置	水力反应混凝装置
			管道混合器
	物理化学法 处理设备	萃取装置	脉冲筛板塔
			离心萃取机
			液膜萃取塔
			混合澄清萃取器
		汽提和吹脱装置	汽提塔
			吹脱塔
		吸附装置	活性炭吸附装置
			大孔树脂吸附装置
			硅藻土吸附装置
			分子筛吸附装置
			沸石吸附装置
		离子交换装置	固定床离子交换装置
			移动床离子交换装置
			流动床离子交换装置
		膜分离装置	超滤装置
			电渗析装置
			扩散渗析装置
			反渗透装置
			隔膜电解装置
			微滤装置
	生物法 处理设备	好氧处理装置	鼓风曝气活性污泥处理装置
			机械表面曝气活性污泥处理装置
			吸附生物氧化处理装置（AB法）
			超深层曝气装置
			序批式（SBR）活性污泥处理装置
			间歇循环延时曝气处理装置
			生物接触氧化装置
			生物转盘
			生物滤塔
			生物活性炭处理装置
			活性生物滤塔（ABF）
		供氧曝气装置	机械表面曝气装置
			鼓风曝气器
			射流曝气器
			曝气转刷

类　别	亚类别	组　别	型　别
水污染治理设备	生物法处理设备	厌氧处理装置	上流式污泥床厌氧反应器
			厌氧流化床反应器
			厌氧膨胀床反应器
			管式厌氧反应器
			两相式厌氧反应器(产酸相与产沼气相)
			厌氧生物转盘
			厌氧生物滤塔
			污泥消化装置
		厌氧-好氧处理装置	厌氧-好氧活性污泥处理装置
			缺氧-好氧活性污泥处理装置(A/O)
			厌氧-缺氧-好氧活性污泥处理装置(A^2/O)
	组合式水处理设备		
空气污染治理设备	除尘设备	重力与惯性力除尘装置	重力沉降室
			挡板式除尘器
		旋风除尘装置	单筒旋风除尘器
			多筒旋风除尘器
		湿式除尘装置	喷淋式除尘器
			冲激式除尘器
			水膜除尘器
			泡沫除尘器
			斜栅式除尘器
			文丘里除尘器
		过滤层除尘装置	颗粒层除尘器
			多孔材料过滤器
			纸质过滤器
			纤维填充过滤器
		袋式除尘装置	机械振动式除尘器
			电振动式除尘器
			分室反吹式除尘器
			喷嘴反吹式除尘器
			振动反吹式除尘器
			脉冲喷吹式除尘器
		静电除尘装置	板式静电除尘器
			管式静电除尘器
			湿式静电除尘器
		组合式除尘装置	

类　　别	亚 类 别	组　　别	型　　别
空气污染治理设备	除雾设备	惯性力除雾装置	折板式除尘器
			旋流板式除雾器
		湿式除雾装置	
		过滤式除雾装置	网式除雾器
			填料除雾器
		静电除雾装置	管式静电除雾器
			板式静电除雾器
	气态污染物净化设备	吸附装置	固定床吸附器
			移动床吸附器
			流化床吸附器
		吸收装置	文丘里式吸收器
			喷淋式吸收器
			喷雾干燥式吸收器
			填料式吸收器
			鼓泡吸收器
			水膜吸收器
		氧化还原净化装置	直接氧化净化器
			催化氧化净化器
			直接还原净化器
			催化还原净化器
		生物法净化装置	
		冷凝净化装置	直接冷却净化器
			间接冷却净化器
		辐照净化装置	气体电子辐照净化器
		汽车机内净化装置	汽车曲轴箱强制通风装置
		汽车尾气净化装置	汽车尾气催化净化器
	颗粒物-气态污染物治理设备		
固体废弃物处理处置设备	输送与存储设备	运送装置	
		储存装置	
	分拣设备	机械分选装置	
		电磁分选装置	
	破碎压缩设备	破碎装置	
		压缩装置	
	焚烧设备	焚烧炉	固定床式焚烧炉
			流化床式焚烧炉
			回转炉床式焚烧炉
			移动床式焚烧炉

类　别	亚类别	组　别	型　别
固体废弃物处理处置设备	无害化处理设备	堆肥设备	
		填埋设备	
		固化装置	水泥固化装置
			塑料固化装置
			熔融固化装置
		消毒装置	
	资源再利用设备	废物转化回收装置	
		废物回收装置	
噪声与振动控制设备	噪声控制设备	吸声装置	穿孔板吸声装置
			微孔板吸声装置
			共振吸声装置
			薄板吸声装置
			薄膜吸声装置
		隔声装置	隔声罩
			隔声构件
			隔声室
			隔声帘幕
			遮光隔声屏
			透光隔声屏
		消声器	阻性消声器
			抗性消声器
			阻抗复合消声器
			耗散式消声器
		消声装置	小孔消声器
			多孔扩散消声器
			百叶窗式消声装置
			电子有源消声装置
	振动控制设备	隔振装置	隔振垫
			隔振器
			隔振连接件
		减振装置	阻尼减振装置
			减振台架
放射性与电磁波污染防治设备	放射性污染防护设备		
	电磁波污染防护设备		

环境保护设备分为类别、亚类别、组别和型别。

3.1　类别

按所控制的污染对象分为五种类别。

3.2　亚类别

按环境保护设备的原理和用途划分亚类别。

3.3　组别

按环境保护设备的功能原理划分组别。

3.4　型别

按环境保护设备的结构特征和工作方式划分型别。

注：产品代号将由环境保护设备的产品型号标准给出。

4　命名

4.1　命名原则

环境保护设备的命名应力求科学、准确、合理，并顾及已被公认的习惯名称。

4.2　命名方法

环境保护设备的名称应能表示设备的功能和主要特点。它由基本名称和主要特征两部分组成。基本名称表明设备控制污染的功能；主要特征表明设备的用途、结构特点、工作原理。

例1：斜管沉淀装置

基本名称：沉淀装置——用于去除废水中悬浮物，它表明产品的功能。

主要特征：斜管——用于提高去除效率，它表明产品的结构特点。

例2：催化氧化净化器

基本名称：净化器——表明了产品的功能。

主要特征：催化氧化——表明了设备的工作原理。

4.3　环境保护设备的生产单位，应根据本标准规定的命名方法对本单位生产的环境保护设备进行命名，并在铭牌上写明。

附录B　环保设备计算机辅助绘图技术

以图形为主的图样是工程设计、制造和施工过程中用来表达设计思想的主要工具，被称为"工程界的语言"。利用CAD绘图软件绘制二维或三维图形，必须以工程制图和机械设计理论为基础。计算机绘图不能脱离工程制图的基本投影理论、机件表达方法和国家相关标准而独立进行。

基本要求：

① 掌握机件的各种表达方式，标准件和常用件的规定画法；

② 明确图形的尺寸标注、公差制定及表面粗糙度标注的技术要求；

③ 学会看、画零件图和装配图的方法；

④ 运用计算机熟练绘制标准件（常用件）、剖视图、剖面图、零件图、装配图。

学习方式：参阅常用的计算机辅助设计软件资料，进行上机操作。

一、CAD工程制图有关国家标准简介

工程图是"工程界的语言"，若设计者提供的图样不规范，会给图纸使用者带来不便，

甚至产生误导。当前许多在校学生虽已自学了一些计算机绘图技术，但普遍存在计算机作图不规范的现象，因此了解 CAD 制图国家标准十分必要。

CAD 制图与手工制图同属机械制图，都是工程界统一的技术语言，但从绘图形式上讲则完全不同，具有各自不同的特点。因此，在工程中应用 CAD 制图就出现了一些新的问题，使原来的工程制图国家标准在新的情况下不能完全适用。工程 CAD 制图国家标准就是为解决和满足在采用计算机绘图这种特定环境下的特殊要求而制定的。

CAD 工程制图的基本要求主要是图纸、比例、字体和图线的选用等，这些都需要在工程图绘制之前确定。

（1）图纸幅面 绘制图样时，应优先采用附表 B-1 中规定的图纸基本幅面。必要时，也允许选用所规定的加长幅面。加长幅面的尺寸由基本幅面的短边成整数倍增加后得出。表中幅面代号意义见附图 B-1、附图 B-2。

附表 B-1　图纸基本幅面尺寸　　　　　　　　单位：mm

幅面代号	A0	A1	A2	A3	A4
$B \times L$	841×1189	594×841	420×594	297×420	210×297
a	25				
c	10			5	
e	20			10	

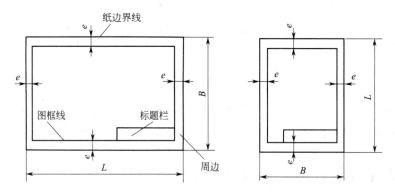

附图 B-1　不留装订边的图框格式

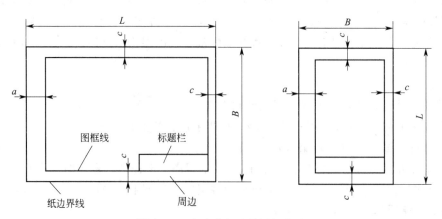

附图 B-2　留有装订边的图框格式

（2）图框格式　图框线必须采用粗实线绘制，其格式分为不留装订边和留有装订边两种，分别如附图 B-1 和附图 B-2 所示，但同一产品的图样只能采用一种格式。

（3）标题栏　每张 CAD 工程图均应配制标题栏，且标题栏应配置在图框的右下角。标题栏的内容、格式和尺寸的位置关系可参考推荐使用的附图 B-3 式样板。标题栏的文字方向应为看图方向，标题栏的外框为粗实线，里面是细实线，其右边线和底边线应与图框线重合。

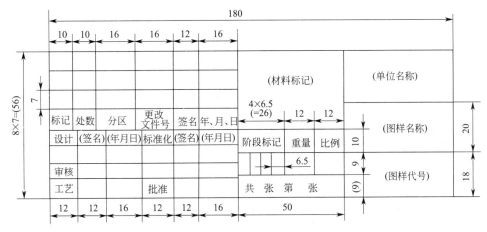

附图 B-3　标题栏的尺寸与格式

（4）明细栏　CAD 的装配图和工程设计施工图中一般应该配置明细栏，栏中的项目及内容可以根据具体情况适当调整，明细栏一般配置在 CAD 的装配图或工程设计图中标题栏的上方，如附图 B-4 所示。而 CAD 的装配图或工程设计图中明细栏的形式及尺寸如附图 B-5 所示。如果在装配图或工程设计图中不能配置明细栏时，明细栏可以作为其续页，用 A4 幅面图纸给出。

（5）代号栏　代号栏一般配置在图样的左上角。代号栏中的图样代号和存储代号要与标题栏中的图样代号和存储代号相一致。代号栏中的文字与 CAD 图中的标题栏中的文字成 180°。

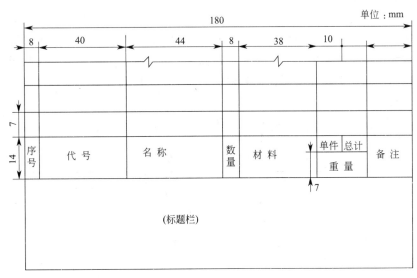

附图 B-4　明细栏的位置

（6）附加栏　附加栏通常设置在图框外、剪裁线内，通常由借（通）用件登记、旧底图总号、底图总号、签字、日期等项目组成。

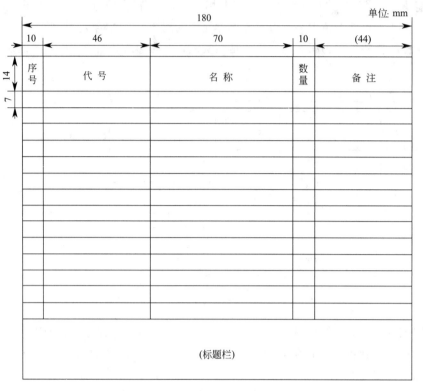

附图 B-5　明细栏的形式及尺寸

（7）存储代号　存储代号的编制有一定的规则，该规则在《CAD 通用技术规范》或《CAD 文件管理和 CAD 光盘存档》中有详细介绍。它在 CAD 图的标题栏中应该配置在名称及代号区中代号的下方，而在 CAD 产品装配图或工程设计施工图等的明细栏中应配置在代号栏中代号的后面或下面。

（8）比例　比例是图中图形与实物相应要素的线性尺寸之比。为了能从图样上得到实物大小的真实感，应尽量采用原值比例（1:1）。当机件过大或过小时，可选用附表 B-2 中规定的缩小或放大比例绘制，但尺寸标注时必须标注实际尺寸。一般来说，绘制同一机件的各个视图应采用相同的比例，并填写在标题栏中。当某个视图需要采用不同比例时，可在视图名称的下方或右侧标注比例，例如：

$$\frac{I}{2:1} \quad \frac{A}{1:100} \quad \frac{B-B}{2.5:1} \quad \text{平面图 } 1:10$$

附表 B-2　绘图比例

种　类	比　例			
原值比例	1:1			
放大比例	2:1	5:1	$1\times10^{n}:1$	$2\times10^{n}:1$	$5\times10^{n}:1$
	(2.5:1)	(4:1)	$(2.5\times10^{n}:1)$	$(4\times10^{n}:1)$	
缩小比例	1:2	1:5　1:10	$1:1\times10^{n}$	$1:2\times10^{n}$	$1:5\times10^{n}$
	(1:1.5)	(1:2.5)	(1:3)	(1:4)	(1:6)
	$(1:1.5\times10^{n})$	$(1:2.5\times10^{n})$	$(1:3\times10^{n})$	$(1:4\times10^{n})$	$(1:6\times10^{n})$

（9）图线的大小与颜色　其设置如附表 B-3、附表 B-4 所示。

（10）圆心符号　圆心符号用细实线绘制，其长短一般为 $12d$ 左右（d 为细实线线宽）。

（11）字体　字体与图幅面的关系参照附表 B-5 选取；字体的最小字（词）距、行距及间隔线、基准线与书写字体间的最小距离，参照附表 B-6 所示规定。CAD 工程图中所用的字体一般是长仿宋体，但技术文件中的标题、封面等内容页可以采用其他字体，其具体选用参照附表 B-7 所示。

附表 B-3　图线组别表

组别	1	2	3*	4*	5	一般用途					
线宽	2.0	1.4	1.0	0.7	0.5	粗实线　粗点画线					
/mm	1.0	0.7	0.5	0.35	0.25	粗实线　波浪线　双折线　虚线　粗点画线　双点画线					

注：带 * 号为优先组。

附表 B-4　图线的颜色表

图线类型		屏幕上的颜色	图线类型		屏幕上的颜色
粗实线	A	绿色	虚线	F	黄色
细实线	B		细点画线	G	红色
波浪线	C	白色	粗点画线	J	棕色
双折线	D		双点画线	K	粉色

附表 B-5　图幅与字体之间的选用关系

项　目	图　幅				
	A0	A1	A2	A3	A4
汉字高度/mm	7		5		
字母与数字高度/mm	5		3.5		

附表 B-6　字体之间的最小距离　　　　　　　　　　单位：mm

字　体	最　小　间　距	
汉字	字距	1.5
	行距	2
	间隔线或基准线与汉字的间距	1
拉丁字母、阿拉伯数字、希腊字母、罗马数字	字符	0.5
	词距	1.5
	行距	1
	间隔线或基准线与字母、数字的间距	1

注：当汉字、字母、数字混合使用时，字体的最小间距等应根据汉字的规定使用。

附表 B-7　CAD 图所用字体及其应用范围

汉字字型	国家标准号	字形文件名	应用范围
长线宋体	GB/T 13362.4～13362.5—1992	HZCF.*	图中标注及说明的汉字、标题栏、明细栏等
单线宋体	GB/T 13844—1992	HZDX.*	大标题、小标题、图册封面、目录清单、标题栏中设计单位名称、图样名称、工程名称、地形图等
宋体	GB/T 13845—1992	HZST.*	
仿宋体	GB/T 13846—1992	HZFS.*	
楷体	GB/T 13847—1992	HZKT.*	
黑体	GB/T 13848—1992	HZHT.*	

二、国内外常用软件

AutoCAD 是 AutoDesk 公司的主导产品。目前 CAD/CAM/CAE 工业领域内，该公司是全球用户量最多的软件供应商，也是全球规模最大的基于 PC 平台的 CAD 和动画及可视化软件企业。AutoDesk 公司的软件产品已被广泛地应用于机械设计、建筑设计、影视制作、视频游戏开发以及互联网的数据开发等众多领域。AutoCAD 是当今最流行的二维绘图软件，在二维绘图领域拥有广泛的用户群。AutoCAD 拥有强大的二维功能，如绘图、编辑、尺寸标注等，同时具有二次开发以及部分三维功能。AutoCAD 提供 Autolisp、ADS、ARX 作为二次开发的工具。在许多实际应用领域（如机械、建筑、电子）中，一些软件开发商已在 AutoCAD 的基础上开发出许多符合实际应用的软件。

三、环保设备图绘制

1. 环保设备图内容

（1）一组视图　表达设备的主要结构形状和零部件之间的装配关系。而且，这组视图符合"机械制图国标"的规定。

（2）四类尺寸　为设备制造、装配、安装检验提供的尺寸数据有四类：①表示设备总体大小的总体尺寸；②表示规格大小的特性尺寸；③表示零部件之间装配关系的装配尺寸；④表示设备与外界安装关系的安装尺寸。

（3）零部件编号及明细表　把组成设备的所有零部件依次编号，并把每一编号的零部件名称、规格、材料、数量、单重及图号或标准号等内容填写在主标题栏上方的明细表内。

（4）技术特性表　用表格形式列出设备的主要工艺特性，如操作压力、温度、物料名称、设备容积等内容。

（5）技术要求　常用文字说明的形式提出设备在制造、检验、安装、材料、表面处理、包装和运输等方面的要求。

（6）标题栏　常放在图样的右下角。有规定的格式，用以填写设备的名称、主要规格、制图比例、设计单位、图样编号以及设计、制图校核和审定人员的签字等。

（7）其他需要说明的问题　如图样目录、附注、修改表等内容。

2. 环保设备图中的简化画法

绘制环保设备图时，除采用"机械制图国标"中规定的画法外，还可以根据环保设备结构的特点和设计、生产制造的要求，对其进行简化制图。

（1）标准零部件的画法　设备上的零部件如果是标准件，或是复用图，或是外购件，在装配图中只需按比例画它们的外形轮廓，如附图 B-6 所示是几种简化的外形轮廓图例。

（2）管法兰的简化画法

① 装配图中对管法兰的画法不必分清法兰类型和密封面形式等，一律简化成如附图 B-7 所示的形式。对于它的类型、密封面形式、焊接形式等均在明细表和管口表中标出。

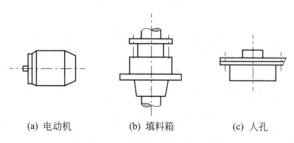

　　(a) 电动机　　　　(b) 填料箱　　　　(c) 人孔

附图 B-6　外形轮廓的简化画法

② 对于有特殊结构的法兰，要用局部视图表示出。如附图 B-8 所示的是带衬层的管法

兰局部剖视图，其中衬层断面可不加剖面符号。

③ 设备上对外连接的管法兰除特殊场合外，均不配对画出。

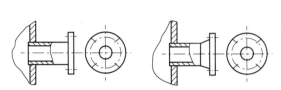 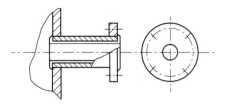

附图 B-7　管法兰的简化画法　　　　　　　　　附图 B-8　带衬层的管法兰的简化

（3）重复结构的简化画法

① 螺栓连接的简化画法

a. 螺栓孔可用中心线和轴线表示，可省略圆孔的投影，如附图 B-8 所示；

b. 装配图螺栓的连接，可用粗实线画出的简化符号"＋"、"×"表示，如附图 B-9 所示；

c. 图样中相同规格的螺栓孔和螺栓连接，在数量较多且均匀分布时，可只画几个符号，并表示出跨中或对中分布的方位。

② 填充物的表示方法　设备中的填充物，如果材料、规格、堆放方法相同时，可用细直线和文字简化表示，如附图 B-10 所示。

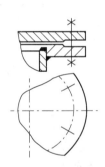 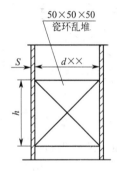

附图 B-9　装配图螺栓的连接　　　　　　　附图 B-10　设备中的填充物的简化

③ 多孔板孔眼的表示方法

a. 换热器中的管板、折流板或塔板上的孔眼，按 △ 形排列时，可简化成如附图 B-11 的画法，细实线的交点为孔眼中心。为表达清楚也可画出几个孔眼并注上孔径、孔数和间距尺寸。对孔眼的倒角、粗糙度和开槽情况等需用局部放大图表示，附图 B-11（a）中"＋"是管板拉杆位置孔，应另画局部视图表示；

b. 板上的孔眼按同心圆排列时，可简化成如附图 B-11（b）的画法。

c. 对孔数要求不严的多孔板，如筛板，不必画出孔眼的连心线，可按附图 B-11（c）的画法和注法表示，对它的孔眼尺寸和排列需用局部放大图表示。

（4）管束和板束的表示方法　当设备中有密集的管道，如列管式换热器中的换热管，在装配图中只画一根管道，其余管道均用中心线表示，如附图 B-12（a）所示；如果设备中某部分结构由密集的有相同结构的板状零件所组成（如板式换热器中的换热板），用局部放大图或零件图将其表达清楚后，在装配图上可用交叉细实线简化画出，如附图 B-12（b）所示。

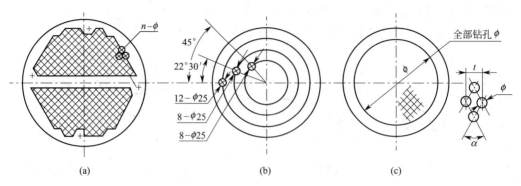

附图 B-11　多孔板孔眼的简化方法

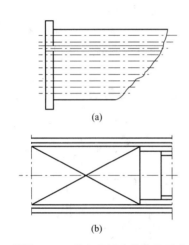

附图 B-12　管束和板束的简化画法

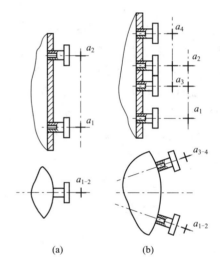

附图 B-13　液面计的简化画法

（5）液面计的简化画法　装配图中对液面计的表示，其两个投影可简化成如附图 B-13（a）的画法，符号"＋"用粗实线画出；带有两组或两组以上液面计时，可以按附图 B-13（b）的画法，在俯视图上正确表示出液面计的安装方位。

（6）设备衬里的简化画法　设备衬里用剖视表达，但应注意薄涂层和厚涂层，它们的表达有所区别：

① 薄涂层　如搪瓷、喷镀（涂）金属及塑料。衬里属于表面处理性质，只要在技术说明中说明即可，在图样上不编号，也无特殊要求。

② 厚涂层　如涂各种胶泥、混凝土等。在装配图中可用如附图 B-14（a）的剖视方法，必须编号，且要注明材料和厚度，在技术说明中还要说明施工要求，有时还用局部放大图详细画出涂层结构尺寸，如附图 B-14（b）所示。

③ 薄衬层　如衬橡胶、石棉板、聚氯乙烯薄膜、铅或金属薄板。厚度为 1～2mm，在装配图的剖视图中用细实线画出（见附图 B-15），要编号，其厚度标注在明细表中。若薄衬层由两层或多层相同材料组成，在图样中仍画一条细实线表示，不画剖面符号，其层数在明细表中要注明。若薄衬层由两层或多层不同材质组成，必须用细实线区分层数，分别编出件号，在明细表中注明各层材料和厚度。

④ 厚衬层　如衬耐火砖、耐酸板、辉绿岩板等。在装配图的剖视图中，可简化成附图

B-16（a）的画法。但必须另绘局部放大图，详细表示厚衬层结构尺寸，分区编注件号，如附图 B-16（b）所示。若厚衬层由数层不同材料组成，可用不同剖面符号区分开，并在图旁用图例说明剖面符号，如附图 B-17 所示。

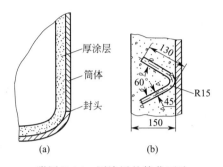

附图 B-14　厚涂层的简化画法

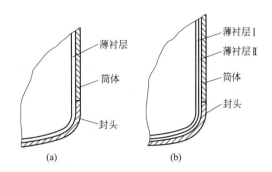

附图 B-15　薄衬层的简化画法

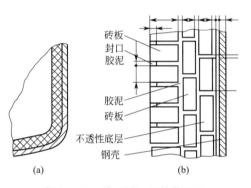

附图 B-16　单层衬层的简化画法

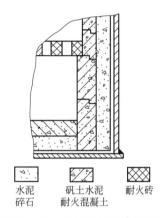

附图 B-17　数层衬层的简化画法

（7）其他

① 剖视图中不影响形体表达的轮廓线，可省略不画。例如多孔板在剖视图中孔眼的轮廓线常被省略。

② 表示设备某一部分的结构采用的剖视允许只画出需要的部分，而省略一些多余的投影。

参 考 文 献

[1] 工业和信息化部. 环保装备"十二五"发展规划，2011.

[2] 李明俊，孙洪燕. 环保机械与设备. 北京：中国环境科学出版社，2005.

[3] 陈家庆. 环保设备原理与设计. 第二版. 北京：中国石化出版社，2008.

[4] 徐志毅. 环境保护技术和设备. 上海：上海交通大学出版社，1999.

[5] 金兆丰. 环保设备设计基础. 北京：化学工业出版社，2005.

[6] 周兴求. 环保设备设计手册. 北京：化学工业出版社，2004.

[7] 郭立君. 泵与风机. 北京：中国电力出版社，1996.

[8] 金毓荃，李坚，孙治荣. 环境工程设计基础. 北京：化学工业出版社，2002.

[9] 杨德钧，沈卓身. 金属腐蚀学. 第二版. 北京：冶金工业出版社，1999.

[10] 杨世伟，常铁军. 材料腐蚀与防护. 哈尔滨：哈尔滨工程大学出版社，2003.

[11] 罗辉，胡亨魁，周才鑫. 环保设备设计与应用. 北京：高等教育出版社，2004.

[12] 郑铭. 环保设备——原理·设计·应用. 北京：化学工业出版社，2001.

[13] 郝吉明，马广大. 大气污染控制工程. 第二版. 北京：高等教育出版社，2004.

[14] 张邦俊，翟国庆. 环境噪声学. 杭州：浙江大学出版社，2001.

[15] HJ/T 90—2004. 声屏障声学设计和测量规范.

[16] 汪群慧. 固体废物处理与资源化. 北京：化学工业出版社，2004.

[17] 周律. 环境工程技术经济和造价管理. 北京：化学工业出版社，2001.

[18] 蔡纪宁. 化工设备机械基础课程设计指导书. 北京：化学工业出版社，2003.